太平洋戦争と石油

戦略物資の軍事と経済

三輪宗弘

日本経済評論社

目　次

第7章　米国の初期対日占領政策
――海軍燃料廠・ガソリン工場の民需転換を認めるのか――……235

第三部　補　論

序章　問題の所在

「戦争とは一体何なのか」を意識し、追求してきたテーマと新たに書き下した二つの章からなるのが、本書である。軍事戦略物資である石油にからめて「なぜ日米は開戦に至ったのか」という日米開戦経緯を扱った第一部の四つの章に筆者の関心が凝縮されている。米英蘭の対日資産凍結が事実上の日米貿易停止という状態を惹起し、その結果石油輸入は事実上の禁輸状態になった。「ジリ貧論」換言すれば「対米開戦論」が台頭した。この対米強硬論の中で、石油という戦略物資が開戦の決定の過程で、また米国の対日経済制裁の過程でどのように論じられたのであろうか。これが筆者の問題意識である。開戦の決定が「無責任の体系」の集積の上に立った政策決定であったとか、「合理的な理解を超えた状況[1]」において下された、という観点ではなく、一次資料に準拠し、どのような状況で開戦にすすんでいったのかを分析した。敗戦から時が経過し、日本と米国の一次資料を照合できる恵まれた研究環境が整うのにつれ、双方の立場からどのように状況を判断したのかに関心が高まるのは、当然のことである。開戦の決定はその後の状況の中で評価されなければならないが、第二部にこれらの論考を並べた。

永井陽之助が『平和の代償』に収められた論文の中で「戦前日本の悲劇は、軍事力が明確な外交、政治政策の基本目的の手段として従属されず、内外の状況に流されて、自己目的化し、独走していったところにある」と指摘し、日本の課題として「民間の学者や各専門の知識人が進んで、防衛とか、軍縮や軍備管理の問題を、外交・経済・技術・

内政との関係で、ひろく総合的に研究する空気をつくりだすことが第一である」[2]と述べ、軍事研究の大切さを説いた。また永井は論文「国家目標としての安全と独立」の中で「あの軍国主義日本が何故、一夜にして、徹底した平和国家になりえたかの、カルチュアの共有性を問題にしなければならない」[3]と平和主義の内実を問い、戦前の風潮と進歩的文化人が闊歩した時代潮流の共通性を嘆き、警鐘を鳴らした。[4]米国社会の価値観に精通したD・リースマン（David Riesman）は、日米を比較した『日本日記』[5]の中で、クウェーカーとして、米国内に吹き荒れたマッカーシズムの分析や頭のいい右派との対峙の経験を踏まえ、日本の平和主義に根本的な疑問を呈した。日本の知識人は東ヨーロッパで何が起こっているのか知らないし、中国で吹き荒れている狂信にも目を向けていないと、日本の知的状況に率直な疑問を綴っている。この日記は一九六〇年代の日本の知的風景を鮮やかすぎるほど浮き彫りにしている。

軍部に問題があったことは、及川古志郎海軍大将が戦時中に哲学者の高山岩男に「わが日本が海洋大国米英を敵に回して戦いを挑むようになったのには、くさぐさの理由があろうが、その大きな原因の一つは、日本の陸海軍が軍人養成の教育において、もっぱら戦闘技術の習練と研究に努力を傾斜し、将帥たるにはもちろん、武人一般に大事な政治と軍事の正しい関係いかん、これを達成するにはいかにすべきかの教育を顧みなかったことにある。これが軍事と政治の間に葛藤をきたし、ついに破綻をきたした深因であると考える」[6]という趣旨の述懐をしたとのことであるが、残念ながら敗戦後も戦前と同じく「軍事」というものに面と向かわず、「政治と軍事の正しい関係」は論じること自体を「右傾化」とみなした。端的に示しているのが、わが国の大学の軍事関係の講座数であろう。イギリスやアメリカの大学と比較すれば皆無と言える状況である。「政治家による軍事のコントロールをいかに行なうのか」という学問的な基盤が形成されずに、定義不在の「シビリアンコントロール」が空中をジグザグにブラウン運動している。[7]シビリアンの政治家は誰に助言を求め、政策を決めればいいのだろうか。海上自衛隊の再建に尽力した吉田英三海将が「軍人は政治に関与せず」と強調したのは、敗戦の反省に立ち、教訓として掲げたものである。この反省を真摯に受け取め、生かすべく「政治家は軍事に関与すべし」という教訓はなぜ存在しないのだろうか。アメリカの場合、背広組のスティムソン（Henry L.Stimson）陸軍長官やノックス（Frank Knox）海軍長官を見ていると、制服組の暴走を制御するよりは、世論の強硬論に押された背広組の暴走に気をつけねばならぬと、筆者には映る。アメリカの世論、それをバックにした政治家・米国内政治の危うさは、米国への深い愛情に裏打ちされた、リチャード・ホーフスタッター（Richard Hofstadter）の切れ味鋭い分析がすばらしい(8)。話題を転じる。

渡辺銕蔵は一九三九（昭和一四）年一〇月の講演(9)で、反英主義・ナチス模倣の弊害を指摘し、米英両国との貿易関係の重要性を指摘し、日本が米国の資源・産業に依存しており、質的にも量的にも重要であると説いている。「日本はアメリカ、イギリスの植民地即ち日本と密接な関係にある国やその植民地と提携して行く、其の提携の背後には通商条約、親善関係がある」と国の発展の方向を示唆し、日満華経済ブロックで進むのは大きな誤りであると論じる。当時の雰囲気については「今迄二、三年間の様にナチスの提灯持ばかりして廻って、イギリスの長所を云ふと新聞に載せない、国賊扱ひをするといふやり方」であったと述べている。まったく異なる国際秩序観も存在し、有名なものに近衛文麿の「英米本位の平和主義を排す(10)」がある。「英米本位の平和主義にかぶれ国際連盟を天来の福音の如く渇仰するの態度あるは実に卑屈千万にして正義人道より見て蛇蝎視すべきものなり」と指摘し、「巨大なる資本と豊富なる天然資源を独占し……他国々民の自由なる発展を抑圧し、以て自ら利せんとする経済的帝国主義は武力的帝国主義否認と同一の精神よりして当然否認せらるべきものなり」という趣旨の論を展開し、近衛は国際秩序の不平等さを批判し、英米に追随すべきでないとの論陣を張った。時代が下ると「当時の日本外交は一にも英米、二にも英米であつたのだ。その観念は今でも妄者のやうに日本人の一部につきまとつてゐるのである。嗚呼、禍なるかな、この観念！(11)」という発想や外務省顧問の白鳥敏夫などの日独伊提携論(12)が台頭した。これらは渡辺とは対極をなす国際情勢の捉え方であった。

軍事関係の先行研究についても言及しておこう。大きな影響を与えたのは角田順の『太平洋戦争の道』(13)であろう。角田は「対仏印武力行使↓米の対日禁輸強化↓蘭印攻略↓対米開戦覚悟↓戦備促進」という主戦論が太平洋戦争に引っ張り込んだという視点で論文を組み立て、及川海軍大臣や岡敬純軍務局長を主戦論者であると断定した。若き日の筆者は一次資料を読む限り、及川海相が非戦の立場にたち、ありとあらゆる手をつくしたことは疑う余地のないことであると感じ、角田解釈にどうしても納得がいかなかった。第1章は対米開戦論の論拠となった「ジリ貧」論に対する「臥薪嘗胆」論を対置させ、角田説に疑問を呈した。第2章から第4章では米国の動きを一次資料で検討したが、仮に先を見通して陰謀を働かせる日本の主戦論者がいたとしても、米国の政策にまで影響を与えることなどありえないと考える。

筆者はハル・ノート(ハルの一〇カ条提案)に付随する国務長官コーデル・ハル開戦責任論やローズベルト大統領陰謀説(日本に先制攻撃させたという説)という枠でとらえるイメージに疑問を感じるようになっていった。どうしてハル(Cordell Hull)は開戦前に何度も野村吉三郎駐米大使と会うのだろうか。演説でローズベルト(Franklin D. Roosevelt)大統領は日本に対して慎重な言い回しをするのはなぜなのだろうかなど、次々と疑問が沸きだした。一九三七年一〇月五日のローズベルトの隔離演説を持ち出し、これぞローズベルトの真意だとするのは曲解であり、公平さを欠いている。この疑問は第3章・第4章で自分なりの結論を出し、一段落した。この疑問の追究の過程で、一九四一(昭和一六)年一一月二六日のハルの一〇カ条提案をめぐる英豪と米の認識の相違を跡づけ得たのは幸運であった。

ところで、先行研究に影響され、他人の説を強調する方向で自分の新しさを出そうとする研究には抵抗を覚えたし、精緻さを高めた研究もある一方で、方向が誤ったまま強調するという研究もあった。具体的に言えば、「善玉海軍論」や山本五十六は開戦に反対しました」という枠の研究や「日独伊ソ四カ国同盟でアメリカとの開戦を避けんとした」

という説などである。これらの根拠となる資料を探しに探したが、一次資料はなかった。一流プロ棋士が盤面に強烈な個性で自分を表現するように、私も、己の「主観」で史・資料を縦横無尽に走らせ、一つの像を提示したかった。(14)読者の叱責を乞いたい。

さて、別の観点からみれば、本書は戦略物資である石油を軸にして、太平洋戦争を通して、日本とアメリカの関係を一次資料に準拠して跡づけたものである。要するに、わが国の石油に対する戦略的脆弱性を日米戦争（開戦前、戦時中、敗戦直後）を通して一次資料で検証することにある。日米貿易の拡大、米国の対日経済制裁の実施・弱点の突き方、日本が対米開戦に踏み切った理由、戦時中の兵站補給の実態、敗戦直後の米国占領政策などを「石油」を軸にして、過去にどのように位置づけられ、論じられ、対策が練られたのか、また実際の生産高・輸送の実態はどうであったのかを跡づけようとした。

今日的な意義も強引に書くなら、経済大国日本が、戦略物資（石油、石炭、天然ガス、鉄鉱石、レア・メタル）を海外に依存している「資源小国」であることは周知の事実であり、スエズ動乱、第四次中東戦争に起因する第一次オイル・ショック、イラン革命、イラン・イラク戦争に誘発された第二次オイル・ショックなどがあり、最近ではイラクのクウェート侵攻に伴う湾岸戦争、大量破壊兵器の保有が争点になったイラク戦争があり、中東情勢は不透明かつ不安定要因である。国際的な相互依存が深まれば深まるほど、逆説的ではあるが、戦争・経済制裁・内乱による重要物資の輸入途絶が重要な意味を持ってくる。この点に関して戦前も今日も、日本の構造的な弱点――原燃料供給に対する脆弱性――であることになんら変わりはない。特に、海外に依存する石油は、内燃機関の動力源のみならず、高分子化合物の素材原料でもあり、経済的軍事的な国際的危機と不可分な戦略物資であり続けるであろう。エネルギーを巡るパワーゲームに終わりはない。

第9章と第10章に言及しておこう。第9章では、当時の国際環境や知識人の認識を知るうえで、イギリスの著名な歴史家E・H・カー（Carr）がどのような国際秩序を描いていたのか考察した。戦略物資という観点からすれば、日独伊の「持たざる国」と英米仏の「持てる国」との間の国際秩序の形成である。カーの提言は、「戦争の脅威」による「持てる国」の譲歩が引き出され、「平和変革」に至り、新しい国際秩序が形成されるという素朴なものである。また、カーのヒットラー（Adolf Hitler）やスターリン（Josef Stalin）賛美は、時流と言うものに知識人がいかに拘泥されるかということを示している。

第10章において、松岡洋右外務大臣が日独伊三国同盟にソ連を加えた四カ国同盟でアメリカに対抗するという考えを持っていたとする四カ国同盟説に資料的な批判を加えた。南進してシンガポールを撃てと発言したかと思えば、独ソ開戦後には北進しソ連との戦争を主張するなど、国際情勢が不安定なときに、松岡は事態をますます紛糾させ、日米交渉の進捗を妨げただけであった。E・H・カーや松岡外相の発言を通して、ヒットラードイツの躍進（イデオロギーと軍事的成功）の中、戦前の秩序がいかに不安定であったのか、あらためて確認したい。

以上問題意識を述べたが、本書の課題は、なぜ日米が太平洋戦争に至ったのかという点を軍事戦略物資の石油という軸に関連づけ、開戦経過を跡づけることである。これを第一の課題と呼んでおこう。この課題には、当時の国際情勢や当事者の認識をみておく必要があろう。

開戦後、南方産油地帯の占領は成功したのだろうか。原油の採掘と精製はできたのだろうか、また石油の本土への輸送は可能であったのだろうか。補給の問題点や実態の解明が第二の課題である。

第三の課題は、航空燃料を製造する海軍燃料廠などの軍需工場を、農業生産向上に必要な肥料製造という民需工場に転換するという、アンビバレントな問題を、初期対日占領政策の中でどのように紆余曲折を経たのか明らかにすることである。技術や人材が戦前から戦後に継承されたという問題意識もある。だが、戦時体制が戦後も存続して、それが一九九〇年代にも日本経済の足枷になっているという説には、石炭から石油へのエネルギー革命に付随する産業構造の激しい変化を考えただけでも、議論に無理があると考える。
各章における主題と問題点について述べ、全体像を鳥瞰しておきたい。

第一部　開　戦

第1章　対英米蘭開戦と人造石油――「臥薪嘗胆」論の背景――

「液体燃料」を海外に依存する戦略的弱点を緩和するために一九三七（昭和一二）年に策定された「人造石油製造振興計画」が、米国の資産凍結・対日石油禁輸に対する有効な対策手段になりえなかった事情を、史料によって検証しようと試みた。

日本が対米開戦に踏み切った主要な原因の一つに米国の対日石油禁輸があるといわれているが、日本は石油を備蓄するとともに、人造石油による「液体燃料」自給率を高める計画を策定していた。本章では、なぜ、「人造石油製造計画」が、対米開戦を主張する「ジリ貧」論が優勢となり、米国の全面的対日石油禁輸が行われた一九四一年の「物資動員計画」において有効な代替策とはなりえず、同年九月と一一月の二度の御前会議を経て、開戦が決定されるに至った経緯を、石油の自給見通しの観点から跡づけた。なお、及川古志郎海軍大臣の避戦の模索と、その論拠であった人造石油に依拠する「臥薪嘗胆」論との関係にも言及した。

第2章　資産凍結前の米国の対日強硬論と石油禁輸後の海軍の対米強硬論――石油禁輸論とジリ貧論――

資産凍結前の一九四一年六月のF・D・ローズベルト大統領とH・L・イッキーズ内務長官の書簡のやりとりから、米国政府内部の動向を明らかにした。第一は、米国政府内部にさまざまな見解が存在していたということである。第二に米国首脳のローズベルト大統領やC・ハル国務長官は穏健な考え方を堅持し、強硬な対日石油禁輸は日本を蘭印に駆り立てるという理由で反対であったということである。

また日本側では一九四一年七月の米国の対日資産凍結および八月一日の石油禁輸強化を受けて、海軍内で高まった早期開戦論の背景にあった「ジリ貧」論を跡づけた。海軍軍令部、海軍省などの若手軍人が、動力源である重油が枯渇していけば、軍艦は使い物にならず、戦わずして負けるという論理で開戦論をリードしたが、その論拠となった石油の需給見通しを明らかにした。

第3章　資産凍結後の石油決済資金をめぐる日米交渉

——井口貞夫参事官と西山勉財務官対アチソン国務次官補と財務省——

本章では、資産凍結後の石油代金決済を巡る日米交渉を日米双方の資料で実証的に検証した。当初米国は一九三七年の対日石油輸出量は許可する方針にあったにもかかわらず、輸出は行なわれず、なぜ石油は事実上の全面禁輸に至ったかを明らかにした。

井口貞夫事務官・西山勉財務官とアチソン国務次官補や財務省との交渉で、①金の現送、②南米からの資金、③米国内で保有するドル現金、④法幣での支払を巡って駆け引きが行なわれたが、日本側のさまざまな支払方法の提示に対して、財務省が態度を保留する交渉作戦を継続し、明快な返事を出さず、事実上の禁輸が行なわれていった実態を明らかにした。この重要な問題があいまいなまま放置され続け、日米関係は破綻に向かっていった。またどの程度、この決定にローズベルト大統領やハル国務長官がかかわったのか、明らかにせんと試みた。

第4章　ハル・ノートと暫定協定案——世界秩序と英米の相違——

日米暫定協定案が日本側に提示されずに、一一月二六日にハルは日本側に強硬な提案を行なう。なぜハルは暫定協定案を破棄して、妥協の余地のないハルの一〇カ条提案を行なったのであろうか。イギリス大使ハリファックスはハルが暫定協定案を日本側に提示するという前提で行動していたが、関係各国や米陸海軍に何の相談もなく、ハル・ノートは日本側に渡された。一一月二七日にウェールズを訪ねたハリファックスは説明を求めるなど、英米の認識のずれが表面化した。なぜこのような認識の相違が生じたのかを英外交文書で跡づけた。

第二部 戦争・敗戦

第5章 戦時海軍の石油補給――南方産油地帯占領から生産・補給まで――

海軍省軍需局長『月頭報告』、海軍省軍務局『大東亜戦争中ニ於ケル我物的国力ト海軍戦備推移ニ関スル説明資料』、陸軍少将『眞田穣一郎日記』などの資料に基づき、戦時海軍の石油補給の実態を明らかにした。開戦時の見込みよりも石油は確保できたものの、それ以上に海軍が石油を消費し、加えて船舶総トン数が減少し、補給が破綻していく経過を描いた。南方との遮断が危機的な状態に追い込んだことなど、太平洋戦争の戦局と対応させながら記述することで、軍事的な側面を踏まえた戦時経済像を描いた。

第6章 軍需から民需への転換――第二海軍燃料廠の肥料工場への転換――

第6章では軍需生産(戦争中)から民需生産(戦後)に移行した、第二海軍燃料廠の硫安工場への転換過程を、一次資料を用いて実証的にあとづけた。旧海軍燃料廠の設備の転用による硫安製造は、占領政策の揺籃期には、非軍事化というその基本政策に抵触するとみられやすい問題であった。平和産業への転換というドラスティックな変貌にもかかわらず、この過程で戦前戦中の資本ストックや人材が再活用され、このことがこのすばやい転換を可能にしたことを浮彫りにしたいと考えた。また本稿は、敗戦直後、日本の企業は敗戦ショックのもとで、まともな生産活動を行なっていなかったとする通説的イメージに反証を提起することも目指している。占領政策の揺籃期には、非軍事化という基本政策に抵触するアンビバレントな問題を内包していた。

第7章　米国の初期対日占領政策――海軍燃料廠・ガソリン工場の民需転換を認めるのか――

第7章では、海軍燃料廠、陸軍燃料廠、北海道人造石油の肥料工場への転換問題は、GHQ-SCAPの方針が定まらず紆余曲折を経た末に、一部が許可された。しかし許可されない軍設備もあった。旧軍事設備の肥料工場への転用という機微な問題であるがゆえに、地方軍政部とESS（SCAP）との見解の違いも生じた。

第三部　補　論

第8章　三井物産と米国石油会社ソコニーの揮発油販売契約――日米石油貿易の発展――

日米間で石油貿易がいかに伸張していったのだろうか。戦前期日本の最大の商社である三井物産とアメリカ石油企業ソコニーとの提携関係の構築過程を事例に、海外支店の情報・接触活動の重要性を明らかにしようとした。その際、筆者は商社の活動を「組織間関係」という視点から捉え、商社と売り手もしくは買い手との関係に着目し、売り手・買い手の接点に位置する海外支店をいわゆる「対境担当者」と捉えて、海外支店が、商社と海外企業との間の「組織間関係」の形成に重要な役割を果たし、日米間の石油取引量の拡大を促したという実態の解明に取り組んだ。

三井物産など日本企業がスタンダード石油に代表される米国巨大石油会社の意のままであったという通説像の修正を迫ると同時に、日本企業と米国企業が提携し、企業連合間で競争しながら、日米間の石油貿易が拡大した平時の経済関係を描いた。

第9章　E・H・カーの国際政治観の再検討――「持てるもの」と「持たざるもの」――

E・H・カーの『危機の二十年』の中で展開されている概念規定を検討するとともに、第二次世界大戦を当事者として歴史家がどのようにみていたのかを明らかにした。「持てるもの」と「持たざるもの」の間での秩序形成への模索やカーの「リアリズム」像および「ユートピア」像を仔細に検討し、これらの概念がどのように使われているのかを論じた。この章では、当時の国際情勢の不安定さを読みとってもらいたい。カーの日本での高い評価とは裏腹に、海外では決して高い評価でないのはなぜなのか、明快に論じたつもりである。

第10章　日独伊三国同盟――松岡四カ国同盟構想説への疑問――

松岡洋右外務大臣は日独伊ソ四カ国構想を持ち、日米開戦を避けようとするグランドデザインがあったという、通説に真っ向から異論を唱えたのがこの章である。一次資料にあたりなおし、松岡の発言や外務省資料の検討の結果、四カ国同盟説を裏づけうる資料は発見できなかった。シンガポールを攻撃せよと主張したかと思えば、一九四一年六月二二日の独ソ開戦を境にシベリアへの北進を主張するなど、支離滅裂な言動のさまを明らかにした。

（1）丸山眞男「軍国支配者の精神形態」（『増補版　現代政治の思想と行動』未来社、一九六四年、八八～一三〇頁）。
（2）永井陽之助「米国の戦争観と毛沢東の挑戦」（『平和の代償』中央公論社、一九六七年、六三～六四頁）。
（3）永井陽之助「国家目標としての安全と独立」（同前、一六八頁）。
（4）猪木正道の一連の著書が「空想的平和主義」や「政治と軍事」の考察にすぐれている。全五巻からなる『猪木正道著作集』（力富書房、一九八五年）に氏の研究が網羅されている。
（5）D・リースマン他『日本日記』（加藤秀俊・鶴見良行訳、みすず書房、一九六九年）。訳書二九九～三〇一頁にはリースマンの厳しい日本の知的状況に対する見解が、やさしくかかれているだけに、かえって迫力がある。

（6）高山岩男『政治家への書簡』（創文社、一九七九年）三頁。及川横須賀鎮守府司令長官は栗原悦蔵に若手海軍士官の教育改革の指針となるべき「普通科学生指導方針並ニ施策」を作成させた。この中で「術科偏重専門分化偏重」が指摘されている（防衛研究所戦史部図書館所蔵）。

（7）佐道明広「戦後日本安全保障研究の諸問題」（『東京都立大学法学会雑誌』三六巻二号、一九九五年一二月、五一三～五三六頁）に、湾岸戦争を契機にした安全保障問題および政軍関係の問題点が総括的に論じられている。日清戦争時のシビリアンコントロールを論じたのが、三谷太一郎『近代日本の戦争と政治』（岩波書店、一九九七年、特に一七～二〇頁）の中の「日清戦争百年——一九九四年の時点からの考察——」である。杉田一次『忘れられている安全保障』（時事通信社、一九六七年）の中の「緒言」および「政治と軍事との関係（幕僚長の進退）」に、政治家の軍事への造詣の深さの大切さが訴えられている。

（8）Richard Hofstadter, *The Paranoid Style in American Politics: and Other Essays*, New York: Knopf, 1965. Richard Hofstadter, *Anti-intellectualism in American life*, New York: Vintage Books, 1963. R・ホーフスタッターの政治家に対する洞察は示唆に富む。「アメリカ国民の強さも弱さも共に、アメリカ人が社会の悪に静かに耐えることをしないという事実によるところが多い」と『アメリカ現代史』の序章で指摘しているが、名言であろう。R・ホーフスタッター／清水知久他訳『アメリカ現代史——改革の時代——』（みすず書房、一九六七年）一三頁。Richard Hofstadter, *The Age of Reform: From Bryan to F. D. R.*, New York: Knopf, 1955.

（9）渡辺銕蔵『自滅の戦ひ』（東京修文館、一九四七年）二〇六、二一一、二一二頁。渡辺氏が指摘したわが国の英米などの第三国への依存状況は、原朗論文「日中戦争期の外貨決済（2）」（『経済学論集』第三八巻二号、一九七二年七月）が卓越している。

（10）近衛文麿「英米本位の平和主義を排す」（『日本及日本人』一九一八年一二月一五日号、二三～二六頁）。近衛篤麿と二三頁にあるが、文麿の誤り。

（11）齊藤二郎『支那をめぐる日・ソ・英・米』（今日の問題社、一九三六年）二〇四頁。

（12）白鳥敏夫『日独伊枢軸論』（アルス、一九四〇年）。白鳥の認識や考え方については左の論文を参照されたい。田浦雅徳「昭和十年代外務省革新派の情勢認識と政策」（『日本歴史』四九三号、一九八九年六月、六五～八二頁）。臼井勝美

『中国をめぐる近代日本の外交』（筑摩書房、一九八三年、一六二〜六四頁）。

(13) 角田順「第一編 日本の対米開戦」（角田・福田『太平洋戦争への道』朝日新聞社、一九六三年）。角田は日露戦争の開戦過程を「少壮対元老の対立という図式から少壮のリード」という図式を提示したそうであるが、『太平洋戦争への道』でも同様なロジックを展開している。この見解に対して伊藤之雄は『立憲国家と日露戦争——外交と内政 一八九八〜一九〇五——』（木鐸社、二〇〇四年）の「序論」で否定的な見解を示している。

(14) 夏目漱石やM・ウェーバーが主観の大切さを指摘している。夏目漱石の評論「好悪と優劣」「鑑賞の統一と独立」「イズムの効果」など。夏目漱石『漱石全集 第十一巻 評論・雑篇』（岩波書店、一九六六年）二四六〜二五七頁。M・ウェーバー／出口勇蔵訳「社会科学および社会政策の認識の『客観性』」（世界思想教養全集18『ウェーバーの思想』所収、河出書房新社、一九六二年）。ウェーバーとシュンペンターで論争された有名なくもの巣問題で言うなら、ウェーバーの側に立ち、筆者はくもの巣を張るクモに目を向ける。つまり人が何を考えたのかという点を大切にするということである。

第一部　開　戦

第1章　対英米蘭開戦と人造石油――「臥薪嘗胆」論の背景――

はじめに

日本が対米開戦に踏み切った主要な原因の一つは、米国の対日石油禁輸にあるといわれている。日本は、この戦略的弱点を予知して、なんらかの準備をしていたのだろうか。

米・蘭に石油資源を依存する戦前日本は、第一次世界大戦以来、重油備蓄をすすめるとともに、国内油田開発を行なう一方、人造石油による「液体燃料」自給率を高める計画を策定していた。[1]

すでに海軍は、一九二八（昭和三）年に満鉄から石炭液化研究を受託し、工業化を目指して実験をすすめ、その実験結果に基づき、一九三六年には満鉄・日本窒素に企業化を働きかけた。[2] 他方、満州事変以来、国際的孤立感を深めつつあった政府は、石油供給の脆弱性を再認識し、その対応策として、一九三七年、七カ年計画の最終年度である一九四三年に重油・揮発油それぞれ一〇〇万キロリットルを生産する人造石油製造計画を策定し、さらに一九四〇（昭和一五）年一〇月、「昭和二十年度」に四〇〇万キロリットルを生産する第二次振興計画を立案していた。[3] 第1章は、なぜ、石油を米国に依存する戦略的弱点を緩和するために策定された「人造石油製造振興計画」が、米国の全面的対日石油禁輸が行なわれた一九四一年の「物資動員計画」において、有効な代替策とはなりえず、対米開戦に至ったのかという事情を、一次資料によって検証しようと試みたものである。

1 第一次人造石油製造振興計画

満州事変（一九三一年九月）、上海事変（一九三二年一月）の勃発、ついで一九三三年三月二七日に「国際連盟脱退」通告が正式に行なわれ、日本を取り巻く国際環境は急激に悪化した。

海軍の働きかけにより設けられた「液体燃料問題ニ関スル関係各省協議会」は、一九三三年六月九日に、㈠国内民間石油保有竝ニ石油業ノ振興、㈡石油資源ノ確保開発、㈢代用燃料工業ノ振興、の三つの特別委員会を設置し[4]、各委員会の研究成果を踏まえて、同年九月に「一、石油ノ民間保有　二、石油業ノ振興　三、石油資源ノ確保開発　四、代用燃料工業ノ振興」の四項目から成る「実施要綱[5]」を作成した。ここでは代用燃料としてアルコール・石炭低温乾留・オイルシェール・石炭液化・木炭瓦斯が取り上げられている。なお、当時は斎藤実内閣であり、関係各省ならびに関係者は外務・大蔵・陸軍・海軍・拓務・商工の各省および資源局の関係局部長であった。

その後、二・二六事件後に成立した広田弘毅内閣のとき、「液体燃料問題ニ関スル関係各省協議会」は一九三六年六月に審議を再開し、同年七月に「燃料政策実施要綱[6]」をまとめあげた。この要綱は「第一　方針」で次にように謳っている。

「国防上及産業上ノ基礎的資源タル液体燃料ノ供給ヲ海外ニ依存スルノ弊ヲ芟除シ之ガ自給自足ヲ促進スル為確固タル総合的燃料政策ヲ樹立シ昭和十二年度ヨリ之ヲ実施ス但シ右政策遂行機関ハ即時之ガ実現ヲ図ル」（傍

点引用者）。

人造石油については「第二　実施要綱」の「二、石油代用燃料工業ノ助成」の中で、「一、石油代用燃料工業奨励法ノ制定、二、石炭油化、ガソリン合成〔フィッシャー法――引用者〕及石炭低温乾留工業ニ対スル損失補塡ノ制度ノ設定、三、其ノ他斯業ノ確立振興ニ関スル事項」の三点がかかげられた。最後に「六、燃料局新設及燃料研究所ノ機構拡充」が書かれているが、商工省燃料局は一九三七年六月一〇日に同省外局として新設され、海軍から第二部部長に柳原博光少将、第一部人造石油課長に山口真澄機関大佐が就任した(7)。

さて、「人造石油製造事業法案」およびこの事業を資金面から援助しようとする「帝国燃料興業株式会社法案」は、「燃料政策実施要綱」をうけて「殆ド各省カラノ代表者」と資源局による「相当長期ニ亘ツテ審議致シ、尚ホ之ニ満州ノ代表機関モ入リマシテ審議致シタ結果(8)」を踏まえて、一九三七年三月二三日、第七〇回帝国議会衆議院本会議に提出され、三月三〇日には貴族院に提出されたが、同議会が三月三〇日に解散されたために、日華事変勃発後の第七一回帝国議会に再提出された。この両法案は一九三七年八月二日に衆議院本会議で可決され、八月五日に貴族院本会議を通過し、八月一〇日に法律第五二号「人造石油事業法」として公布され、翌年一月二五日から施行された(9)。

以上の経緯を踏まえたうえで、次に、商工省燃料局が一九三七年七月に作成した資料「人造石油製造事業振興計画関係資料(10)」に準拠し、「第一次人造石油製造事業振興計画」の概要を明らかにしておきたい。「人造石油製造事業振興」の重点目標は、「液体燃料中特ニ重要ナル揮発油及重油」の生産におかれ、「内外地及満州国ヲ通ジ差当リ七ヶ年計画ヲ以テ」計画最終年度の「昭和十八年度」に、揮発油・重油それぞれ一〇〇万キロリットル（合計二〇〇万キロリットル）を生産することになっていた。このうち、満州国においては、揮発油約二〇万キロリットル・重油約三〇万キロリットルを生産する計画であった。また、「人造石油事業」の「製造方法」は「石炭亜炭又ハ天然ガス」を原

表 1-1　第一次人造石油製造振興計画

〔揮発油〕　（単位：1,000 キロリットル）

年	本邦総需要量（推定）	本邦原油	人造石油による生産予定量 直接液化	フィッシャー法	低温乾留	アルコール	合計	自給率 I（%）	自給率 II（%）
1936	1,350	75.7			2.5		78.2		
1937	1,510	82.5	21.0		2.9		106.4	7	7
1938	1,670	85.5	30.0	19.0	3.5	38.4	176.9	10.6	8.3
1939	1,830	89.3	103.8	104.0	10.3	60.8	368.2	20.1	16.8
1940	1,990	93.0	236.0	175.5	16.8	95.4	616.7	31.0	26.2
1941	2,150	93.0	242.9	247.0	22.8	204.3	810.0	37.7	28.2
1942	2,310	93.0	480.9	318.8	30.3	307.3	1,230.0	53.2	39.9
1943	2,470	93.0	602.0	390.0	36.5	399.0	1,520.5	61.6	45.4

註：自給率IIはアルコールを含まず。

〔重　油〕

1936	1,600	121.5			35.0		156.4	9.8	
1937	1,780	126.8	21.0		39.9		187.7	10.5	
1938	1,960	132.7	30.0	10.5	49.0		222.2	11.3	
1939	2,140	140.1	76.2	36.0	143.5		415.8	19.4	
1940	2,320	147.5	144.0	94.5	234.5		620.5	26.7	
1941	2,500	147.5	237.1	133.0	318.5		836.1	33.4	
1942	2,680	147.5	329.1	171.5	423.5		1,071.6	40.0	
1943	2,860	147.5	418.0	210.0	511.0		1,286.5	45.0	

出所：北沢・宇井『石油経済論』504 頁より作成。

表 1-2　第二次人造石油製造振興計画

（単位：キロリットル）

	1941 年	1942 年	1943 年	1944 年	1945 年
航空用揮発油	38,500	106,500	245,500	386,500	534,000
自動車用揮発油	96,900	290,900	653,700	1,057,500	1,281,800
軽質ディーゼル油	40,000	155,500	389,000	610,000	759,000
重質ディーゼル油	113,600	200,600	315,800	475,200	589,200
焚燃用重油	223,500	345,500	424,500	637,500	637,500
航空用潤滑油	4,000	25,000	66,000	104,000	114,000
一般潤滑油	13,500	31,000	55,500	89,500	94,500
合　　計	530,000	1,155,000	2,150,000	3,340,000	4,010,000

出所：満鉄東京支社調査室「日満支ニ於ケル人造石油ノ新綜合計画ニ就テ」より作成。
註：(1)　航空用揮発油の中に航空用配合燃料を含む。
　(2)　1944 年の合計は計算すると，3,360,200 であるが，出典のまま記載した。
　(3)　1943 年の自動車用揮発油は，1,653,700 とあったが，誤植と思われるので，653,700 とした。

料とする「一、直接液化法（ベルギウス法）、二、合成法（フィッシャー法）、三、低温乾留法」の「三製造法」が指定された。なお、撫順の油母頁岩（オイルシェール）工業は「人造石油事業」に指定されていない[11]。この振興計画により、商工省は、揮発油については、国産原油（九・三万キロリットル）と合わせて、「昭和十八年度」推定総需要量の約四五％を自給する見通しであり、これにアルコールの約二〇％を加えることにより、約六二％の自給を達成する見込みであった。他方、重油についても約四五％の自給を達成する予定であった[12]。

なお、「第一次振興計画」および「第二次振興計画」の各年度生産予定量は表1-1、表1-2に掲げておく[13]。

2　人造石油計画の挫折

この章では、商工省燃料局が作成した「第一次人造石油製造振興計画」の実施状況および当局の見通しについて、一瞥を試みたい。

日満財政経済研究会[14]は、一九三七年七月に「本邦経済国力判断」（第二回）を作成したが、その中で「液体燃料工業は生産力の拡充最も遅延せる部分たり」「人造石油工業が全く期待を裏切りてその進捗殆ど云ふに足らざるに依るもの」であると、きびしく現状を把握し、「一、国内に於ける人造石油工業の進捗状況」と題して次のように記している。

「朝鮮石炭工業阿吾地工場の五万瓲計画は本年四月完成の予定なりしも遅延、同じく三井鉱山三池工場の三万五千瓲計画も本年四月完成予定の処未だ機械設備の手配困難なる為、本年内には完成不能、日本油化その他の計画は未詳の程度たり。低温乾留法による東京ガス、日本窒素、東邦ガス、日産化学等の計画は何れも紙上に止まり未着手。商工省の七年計画は全く齟齬を来せるは明かなり」[15]（傍点引用者）。

日満財政経済研究会が指摘するように、一九三七年に策定された「商工省の七年計画」は、はやくも翌年において「全く齟齬」を来たし、「期待を裏切」ったことは明らかであった。

さて、帝国議会においても、「石炭液化工業ノ経過」「昭和十八年度マデニ重油、軽油各百万竏製造ノコトニナリ居ルガ其ノ後ノ情勢如何」など質疑[16]が行なわれたが、当時商工省燃料局人造石油課長であった榎本隆一郎海軍機関大佐は、米内光政海軍大臣の要請により、一九三九年三月二〇日、第七四回帝国議会衆議院予算委員会に出席し、「人造石油ノ事業ノ実情」の説明を行ない、「最初ノ計画デ予定サレマシタヨリ多少遅レ」た理由について、次の二点を強調、示唆した。まず第一に、計画が「多少」遅れている原因は、「付帯設備ノ故障」「建設資材」「工作力」にあること。第二に、「工業ノ本体ニハ、当初ヨリサシタル問題ガナカツタ」「朝鮮窒素会社デハ技術上完全ナル自信ヲ有スルニ至リ」「資材ト工作力トサヘアレバ、人造石油工業ハ幾ラデモ立派ニ建設ガ出来、製造方法ノ技術ト装置工作ノ技術トハ十分解決シテ居ルト云フ結論トナリマス」と述べているように[17]、人造石油工業は今後期待できるであろうことを、言外の含みにしている点である。商工省燃料局の答弁は、総じて具体的な生産量や進捗状況については明言を避け、楽観的見通しを繰り返しているにすぎない[18]。しかし、当局は、議会答弁のような甘い見通しを持ってはいなかった。

そこで、次に、商工省燃料局が一九三九年七月に「各省関係当局」に「人造石油の現状」を説明し、「斯業振興に対する意見」を具申するために配付した資料をみることにする。なお、この資料は、当時海軍省軍需局局員であった渡辺伊三郎（機関中佐、元少将）所蔵のものである。渡辺氏の記憶によれば、「軍需局において、榎本（隆一郎）氏が配付説明した[19]」とのことである。この配付資料「人造石油の実状[20]」は、「一、人造石油事業を急速振興せしめざる

べからざる理由　二、国策振興計画進捗の状況と生産力拡充計画　三、人造石油事業振興に必要なる基本的諸問題の現状　四、人造石油事業振興の具体策　五、事業の保護助成」の五項目から成っている。この「二」の中で、具体的な進捗状況が縷述されている。商工省燃料局は「昭和十四年七月」の時点で「十四年中には完成の予定」（日本油化の川崎工場・三井の三池工場）まで含めて、同年末には「九工場が操業」し「其の合計能力は僅かに一八万竏に過ぎない」と、現状を把握しているが、この合計能力は、一九三九年度生産予定量四七・四万キロリットル（第1-1表より計算）の三八％に相当するにすぎない。また「昭和十八年度」の「合計能力」は、建設中の工場および「創業着手の過程」の工場が進捗したと仮定しても、計画の六〇％にあたる「約一二〇万」キロリットルしか生産できないと見積られ、「国策振興計画に対して実行は著しく立後れであり、殊に計画実行の初期たる現在迄の実績は捗々しからざるの感がある」[21]と総括している。さらに、この資料は、日華事変勃発直後の一九三七年一〇月二五日に設立された企画院が立案した「生産力拡充計画要綱」[22]に言及し、「目標」を「小額に限定」（一九四一年度生産量内外地五四万キロリットル・満州国一七万キロリットル）した計画さえも、「建設資材の圧迫」のために「一層の削減を蒙る結果となつた」ことを認め、「建設中の工場と雖も予定の進捗が不可能であり、従つて十六年度生産額は五四万竏より更に低下し、内外地を合せ三〇数万竏を期待し得るに過ぎないと予測せられる」（傍点引用者）と、計画の躓きをはっきり指摘[23]している。

他方、企画院総裁竹内可吉は、一九四〇年二月二八日、内閣参議会において、「物動計画、生産力拡充計画、労務動員計画等の実績及今後の見透の概要に就て」と題する報告を行ない、「昭和十四年度物動計画の実績」について「十分なる成績を挙げ得たとは申し難い状況にある」と述べ、「之が実行を妨げた主要な原因」として、一、旱害並水害、二、欧州戦乱による影響、三、石炭及電力、の三点をあげた[24]。特に「二」の説明で具体的に、「米国、加奈陀《カナダ》よりのアルミニウム、ニッケルの取得、白耳義《ベルギー》よりのコバルト、独逸よりの製鉄、肥料、人造石油用機械や精密機械、米国よりの石油精製装置の輸入等は殆んど不能状況となつて居り」と語り、続いて「輸入物資の価格の昂騰、船運賃の騰貴、対米為替レートの下落等の諸原因によりまして、物資の輸入値段が非常に上昇し輸入資金の関係から輸入量に減少を来さざるを得なかつた」[25]と実状を述べた。また、竹内総裁は、「十四年度生産力拡充計画の実績」の説明の中で、人造石油について次のように報告した。

「液体燃料部門に於きましては万難を排して特に人造石油の生産に邁進致してをります、尚欧州戦乱の影響に因り之が製造装置の輸入困難となった部門もございますが鋭意之が国産化に努め目下着々進行中でありまして、本年度は計画通りには参りませんでしたが十五年度から本格的生産に着手し得る見込である」[26]。

ここで指摘されている「独逸等よりの機械類輸入杜絶」に対する「今後の対策」を検討した企画院は、「水素添加用反応筒」については、「米国に註文するか又は国内に於て製作するかに付目下折角攻究中」[27]（一九三九年一〇月現在）であり、フィッシャー法の触媒として不可欠な金属コバルトについては、「白領《ベルギー》コンゴ及加奈陀以外に殆んど生産なきを以て」「独波開戦直後三井物産に命じ之が買集方手配中」[28]であった。企画院は「一部は之（機械類）を米国に転換せしめ更に一部は国内工作力を動員せしむることを得ば之が為め根本的支障を招来することなき見込」[29]であったが、実際には「反応筒、高圧管弁等一部のものは輸入先転換至難なるを以て今次欧州情勢の変化は本事業の発展に大なる影響を与ふるに至」[30]り、そのうえ「国内機械工業」は、「現在軍需品其他の製造に忙殺せられ本件（硫安製造装置）又は人造石油関係品等の輸入期待品の製造に力を振向くる余力殆ど少かるべし」[31]という生産能力しか持ち合わせていなかった。

人造石油工業の問題点を浮彫りにしている一例として、満鉄が一九四一年四月に作成した「産業開発五箇年計画第四年度実績報告」をみると、満鉄撫順「石炭液化事業」について、「本計画ハ一ツニ特殊鋼管竝特殊板等ノ収得如何ニ俟ツモノナリ」[32]と述べ、「最後ニ石炭液化工場ニ関シ一言セム」と前置きして、次のように記している。

「ニッケル、クローム鋼ノインゴット類ハ現行法規ニヨレハ満州国ヨリ外部ニ輸出スルコトヲ禁セラレテ居リ又日本内地ニ於テモニッケル、クローム鋼製品竝之等製品ノ日本ヨリノ輸出ヲ禁止シテ居ル現状ニ在リ之カ為当工場ニ於テハ之等特殊鋼製品特ニ管類板等ノ獲得ニ非常ナル困難ヲ感スルニ到レリ　現状ノ侭ニテハ石炭液化工場ノ拡張ハ勿論、現行設備ノ運転スラ不可能トナルニ付事業ノ性質ヲ考慮セラレ前記特殊鋼製品ノ特別ナル配給方法（例ヘハ日本内地ニ素材ヲ輸出シ製品トシテ再輸入スルコトヲ許可スルト謂フカ如キ）ヲ御考慮願度」[33]（傍点引用者）。

この報告から窺えることは、特殊鋼（Ni-Cr鋼）が隘路になり、「現行設備ノ運転スラ不可能」に陥っているという現実のきびしさである。

ところで、これまで屢述してきたように、人造石油工業は、計画通りには進捗せず、生産量にみるべきものはなかった。しかし、竹内企画院総裁は、前述の内閣参議会での報告において「十五年度から本格的生産に着手し得る見込である」[34]と述べ、「人造石油の本格的な操業に依る生産」[35]に期待をかけていた。商工省燃料局も、すでに触れた配付資料の中できびしく人造石油の現状を捉えながら、一方では、「大局より見れば、今や人造石油製造事業は初期の建設期より生産開始期に移りつつありと見るべきである」[36]と現状を分析し、技術に関して「反応筒類の輸入を余義《ママ》なくされてゐるが、此の如き欠陥は之を急速整備する為め工作力の充実を講じつつある」から、「両三年を出でずして工作力も整備し、機械類の輸入を防遏し得るものと認められる」[37]と指摘し、「経済的企業に進歩」する「確実性」が充分存在していることを強調している。[38]

3　対日石油禁輸とその対応

アメリカは一九三九年七月二六日に「日米通商航海条約及び附属議定書」の廃棄を通告し、一九四〇年一月二六日、日米通商航海条約は失効するに至った。その後、F・D・ローズベルト（Roosevelt）大統領は、七月五日、兵器・軍需物資および工作機械等を輸出許可制下に置いた。[39]さらに、アメリカは一九四〇年八月一日以後次の三製品を輸出許可制に編入した。

一、石油製品（主にオクタン価八七以上の揮発油）
二、四エチル鉛（オクタン価を高める働きがあり、航空機用揮発油に添加する）
三、鉄および屑鉄

加えて、米国政府は許可制が実施された八月一日に「航空機用揮発油の西半球以外への輸出」を全面禁止し、一二月二一日には「航空機用潤滑油製造装置」をはじめとする一五種目の輸出を許可制下に置いた。[40]

これを受けて、企画院は八月二日に「最近の国際情勢の変転」に対応するための「諸対策の一判断資料」として、「応急物動計画試案説明資料」[41]を作成したが、この中で石油資源開発資材の検討を行なっているほか、石油については、米国・蘭印よりそれぞれ一三三万三五〇〇キロリットル、四一万三六〇〇キロリットル輸入する方針であった。その後、非常事態に対する検討を重ねた結果、企画院は一九四〇年一二月一七日に「物資動員計画ノ改訂ニ付テ」の作成を完了した。

「更ニ九月下旬日独伊三国同盟ノ締結ニ伴ヒ英米両国トノ経済関係ハ愈々悪化シ重要物資例ヘバ屑鉄、航空用高級揮発油等ニ付テハ之ヲ米国ヨリ取得スルコトハ全ク不可能ナル状態ニ立到ツタノデアリマス。而モ一方ニ於テハ外交転換ニ伴ヒ万一ノ場合ニ処スル為対南方殊ニ海軍ノ戦備ヲ急速ニ整備強化スルコト緊要ナル事態ガ発生致シマシタ為、茲ニ第三四半期即十月以降ニ於テハ本年度当初ノ物資動員計画ニ根本的変改ヲ加フルノ已ムナキニ立到ツタノデアリマス[42]」。

要するに、「外国ヨリノ重要物資ノ獲得ガ不可能」になったこと、ならびに「対南方戦備ノ増強」つまり「万一ニ備フル為出師準備資材ノ出来得ル限リ迅速ナル増加、充足ヲ図ルコト[43]」のために、企画院は「物資動員計画ノ改訂」を行なったのであった。この改訂の中で、「液体燃料」に関して、アメリカが「昭和十五年八月一日対日輸出許可制ヲ実施シ」た結果、「航空揮発油、航空潤滑油、四エチル鉛、高級原油等ハ入手不可能ノ現状デアリマスガ、最近更ニ禁輸ヲ強化スル空気濃厚デアリマス[44]」と悲観的展望を記し、この事態に対応すべく「当面ノ課題」として、「資金ト船腹ノ許ス範囲ニ於テ凡ユル方面カラ輸入ヲ行ヒ、又人造石油ノ短期間ニ於ケル完成ニ努メ石油ノ供給ヲ増加スルト共ニ、国内貯蔵量ノ増加ニ努メルコトガ現下ノ急務デ[45]」あることを指摘している。

一方、近衛内閣は、一九四〇年一二月二七日、「外交転換ニ伴フ液体燃料供給対策ニ関スル件[46]」を閣議決定し、商工省燃料局が作成したいわゆる「第二次人造石油製造振興計画[47]」（計画最終年度昭和二〇年に四〇〇万キロリットル生産）を承認した。

ところで、日本軍が南部仏印に進駐することを察知した英米両国は、対応策を協議[48]したうえで、一九四一年七月二五日（日本時間二六日）、日本資産を凍結し、蘭印も七月二七日に日本人資産凍結令を布告し、さらに、アメリカは八月一日に「対日石油禁輸強化」（further regulation in respect to the export of petroleum products）を発表した[49]。

当初米国は、石油禁輸に関し、高オクタン価ガソリンや高級潤滑油については一切輸出を許可しないが、日華事変以前の一九三五、三六年に輸出した量約四三〇万バーレル[50]と同程度の石油輸出を許可する方針であった。[51]しかし実際には、日本への石油輸出は行なわれなかった。なぜなら、米国は、決算資金に関して、日本が米国および南アフリカに保有するドルによる支払いを要求し、日本側が要望した金による支払いおよび極東から送付されたアメリカ通貨による支払いを、認めなかったからである。[52]この措置の結果、米国からの石油輸入は完全に止まり、「貿易は実際には停止している」[53]という状態に陥った。詳しくは第3章を読まれたい。

4 「臥薪嘗胆」対「開戦」——人造石油製造計画の挫折——

陸軍省整備局で、国家総動員に関する事務に従事し、企画院・商工省の設置した「委員会等ニ極メテ多岐ニ亘ツテ関係[54]」した岡田菊三郎少将は、終戦後まもなく「開戦前の物的国力と対米英戦争決意」と題して、次のように述べている。

「昭和十六年夏、近衛内閣は人造石油促進の件を急遽閣議を以て決定した。此の決定は恐らくは政治的大局考察に基き戦争を回避し国力の根基を培養することを目標としたものと思惟せられるが、前述の様な状態に人造石油事業が陥つて居る以上、之が急速促進の為には其の状態を形造れる素因を先づ除去するのでなければ、其の目的を貫徹されないことを聊か等閑に附した感がないでもない。即ち陸、海軍の軍備充実と事変補給とを、先づ、兎も角も調整せねばならぬのであつて、此の事は根本国策の変更に随伴するものである。然るに政府は之に触ることなく燃料局案に対して急速に閣議決定を行つた。当時軍部関係当局は『本策案は根本国策の調整の上に立脚するのでなければ成立せぬ。若し其れが不可能ならば少くも年度物資動員計画と睨合せ之を基盤として合理的根拠を有せしめねばならぬ。此の場合は已むを得ず本策案の規模は縮小する。本策案のみの単独分離、閣議決定は不合理非実際的で結局実施し得ない結果と為るだらう』と唱へたが、其の意見を政治的に反映せしむること能はざる間に急遽閣議決定を見た。蓋し上層部の危局を目前にしての政治的焦慮に基くものであらう。

而して幾ばくもなく昭和十六年度の物資動員計画が同じく閣議決定となつたが果して其の内容は前述の閣議決定と矛盾撞着したものだつた。…（中略）…玆に当時の難局に対する政治的焦慮の啻ならぬものあることを感得せねばなるまい。而して此二個の閣議決定に対し現実の問題は物資計画の勝利に帰し前決定は結局無意味なものと為つてしまつた」[55]（傍点引用者）。

岡田菊三郎少将が鋭く指摘する商工省燃料局案（人造石油四〇〇万キロリットル生産計画）と企画院が策定した「昭和十六年度物資動員計画」との間の矛盾は、「臥薪嘗胆」でいくのか、それとも「開戦」に踏み切るのかという選択の岐路に立つ問題とみなすことも可能であろう。

この点に関して、出師準備の軍備を担当した軍令部二部四課部員土井美二は、一九四一（昭和一六）年八月二〇日の日誌に次のように書き記している。

「海軍大臣（及川古志郎）ガ軍需局長（御宿好）、兵備局長（保科善四郎）ヲ招致シテ『人造石油年産四〇〇万屯ノ計画ヲ至急立案スベシ。本件一切ノ批判ヲ禁ズ』今更此ノ期ニ及ンデ人石四〇〇万屯ハ正気ノサタトハ思ハレズ尚『四〇〇万屯完成迄ノ喰ヒツナギハ何トカ処置スベシ』ト物ヲ知ラナサ過ギルニモ程度アリ……此ノ事アルヲ予期シ吾人微力ナガラ出来得ル限リノ力ヲツクシ関係者ヲ教育シ米ノ石油禁輸即戦争ト決意スベシト申シ上ゲ決心ヲウナガセル次第ナリ」[56]。

また、土井美二大佐は、戦後、戦史編纂資料の作成に従事した調査官西村國五郎に次のように回想[57]している。

「及川大臣が（閣議或〔いは〕統帥部の連絡会議において話がでたものか？）軍需局長、兵備局長を呼び呉にあるドイツより買入れたアーマー用プレスを使って人造石油四〇〇万トン製造可能なる装置をつくる計画を直ちに樹てろとの厳命あり、之がため大和、武蔵が竣工をおくれても可とのこと」。

土井美二日誌・回想から窺われることは、及川古志郎海軍大臣が人造石油に相当力を入れ、開戦を回避しようと模索したという歴然たる事実である。もう一点は、軍令部二部四課が「石油禁輸即戦争」と考えていたという事実である。この点に関して、筆者は、軍司令部二部四課の市村忠逸郎部員・栗原悦蔵課長にインタビューを行なったが、「一日一万トンずつ石油を消費し、保有量が食い潰されるので、燃料面から見て、八月一日をもって対米開戦と考えた」という骨子の証言[58]を得た。また、燃料の元締めである海軍省軍需局第二課課長渡辺端彦は、回想記[59]の中で「海軍省で一部の人は私を開戦論者だと云つた。私は何も開戦論者ではない」と前置きし、次のように回顧している。

「然し資金凍結と同時に開戦の避く可らざるを知り開戦避く可らずとすれば燃料の面より見て一日も早く発動すべきであると考えた迄である」。

実質的経済封鎖に直面して、死活の岐路に立たされた日本の対応手段として、南方占領による石油資源の確保、つまり「開戦」と人造石油の増産に依拠する「臥薪嘗胆」の二つの対応策が大きく抬頭してきたのであった。

一九四一年九月六日に開かれた「『帝国国策遂行要領』ニ関スル御前会議」で、この要領の「所掌事項」について、永野修身軍令部総長は、以下のように説明した。

「万一平和的打開ノ途ナク戦争手段ニヨルノ已ムナキ場合ニ対シ統帥部トシテ作戦上ノ立場ヨリ申上ゲマスレバ帝国ハ今日油其ノ他重要ナル軍需資材ノ多数ガ日々涸渇ヘノ一路ヲ辿リ惹テハ国防力ガ逐次衰弱シツツアル状況デアリマシテ若シ此ノ侭現状ヲ継続シテ行キマスナラバ若干期日ノ後ニハ国家ノ活動力ヲ低下シ遂ニハ足腰立タヌ窮境ニ陥ルコトヲ免レナイト思ヒマス……（中略）……長期戦ハ甚ダ欲セザル処デハアリマスガ長期戦ニ入リタル場合克ク之ニ堪ヘ得ル第一要件ハ開戦初頭速ニ敵軍事上ノ要所及資源地ヲ占領シ作戦上堅固ナル態勢ヲ整フルト共ニ其ノ勢力圏内ヨリ必要資材ヲ獲得スルニアリ[60]」（傍点引用者）。

他方、鈴木貞一企画院総裁は「帝国ノ国力ハ日一日ト其ノ弾撥力ヲ弱化シテルコトトナル」と現状を捉え、将来の液体燃料の見通しについて、「民需方面ニアリマシテ極度ノ戦時規制ヲ致シマシテモ明年六、七月頃ニハ貯蔵ガ皆無トナル様ナ状況デアリマス[61]」と説明した。

この永野総長・鈴木総裁の説明は、いわゆる「ジリ貧論」であり、換言すれば「主戦論」と捉えることもできるであろう。筆者の私見では、永野大将の発言は、対日石油全面禁輸直後の海軍部内（中央および各艦隊）の高潮した意見を反映したものであると考える。なお、御前会議で決定された「帝国国策遂行要領」の「第三項」は、「三　前号外交交渉ニ依リ十月上旬頃ニ至ルモ尚我要求ヲ貫徹シ得ル目途ナキ場合ニ於テハ直チニ対米（英、蘭）開戦ヲ決意ス」という重要なものであった。付記しておきたいことは、及川海相は、「第三項」の実質的な骨抜きを試みているが、本稿の課題ではないので、詳しいことは服部卓四郎著『大東亜戦争全史[62]』を見られたい。さて、ここであらためて新しい意味を帯びて浮かびあがってくるのが、先に引用した『土井日誌』の一節である。物資の面からの開戦論（ジリ貧論）に対して、人造石油の増産により国力の著しい低下を防遏するという選択が、直面する難局にどの程度有効な代替策でありえたのかという問題である。この点に関して、近衛―ローズベルト会談実現に尽力した[63]岡敬純軍務局長は、一〇月九日付の日記で「外交交渉ニ依ラズシテ非戦論ハ手ガナイト思フ　人造石油デハ行クコト出来ザルヤ委シク数字ハ知ラナイガ駄目ナルベシ　ヨキ方法アラバ此ノ上ナシ　考ヘテ考ヘ抜イタガ外交以外ニナイ様ダ　外交ヲ纏メル方法シカアルマイ[64]」と書いているが、筆者は、海軍首脳部の苦衷を察せずにはいられない。人造石油生産実績が捗らないことが明らかになるにつれて、及川海相・岡軍務局長は、外交交渉による日米国交調節に最後の期待を掛けざるを得なかった、ということが看取できる。

その後、一九四一年一〇月一八日に成立した東條内閣は、九月六日の御前会議決定に囚われることなく内外の情勢を検討考究するという「白紙還元の御諚[65]」を受けて、国策を再検討することになった。大本営政府連絡会議は、一〇月二三日、一一項目の問題について具体的研究を行なうことを決定したが、人造石油は「第九問題」の中で取り上げられている。

> 「九、戦争発起ヲ明年三月頃トセル場合　対外関係ノ利、害、主要物資ノ需給見込　作戦上ノ利、害如何　右ヲ考量シ開戦時期ヲ何時ニ定ムヘキヤ　右ニ関連シ対米英蘭戦争企画ヲ抛棄シ人造石油ノ増産等ニ依リ現状ヲ維持スルノ能否及利害判断[66]」（傍点引用者）。

この問題は、一〇月二八日に開かれた第六三回連絡会議で検討され、参謀総長杉山元の『杉山メモ』には次のように記されている。

「四　第九問題（二）『人造石油テ油ハ解決シ得サルヤ』

鈴木（貞一）　結論トシテ言ヘハ　四百万竏生産ノ計画ニヨレハ設備ノ為鉄一〇〇（二〇〇）〇万屯、石炭二五〇〇〇万屯、費用二一億（円）、三年間ニテ工場設備ヲ終ル、此ノ如キヲ以テ国家トシテハ強力権力非常手段ヲトラサルヘカラス生産ハ『十六年三四万竏、十七年五五万竏、十八年一六一万竏、一九年四〇〇万竏』トナル計画ナルモ実行ニハ大ナル難点アリ

海軍整備局長（保科兵備局長）

右人石ヲヤラレルト海軍ハ戦備軍備ハ半分オクレル国際関係ヲ無視シテコンナコトヲヤラレテハ困ル、実行上困ル、又油ハ人石ノミヲ以テ解決セサルモノアリ[67]」。

二日後の一〇月三〇日に開催された連絡会議において、鈴木貞一総裁は、企画院がすでに考査した「臥薪嘗胆の場合の検討資料[68]」（一〇月三一日付）に基づき、「国防安全感ヲ確保スルニ必要ナル液体燃料ノ品種及数量ハ人造石油工業ノミニヨリ之ヲ生産スルコト殆ト不可能ナリ[69]」と語っている。

一一月一日午前九時より翌二日午前一時半まで及ぶ連絡会議は、三案「第一案　戦争セス、臥薪嘗胆ス　第二案　直ニ開戦ヲ決意シテ作戦準備ヲグングン進メ、外交ヲ従トスルモノ　第三案　戦争決意ノ下ニ作戦準備ヲススメルカ外交交渉ハアノ最小限度ニテ之ヲ進メル」を検討[70]した結果、「第三案」に基づいて「『帝国国策遂行要領』ニ関連スル対外措置」が成案をみた。これを受けて一九四一年一一月五日に開かれた御前会議で「『帝国国策遂行要領』ニ関連スル対外措置」は原案通り採択されたが、この席で鈴木企画院総裁は「此ノ戦争ヲ避ケマシテ現在ノ対内外態度ヲ持続シ臥薪嘗胆」した場合および「対英米蘭戦争ニ進ミマシタ場合」についてのそれぞれの「重要物資ノ見通シ」を説

表 1-3　企画院の検討

〔対英米蘭開戦の場合〕　　　　　（単位：万キロリットル）

	第一年	第二年	第三年
人石	30	40	50
国産	25	20	30
蘭印	30	200	450
小計	85	260	530
備蓄	690		
残高	0	255	15
合計	775	515	545
民需	140	140	140
軍需	380	360	335
合計	520	500	475
残高	255	15	70

〔開戦せず“臥薪掌胆”の場合〕

	第一年	第二年	第三年
人石	30	40	70
国産	36	40	44
合計	66	90	114
備蓄	690		
民需	180	180	180
軍需	?	?	?

出所：『杉山メモ』422～426，501頁より作成。
註：(1)　当時の備蓄量840万キロリットル，最小保有量150：840－150＝690
(2)　「？」推定100万～140万キロリットル

明した。[71] この際「臥薪嘗胆」の場合には、人造石油の生産量は「第一年三〇万竏第二年五〇万竏第三年七〇万竏」と推定され、国産原油・石油備蓄および民需・軍需を考慮した石油供給量（表1-3）では「第三年迄ハ辛ウジテ民需ヲ保チ得ル」と考えられ、「軍ニ於テモ第三年末ニハ需給困難トナルモノト想像」されたのであった。資材や国内工作力を「仔細ニ検討」した結果、「短期間人造石油ノミニヨリ液体燃料ノ自給自足ヲ確定致シマスコトハ殆ンド不可能ニ近ク強権ニ依リマス場合デモ少クトモ七年程度ヲ要スル」と見込まれ、「人造石油ニノミ依存シテ国策ヲ進メ」た場合には、「某時期ニ於テ国防上ノ重大欠陥ヲ来ス」と判断を下された。つまり、企画院総裁発言の意味することは、人造石油に期待をかけることはできない。したがって「臥薪嘗胆」することは、状況が許さないということである。他方「対英米蘭戦争」の場合には、南方占領による石油供給量は「第一年三〇万竏第二年二〇〇万竏第三年四五〇万竏」と見通しが立てられ、表1-3に示した需給見積りにより「辛ウジテ自給態勢ヲ保持シ得ル」とされ、開戦のほうが、「座シテ相手ノ圧迫ヲ」受けるよりは「国力ノ保持増強上有利」であると企画院は判断を下している。南方作戦実施の場合にも、人造石油は「第一年三〇万竏第三年五〇万竏」と見込ま

表 1-4　人造石油生産実績

（単位：キロリットル）

年	低温乾留	フィッシャー法	石炭液化	オイルシェール	合計	オイルシェール占有率（%）	企画院	達成率（%）
1941	49,180	7,695	—	137,776	194,651	70.8	300,000	64.9
1942	65,141	11,243	770	163,282	240,436	67.9	400,000	60.1
1943	90,473	15,397	—	160,141	266,011	60.2	500,000	53.2
1944	95,420	16,022	692	83,145	195,279	42.6		
1945	25,153	3,986	—	16,526	45,682	36.2		

出所：岡・金子『本邦人造石油事業史概要』233 頁より作成。
註：企画院＝企画院の開戦後の人造石油生産見込み。
　達成率＝合計÷企画院×100（%）
　オイルシェール占有率＝オイルシェール÷合計×100（%）

れ、南方から輸送されてくる石油を補うものと期待されてはいるが、視点を変えれば、人造石油は国策の選択の幅を広げることができず、米国の対日石油禁輸に対して有効な代替策にはなりえなかったという事実の証左にほかならない。

おわりに

一九三七（昭和一二）年に策定された「第一次人造石油製造振興計画」から、開戦直前に企画院が行なった人造石油生産見通しの中で、最も少なく見積られた「対英米蘭戦争」の場合の生産予定量（三〇万―四〇万―五〇万キロリットル）と、実際の生産実績（一九四二年二四万、四三年二七万、四四年二〇万、四五年五万キロリットル）を対比してみると、このもっとも低い生産見込ですら、過大な期待であったということが理解できる（表1-3参照）。「第一次振興計画」で人造石油事業に指定されなかったオイル・シェール（油母頁岩）が生産実績に占める割合が高かったこと（一九四一年七一、四二年六八、四三年六〇、四四年四三、四五年三六%――表1-4）からも、計画が捗らなかったことが読み取れる。

今日から振り返ってみると、人造石油に大きく依存する「臥薪嘗胆」という選択が、いかに基盤の弱いものであったかは、あまりにも明白だと言わざるを得ない。この基盤の弱さは、石炭液化反応筒の製造に必要な特殊鋼の生産ができなかったという事実に端的に示されている。

(1) 『戦史叢書三一巻 海軍軍戦備(1)』(朝雲新聞社、一九六九年)六八五〜七〇二頁参照。末国正雄氏は「政府・米国・ロシアの悪口はすべて削る」という注文を受けたため、「あとがき」は書かなかったとの由である。
(2) 海軍燃料廠研究部『作業経過』(一九二八年度一頁、一九三四年度一頁、一九三五年度二頁)。
(3) 岡雅一・金子幸男編『本邦人造石油事業史概要』(人造石油事業史編纂刊行会、非売品、一九六二年)五、一〇頁。
(4) 『帝国議会海軍関係議事速記録』二巻下(原書房、一九八四年)一二五七〜一二五九頁。以下『海軍速記録』と略す。佐藤清一『石油統制』(商工行政社、一九三九年)二八頁。
(5) 商工省燃料局「燃料問題審議経過概要」一九三七年七月(『人造石油製造事業関係資料』所収、通産省商工政策史編纂室所蔵)。井口東輔編『現代日本産業発達史II 石油』(交詢社、一九六三年)二五〇〜五三頁参照。
(6) 同前、商工省燃料局「燃料問題審議経過概要」。
(7) 榎本隆一郎『回想八十年 石油を追って歩んだ人生記録』(原書房、一九七六年)一九一頁。産業政策史研究所『燃料局石油行政に関する座談会』(非売品、一九七八年)二八〜二九頁。
(8) 『海軍速記録』三巻上、二八五〜二八六、二九〇〜二九一、三六七頁。
(9) 同前、三八五〜三八六、七五一〜七五三頁。榎本隆一郎『人造石油政策とその事業』(会計分析研究所、一九四二年)二四頁。
(10) 燃料局「人造石油製造事業振興計画関係資料」一九三七年七月(通産省商工政策史編纂室所蔵)。
(11) 前掲『人造石油政策とその事業』四八〜四九頁。
(12) 『海軍速記録』三巻上、二八八頁。商工省燃料局「人造石油製造事業法及帝国燃料興業株式会社法」(内閣情報局編『週報』五五号、一九三七年一一月三日、三二頁)。
(13) 北沢新次郎・宇井丑之助『石油経済論』(千倉書房、一九四一年)五〇四頁。「我国ニ於ケル人造石油製造事業ノ現状」

（商工省燃料局、刊行年不明記、一九三七年と筆者推定、通産省商工政策史編纂室所蔵）。
(14)　一九三五年八月に参謀本部作戦課長に任命された石原完爾大佐は、対ソ戦備を充実するために、満鉄経済調査会東京駐在員宮崎正義に依頼して、日満財政経済研究会を創設した。『現代史資料8　日中戦争Ⅰ』（みすず書房、一九六四年）六九五〜七〇三頁参照。以下『現代史資料8』と略称。
(15)　『現代史資料43　国家総動員Ⅰ』（みすず書房、一九七〇年）一六頁。以下『現代史資料43』と略称。
(16)　東武・三善信房の第七四回帝国議会衆議院予算委員会における質疑（一九三九年一月二五日、三月一六日）。『海軍速記録』四巻下、八四一、九二七頁。
(17)　『海軍速記録』四巻下、九三七〜九四三頁。なお、榎本隆一郎氏は、帝国議会で、一度答弁に立っただけである。榎本談、一九八五年一月九日。
(18)　例えば『海軍速記録』四巻下、一一二二頁。
(19)　渡辺伊三郎談、一九八四年七月二四日、九月六日。当時渡辺機関中佐は、海軍省軍需局局員。榎本氏にみせていただいたところ「私が書いた」とのことである。注（17）を見よ。
(20)　「人造石油の実情」一九三九年七月（商工省燃料局配付資料、渡辺伊三郎所蔵、写1は防衛研究所戦史部図書館所蔵）。
(21)　同前、一三〜一五頁。
(22)　同前、一六頁。
(23)　同前、一七〜一八頁。
(24)　『現代史資料43』四六一〜四六二頁。
(25)　同前、四六一〜四六二頁。
(26)　同前、四六四頁。
(27)　同前、二二四頁。
(28)　同前、二二五頁。
(29)　同前、二二五頁。
(30)　同前、四五四頁。

(31) 同前、四五七頁。
(32) 満鉄「産業開発五箇年計画第四年度実績報告」(康徳八年〔一九四一年〕四月、八~九頁、国立国会図書館所蔵、満鉄刊行物資料)。
(33) 同前、三三~三四頁。「満州」では、特殊鋼製造能力はなかったので「日本内地ニ期待スル外ナキ状態」であった。
(34) 『現代史資料43』四六四頁。
(35) 同前、四七六頁。
(36) 前掲「人造石油の実情」一九~二〇頁。
(37) 同前、二六~二七頁。
(38) 同前、四三頁。
(39) Samuell I. Rosonman (compiled and collated), *The Public Papers and Addresses of Franklin D. Roosevelt*, vol. 9, 1940, pp. 277-281. 神原泰『戦争する石油』(皇国青年教育協会) 一九四二年、一七〇~一七一頁。
(40) 同前『戦争する石油』一七四~一七六、一八五、一九六、二〇八~二一〇頁。一九四一年二月一〇日に鑿井機・石油精製装置等。六月二一日に原油・天然揮発油・潤滑油などの石油製品を輸入許可制下に編入。
(41) 『現代史資料43』五六四~五九五頁。特に五八八、五九〇~五九一頁参照。石油タンクや鑿井機等の石油資源開発資材についても記述されている。
(42) 企画院「物資動員計画ノ改訂ニ就テ」一九四〇年一二月一七日、一二五頁(国立国会図書館憲政資料室近衛文麿文書)。
(43) 同前、一二七頁。
(44) 同前、一五二~一五三頁。
(45) 同前、一三五~一三六頁。なお、人造石油は「昭和十六年末」に「日満支ヲ通ジテ九〇万瓩ノ生産設備ヲ完成」するように、「出来ル限リ主力ヲ注」がれることになった。一五六頁。
(46) 石油の特別輸入、繰上輸入による備蓄が進まない現状、米国の石油輸出許可制、日独伊三国同盟を踏まえたうえで、「欧州大戦戦局ノ推移如何ニ依リテハ、英米協同ニ依ル対日禁輸ノ実現」があるかもしれないので、「外交転換ヲ契機トシテ国策遂行ヲ遺憾ナカラシムルガ為ニハ、我国ノ最大弱点トスル液体燃料供給ニ付之ガ対策ノ樹立ヲ急務トス」という解説がなされている。この閣議決定は、国際情勢に即応しようとする重要な決定であったことは、詳細な説明が添付されていることから、明白である（国立公文書館所蔵）。

(47) 詳しくは満鉄東京支社調査室―工業立地調査資料「日満支ニ於ケル人造石油新総合計画ニ就テ」一九四〇（昭和一五）年一〇月一日（国立国会図書館所蔵、満鉄刊行物資料）を見ていただきたい。

(48) *Foreign Relations of the United States Diplomatic Papers 1941*, Vol. IV the Far East. 例えば pp. 831, 842.

(49) *Ibid.*, p. 851.

(50) *Ibid.*, p. 804.

(51) *Ibid.*, pp. 845-846.

(52) *Ibid.*, pp. 881-884. 特に p. 882 参照。

(53) *Ibid.*, p. 881.

(54) 「岡田菊三郎口供書」昭和二二年三月一日（防衛研究所戦史部図書館所蔵）。

(55) 『現代史資料43』一三七～一三八頁。

(56) 土井美二大佐日誌、一九四一（昭和一六）年八月二〇日。土井氏の許可を得て引用。この点に関して、海軍省軍需局局員梶谷憲雄は次のように回想している。「八月のある日、大臣（及川古志郎）が局長（御宿好）を呼んでおられるということで、局長、課長（渡辺端彦）が不在でしたので私が伺うと、石油が禁輸になっても人造石油を大いにやればいいじゃないか。また竹や蚕の蛹からも油が採れるそうだが、支那では蝗の大群が襲来すると天日為めに暗しといわれて無数におるそうだが、蛹からも油を採ることを考えたらどうかといわれたことがありました。その時、私は量の問題でございますからと申し上げました」。梶谷憲雄「苦肉の燃料確保策」（『石油文化』三〇巻九号、一九八二年九月、一九頁）。

(57) 西村國五郎氏の調査記録。筆者は西村氏に数度にわたり御教示をうけたことを記しておきたい。なお、土井氏に確認したところ、誤りはないとのことであった。土井美二談、一九八五年八月二日。土井美二大佐は『太平洋戦争所感　私の見た太平洋戦争』（非売品、一九七五年）で、出師準備を詳細に説明している。

(58) 市村忠逸郎談、一九八五年六月一六日、一〇月五日。栗原悦蔵談、一九八五年六月二六日。市村忠逸郎「戦争直前の

燃料に関する軍令部見透」(燃料懇話会『日本海軍燃料史　下』原書房、一九八二年、九四八頁)。筆者が読者に注意を促しておきたいことは、のちに検討された開戦後の物資の見通しに関して、軍令部一部一課富岡定俊課長と二部四課栗原悦蔵課長との間に見解の相違があったことである。この相違は、栗原課長が開戦後の軍需物資補給能力を憂慮していたことに起因するものであるが、このことから、米国の前面対日石油禁輸直後の高潮した雰囲気から時を経るにしたがって、軍令部二部四課の状況判断に変化があったことが読み取れる。

(59) 渡辺端彦回想録(渡辺里子氏所蔵)。渡辺氏は、同趣旨の回想を書いているので、記しておく。渡辺端彦「戦前　戦中戦後」(前掲『日本海軍燃料史(下)』八二六~八二九頁)。

(60) 参謀本部編『杉山メモ　上』(原書房、一九六七年)三一四~三一五頁。

(61) 同前、三二〇頁。

(62) 服部卓四郎『大東亜戦争全史』(原書房、一九六五年)九九~一〇〇頁。

(63) 高田利種談、一九八五年八月二九日。

(64) 岡敬純日記、『戦史叢書一〇一巻　大本営海軍部大東亜戦争開戦経緯』四九三頁より引用。

(65) 木戸幸一は「昭和十六年十一月」に「対英米戦を決意すとの決定、即ち所謂錦の御旗は軍部中堅の掌中にあるのであって、之を白紙に戻して更に新しき観点より研究せしむることは最近の情勢より見て至難事中の至難事である」と当時の情況を記している。『木戸幸一日記』下巻(東京大学出版会、一九六六年)九三〇頁。

(66) 前掲書『杉山メモ　上』三六三頁。

(67) 同前、三五九~三六〇頁。

(68) 『現代史資料10　日中戦争3』(みすず書房、一九六四年)六一七~六二三頁。

(69) 前掲書『杉山メモ　上』三六九頁。

(70) 同前、三七〇~三七二、三八一頁。

(71) 同前、四二二~四二七頁。

第2章　資産凍結前の米国の対日強硬論と石油禁輸後の海軍の対米強硬論
——石油禁輸論とジリ貧論——

はじめに

本章の目的は、日米双方の強硬論を浮き彫りにすることである。一九四〇年と一九四一年の日米石油貿易の趨勢を米国外交文書から概観し、一九四一年六月にH・L・イッキーズ（Harold L. Ickes）内務長官とF・D・ローズベルト大統領の間で交わされた書簡で、石油禁輸がどのように論じられているのか明らかにし、資産凍結の一、二カ月前の対日強硬論者イッキーズの見解とローズベルト大統領の見識の違いを明確にしておきたい。

以上を押さえた上で、がらりと対象を日本の対米強硬論の見方に転じ、日米戦争の原因の一つとされる、南部仏印進駐直後の「対日石油全面禁輸」が海軍に与えた影響をあとづけたい。特に開戦の決定に大きな影響をもった「ジリ貧論」の考え方を明らかにしたい。

ところで角田順は『太平洋戦争への道』の中で「対仏印武力行使→米の対日禁輸強化→蘭印攻略→対米開戦覚悟→戦備促進」(1)という主戦論がわが国の対米開戦を引っ張ったという論旨を展開しているが、米国の国内政治・政策決定まで日本の主戦論者が予想し、先を見通すことができ、米国の出方を事前に予知し、思い通りに描くことなどありえないし、実際には不可能である。後知恵で鮮やかに描けば描くほど、陰謀説史観の限界が時とともに露呈し、綻《ほころ》びる。筆者は太平洋戦争に至る米国国内政治の複雑さを第2章、第3章、第4章で描き、角田説とは異なり、様々な見方が米国側にもあったことを示そう。

1　石油の買い漁り

はじめに、液体燃料に焦点をあてながら、日本と米国との貿易量の推移を一瞥しておきたい。当時米国は石油産出国であり、輸出国であった。わが国は戦略物資である石油を仮想敵国米国に依存するという脆弱な面を背負っていた。一九四〇年一月から一〇月までの米国の対日輸出額は、わが国が欧州からの物資の獲得が困難になったことを反映し、増加した。しかし同年一一月および一二月の輸出額は、輸出許可制に指定された屑鉄・工作機械・フェロアロイ・精錬銅の落込みの影響を受け、急減した。その結果、一九四〇年度の米国の対日輸出総額は二億二七〇〇万円となり、この総額は前年度一九三九年に比べ五〇〇〇万円少なく、また一九三八年より一三〇〇万円減少した。一九四一年一月から五月までの対日輸出総額は四七〇〇万ドルであったが、前年同期の輸出総額九一五〇万ドルと比べると、実に五一％にまで減っている。他面、石油製品の取引をみると、一九四一年一～五月の五カ月間の対日輸出額は二七二〇万ドルにものぼり、これは一九四〇年度の輸出額の半額に相当する金額である。例えば、一九四一年五月の輸出額に占める石油製品の割合は七四％にまで上昇している。三月一五日から五月一五日までの二カ月間に米国が日本に渡した石油は、四六五万四〇二九バーレル（七三万九九一キロリットル）であり、このうち一三九万七〇二四バーレル（二二万二一二七キロリットル）は航空機用揮発油が三％以上取れる原油であった。(2)

以上のような米国の対日石油輸出に対して、国務省の政治顧問のS・K・ホーンベック（Stanley K. Hornbeck）

は、一九四一年一月一四日、C・ハル国務長官（Cordell Hull）に文書を送り、「日本は八七オクタンより少しオクタン価の低いガソリンを大量に買い付けている。実施中の輸出制限により、航空機用揮発油の備蓄が妨げられていない」[3]という骨子の情報を記したうえで、次のような私見を披露した。

「国際情勢・日本の心理と政策・アメリカの政策と心理が現状の侭推移するならば、日本と合衆国とが『戦争状態』になる時が遠くない将来に起り得ることは容易に想像できる。その場合、日本海軍と日本空軍は当然合衆国が日本に輸出している石油をアメリカ海軍および空軍への攻撃に用いるであろう」[4]。

わが国が将来生起しうる全面禁輸に備えて、石油の大量買い付けに奔走し石油資源の脆弱性を補おうとした緊急輸入は、米国の高官からみれば「間違いなく、戦争または戦争準備と関係している」[5]と解釈されうるものであった。とりわけ対日強硬策を主張する高官（モーゲンソー、イッキーズ、ホーンベック）には利敵行為にほかならなかった。

一方英国政府は、米国政府に対して、日米間の貿易制限——特に過剰な石油輸出——を要求し、浮いた船舶を大西洋に回すことで、米英間の物資運搬に従事する船舶総トン数を確保しようとした[6]。ドイツの潜水艦攻撃に悩まされていた英国が船舶を太平洋から大西洋に回すように、米国に要望したことは当然のことである。

日本が一九四〇年六月以降に行なった「特別輸入」および「繰上輸入」、とりわけ航空機用揮発油の買い漁りは、米国の禁輸強化への動きを間接的に促すことになったであろう。少なくとも米国政府内の対日強硬論者の目からみれば、禁輸が骨抜けになっていると映った。実際、表2-1をみると、一九四〇年七月二六日の道義的禁輸後の九月、一一月、一二月の揮発油（ガソリンB）の対日輸出量はむしろ増えている。またガソリンが取れる原油の購入に日本が動いていることも読み取れる。屑鉄は一九四〇年一〇月に禁輸され、一一月以降貿易は行なわれていない。なお、

1941年8月2日までの週間データ）　　（単位：バーレル）

1940/9/21	1940/9/28	1940/10/5	1940/10/12	1940/10/19	1940/10/26	1940/11/2
0	237,356	123,000	98,000	156,000	0	130,000
175,118	205,802	243,808	87,523	340,688	85,000	40 Cases
82,409	118,880	160,713	329,644	53,599	150,019	0
0	0	0	0	0	0	0
159,229	222,989	166,831	216,921	91,907	35,139	27,762
70,586	0	0	0	0	0	0
0	3,145	31	52	33	0	20,787
12,061	2,434	24,982	9,752	3,541	4,125	57,121
7,576	6,238	19,700	16,691	22,876	4,069	—
24,579	10,689	27,386	19,913	39,773	16,619	—
1940/12/21	1940/12/28	1941/1/4	1941/1/11	1941/1/18	1941/1/25	1941/2/1
77,500	53,200	204,387	465,400	8,807	98,200	341,023
226,600	113,273	379,953	84,000	0	0	194,032
0	0	83,400	0	0	3,780	240,289
0	0	0	0	0	0	0
200,936	186,148	95,936	148,177	157,788	25,238	138,804
16,510	56,548	0	0	0	0	0
382	1,308	1,981	0	1,218	0	1,260
20,251	0	8,378	43,480	19,612	11,087	34,502
1941/3/22	1941/3/29	1941/4/5	1941/4/12	1941/4/19	1941/4/26	1941/5/3
0	99,600	240,000	81,679	301,453	9,900	54,200
146,000	117,000	155,750	0	0	144,250	0
63,759	64,000	143,138	126,924	0	82,343	324
0	0	0	0	0	0	0
37,050	100,000	11,250	0	0	30,750	0
0	0	117,700	89,235	0	0	0
0	0	8,657	2,244	4,451	0	2,292
29,589	26,120	22,840	94,496	5,757	53,801	68,533
1941/6/21	1941/6/28	1941/7/5	1941/7/12	1941/7/19	1941/7/26	1941/8/2
0	226,500	99,500	—	90,000	254,400	0
69,840	72,000	194,613	—	316,000	86,000	0
0	120,400	0	—	0	68,820	0
0	0	0	—	0	0	0
210,773	11,700	92,000	—	11,700	98,328	0
0	0	0	—	0	0	0
0	0	0	—	982	0	0
1,906	8,897	14,436	—	75	1,213	3,418

Britain as Shown by Departure Permits Granted.
box 42).

は0である。

表 2-1　米国対日石油製品別輸出高（1940年8月10日から

年月日	1940/8/10	1940/8/17	1940/8/24	1940/8/31	1940/9/7	1940/9/14
重油	75,960	77,000	411,117	119,525	58,900	57,000
原油A	0	0	0	106,529	253,538	268,438
原油B	150,593	163,250	200,158	105,000	33,402	0
ガソリンA	—	—	—	—	0	0
ガソリンB	0	0	3,155	18,857	37,875	122,033
ガソリンC	104,000	0	964	42,000	0	0
航空潤滑油	0	0	0	0	0	0
一般潤滑油	1,872	7,343	6,020	4,206	0	0
屑鉄A	450	2,341	4,448	12,168	1,404	11,677
屑鉄B	33,005	16,458	18,109	32,015	13,985	15,382
年月日	1940/11/9	1940/11/16	1940/11/23	1940/11/30	1940/12/7	1940/12/14
重油	73,037	229,322	162,639	104,206	98,348	0
原油A	91,953	19,895	342,335	86,000	86,564	282,565
原油B	64,990	262,837	171,029	184,696	4,965	7,138
ガソリンA	0	0	0	0	0	0
ガソリンB	91,267	90,021	165,714	212,440	336,255	162,154
ガソリンC	0	0	0	35,333	27,500	71,976
航空潤滑油	0	1,309	1,744	16,627	2,975	338
一般潤滑油	655	110,177	51,669	98,820	43,495	101,458
年月日	1941/2/8	1941/2/15	1941/2/22	1941/3/1	1941/3/8	1941/3/15
重油	0	0	0	31,170	100,594	10,925
原油A	246,500	85,000	73,000	67,100	72,250	240,650
原油B	74,500	62,044	59,000	101,000	23,000	91,464
ガソリンA	0	0	0	0	0	0
ガソリンB	76,467	84,019	108,900	0	12,759	117,824
ガソリンC	0	0	0	0	0	0
航空潤滑油	0	7,863	166	1,019	784	1,147
一般潤滑油	48,467	129,794	4,198	1,020	26,181	7,566
年月日	1941/5/10	1941/5/17	1941/5/24	1941/5/31	1941/6/7	1941/6/14
重油	133,000	0	272,446	219,500	120,070	19,415
原油A	252,000	73,000	152,024	357,000	157,250	75,000
原油B	0	87,000	83,200	195,143	0	73,800
ガソリンA	0	0	0	0	0	0
ガソリンB	105,000	0	11,000	18,000	12,750	88,000
ガソリンC	0	0	0	0	0	0
航空潤滑油	793	3,312	2,395	558	0	158,000
一般潤滑油	44,437	21,557	51,497	36,082	24,402	18,928

出所：Export of Petroleum Product, Scrap Iron and Scrap Steel From United States to Japan, Russia, Spain and Great
作成：Office of the Secretary of the Treasury, Division of Research and Statistics（RG 169, Entry 2, box 12. RG 56,
註：(1)　情報源は Office of Merchant Ship Control, Treasury Department.
(2)　ガソリンAは航空機用揮発油（通常はオクタン価87以上）。
(3)　ガソリンBは1940年7月26日に定められた、3％以上の Aviation Motor Fuel などが取得できるもの。
(4)　重油は Fuel and Gas Oil（Diesel Oil も含む）。
(5)　原油Aは High Octane Crude、3％以上の Aviation Motor Fuel などが取得できる。原油Bはその他すべて。
(6)　11月2日の40 cases はイソオクタン40箱。
(7)　1941年7月12日のデーターは未入手。
(8)　屑鉄A（トン）は Number 1 Heavy Melting Scrap で、屑鉄B（トン）はその他すべて。1940年11月以降屑鉄
(9)　週末に1週間分のデータを集計。

表 2-2　米国の対日石油輸出（1937～39 年）

	数量（万キロリットル）			金額（1000 ドル）		
年度	1937	1938	1939	1937	1938	1939
原油	254.3	338.2	255.8	22,103	29,258	20,924
航空機用ガソリン	17.4	16.8	8.7	＊	7,713	4,838
ガソリン			10.3			2,514
重油 1	100.3	84.2	95.7	7,139	6,675	7,071
重油 2	64.3	48.2	61.8	3,632	2,532	2,847
潤滑油	7.1	4.9	8.2	5,518	2,789	5,184
石油 6 製品合計	449	492	441	—	38,392	48,967
石油製品総合計	—	—	—	44,821	51,809	46,392

出所：United States Exports of Petroleum and its By-products to Japan as Furnished by the Foreign Trade Statistical Department of the U.S. Department of Commerse. より作成。
OF 56：OIL, 1941（F. D. Roosevelt Library）.

註：(1)　1938 年の原油金額が 89,258 とあるが、明らかな誤植なので、29,258 として掲載した。
(2)　石油製品総合計は原資料と同じ数値である。
(3)　重油 1 は Gas & Fuel Oil。重油 2 は Residium Fuel Oil。
(4)　数量・金額が少ないものは省略した。金額が少ないので、重量表示のグリースは除いた。
(5)　＊はデータなし。—は計算不可。
(6)　データはバーレルからキロリットルに換算した。

三カ年の「米国の対日石油輸出」を表2-2に掲げたので、後掲の表4-1とあわせて、米国に依存した石油輸入の実態を理解されたい。

2　イッキーズ内務長官とローズベルト大統領の書簡交換

——一九四一年六月——

本節では、一九四一（昭和一六）年六月のF・D・ローズベルトとH・L・イッキーズ書簡の往復に紙幅をついやしたい。ローズベルト大統領は同年五月二八日にイッキーズ内務長官を石油国内調整担当者（Petoroleum Coordinator）に任命した。イッキーズは六月四日にスタンダード石油の副社長R・K・ディビス（Ralph K. Davies）を直属の部下（deputy administrator）に任命した[7]。

一九四一年六月一八日付で、F・D・ローズベルトはH・L・イッキーズに書簡を送った[8]。これはイッキーズが、六月一一日、国務省およびR・L・マックスウェル准将（Russell L. Maxwell）に宛てた、「米国の石油輸出」に関する書簡に対する注意であった。このローズベルトの書簡は国務省および輸出統制局（Administration of Export Control、軍の最高司令官である大統領の直属の機関で国務省に協力的であった）のマックスウェルにも写しが送付された。書簡の骨子は以下の通りである。

石油国内調整担当者（Petoroleum Coordinator）として、米国からの石油輸出を禁止するような指令を出さないようにしてほしい。大統領もしくは国務省の許可が必要である。なぜなら石油輸出の問題は外交問題に深く係わっているからである。

この書簡の内容から判断すれば、一九四一年六月の時点で、ローズベルト大統領が日本との外交関係を考慮して石油問題に慎重な姿勢を取っていたことがわかる。ハロルド・L・イッキーズは、これまで大統領から受け取った手紙の中で最も命令調であり、礼節に欠けるものであり、自分の活動を制約するものであるとの忿懣を日記に書き記している。さらに、日本に対する輸出については自分のほうが正しかったと思っているし、大統領は大衆の前では私に対して反対できないことはわかっている、とまで記している。(9)

六月二〇日付でイッキーズはローズベルト大統領宛に書状(10)を送った。書簡冒頭で、六月一八日の書簡に従うことを述べたうえで、国務省から大統領に送られたレポートよりずっと複雑な事実関係や状況を知ってもらいたいと弁明した。イッキーズ自身が独断で行動していないことを示すため、財務省のガストン補佐官（Assistant secretary of Treasury, Herbert Gaston）と連絡を取ったことや、部下のディビス（Ralph K. Davies）にマックスウェルと連絡を取るように指示したことを説明している。自ら国務次官S・ウェルズ（Wells）にも連絡を入れ、大西洋岸特にニューイングランドからニュージャージ州にかけて日本への石油輸出にたいして怒りが渦巻いていることを伝えたと、列記して説明に努めた。ウェルズがハル国務長官を訪問したが、何の連絡も来ていないことも記している。ローズベルトの苦言は「石油輸出の禁止の指令は出すな」ということであったが、イッキーズは日本への石油の積み出しを留保するような指令は出していない。ただ政府の決定した政策に一致するようにするために、上部機関の許可を取らねばならないようにしようとしたと回答している。また、この手紙から、大西洋岸の石油不足が、英国に石油供給するために振り向けた五〇隻のタンカーによって引き起こされていた事実も記述されている。イッキーズは、日本・オーストラリアや他の極東諸国への石油輸出は、国民感情を損い、米国の英国援助政策に悪影響を及ぼしかねないと示唆している。

ドイツのソ連侵攻・バルバロッサ作戦直後に送った六月二三日付の大統領宛書状[11]では、イッキーズは、「今日ほど日本への石油輸出をストップするのにいいときはない」と意見を具申し、日本の目がロシアに向いているときに石油を止めれば、うまいやり方で「この戦争に突入」(get into the war in a effective way)できる。このやり方であれば、共産主義ロシアと歩調を合わしているという非難を避けることができると、イッキーズは述べている。

この長文のイッキーズの書簡に対して、ローズベルト大統領は、六月二三日、短い返書[12]を出す。日本に対して直ちに石油の積み出しを停止するという意見の書簡を受け取ったと書いたうえで、日本がロシアか蘭領インドシナのどちらかを攻撃することになるか、教えてほしいと記されている。

六月二三日、イッキーズはローズベルトに再び書簡[13]を送り、六月二〇日の指令「輸出許可なくしてあらゆる種類の石油をアメリカの港から輸出することはできない」に言及し、これはイッキーズが財務省に提言してきたことである、と述べている。輸出統制局のR・L・マックスウェル通じて、円滑に実施にうつしていきたいということが書かれている。文面にわが意をえたりという喜びが満ちている。他面、この二度目の書簡からわかることは、六月二〇日の指令にイッキーズはかかわっていないということである。

六月二五日付のイッキーズ宛てローズベルト大統領の書簡[14]は、イッキーズの六月二〇日の手紙に触れ、以下のような骨子の意見を披瀝した。アメリカの国内問題の視点でみれば極東への石油輸出に関して、イッキーズ内務長官と国務省の間に見解の相違はない。だが、日本への石油輸出全般についてR・L・マックスウェル准将と連絡を取ることについては、意見の相違が生じてくる。なぜなら、石油温存（oil conservation）の問題でなく、この問題は外交問題であるからである。外交政策について言えば、大統領および国務長官の管轄する事項である。石油や戦略物資に関する政策については、大統領と国務長官は完全に意見が一致している。さらに、ローズベルトはイッキーズに国内の石油配分問題に専心するようにたしなめている。この書簡は六月一八日の書簡を具体的にあらためて述べた内容になっている。ローズベルト大統領が日本に対して慎重な姿勢で臨んでいたことが読み取れる。イッキーズ内務長官とローズベルト大統領では、日本に対する姿勢に相当の温度差・開きがある。なお、この点に関連して付言しておきたいことは、戦後の賠償問題で有名なポーレー（Edwin W. Pauley）は、イッキーズを通して、ローズベルトに蘭領インドシナを守るために日本と戦争に入るべきだという電報（telegram about going to war with Japan over the Dutch East Indies）を送ったが、ローズベルトは素人の思いつきにすぎないと酷評し、まったく受けつけなかったということである。

このローズベルトのきびしい書簡を受けて、六月三〇日、イッキーズは返信[15]をしたためた。書き出しで、六月二五日の書簡はまったく理解できない、と記されている。マックスウェルと連絡を取ったのは、日本へ輸出許可された石油の量および質に関する情報を得たかったためであると、言い訳を行なっている。国際関係にかかわる政策には関係していない、国内問題をうまく処理するために情報の提供を求めたにすぎないと弁解している。そして最後に最近貴方から来た手紙の書き方は好意的な雰囲気に欠けているということを見逃すわけにはいかないと、筆を運んでいる。さらに辞表を出す用意ある意向を大統領に率直に伝えている。筆者の私見・印象を述べるなら、イッキーズはローズベルト大統領に与えられた任務を逸脱していないということを頻りに述べ弁解しているが、日記を検証すれば、アメリカ国内の石油配分調節という職務以上に対日石油禁輸実現に向け奔走したことは明らかである。一言でいえば、面従腹背といえる。このような人物を要職につけたことは問題であるし、ローズベルトは不審な挙動が目立ってきた段階で解任すべきであった。辞意を示した段階で即刻解任すべきであった。米国世論の高潮がイッキーズの対日強硬論を支えていたことも事実であろう。

七月一日付でローズベルトはイッキーズに返書[16]を送る。非好意的というようなことはない、暑い天気の所為で好意的な雰囲気に欠けていると思うようになったのではないかと、イッキーズの書簡内容に押されたおとなしい筆の運びである。日本がロシアを目指すのか、南方に向いているのかはわからないが、大西洋をコントロールするために太平洋で平和を保つことは、とても重要なことであると書いている。ローズベルト大統領がイッキーズにやや歩み寄った内容である。だが、この書簡が両者間の最後のやり取りになった（イッキーズの日記には載っていない）。

筆者は一九四〇、一九四一年にローズベルト大統領が行なった演説[17]に目を通したが、ドイツと日本に対するローズベルトの姿勢および発言には相当の違いがあり、ドイツにはきびしいが、日本にはきわめて慎重であると、感じた。補足しておこう。H・L・スティムソン陸軍長官（Henry Lewis Stimson）は一九四一年七月八日付の日記[18]で、日本に対する禁輸を持ち出したが、ローズベルト大統領は反対の意見であった、と記している。イッキーズやスティムソンの意向と違い、日本の南部仏印進駐が顕在化する以前には、ローズベルトは石油禁輸に乗り気でなかったといえる[19]。一九四〇年七月にはH・モーゲンソー財務長官が石油を禁輸するように手配をすすめ、国務省と激しく対立し、ローズベルトの仲裁で、モーゲンソーとウェールズ国務次官の口論が収まった経緯があったが、一九四一年六月には、イッキーズ内務長官が国務省の頭ごしに対日石油禁輸を行なおうとした。今度はローズベルト大統領がイッキーズをおさえこんだ。しかしハルやローズベルトが日本への石油輸出で対日強硬派と妥協せざるをえなくなる環境がすでに形成されていた証左であろう。

3　資産凍結

「対仏印作戦に関する陸海軍協定（案）」（一九四一年六月三〇日）によれば、「作戦目的」は「仏印の要地を占拠し以って対支封鎖を強化し帝国々防資源の獲得を容易ならしめ且南方問題解決の基礎たらしめる等の我要求を貫徹するにあり」とされ、海南島に集結し、航空基地とカムラム湾占拠後、西貢（サイゴン）を占拠する計画であった。六月下旬に艦隊主席参謀が上京した折の軍令部の内示によれば、「対英米戦略の展開が第一目的」（次長、一部長）であるとされ、仏印進駐後にビルマ・ルートを「止める要求を出すことになるやも知れず」と伝えられた[20]。

日本軍の南部仏印進駐が日米関係を危くすると察知した野村吉三郎駐米大使は、旧知のH・R・スターク作戦部長を訪ね昼食をともにし、この際にローズベルト大統領との会見の取次を依頼し、翌日七月二四日に会見した。スタークはアジア艦隊司令長官T・C・ハート（Thomas C. Hart）に宛てた七月二四日付の書翰で[21]、「野村が米や戦略物資入手のために南部仏印へ進駐した」との発言を伝え、次のように見解を伝達した。

「インドシナに基地をつくり、増強し、国際的な反響をみるだろう。日本はビルマ・ロードへの攻撃にインドシナの基地を使うだろう。ボルネオへの攻撃に使用する可能性ももちろんありうる。しかし我々が石油禁輸を行わなければ、近い将来生起しないであろう。エンバゴーが持ち上がることが何度もあったが、私は一貫して強く反対してきた」。

今日から振り返ると、制服組トップのスタークの国際情勢の読みが、いかに深くかつ的確であったかよくわかる。スターク作戦部長の反対した「石油禁輸」に至る過程は第3章で詳細に取り上げよう。

さて、わが国の南部仏印進駐実施直後の一九四一年七月二五日、米国は在米日本資産凍結令を発表し、蘭印も七月二七日に日本人資産凍結令を布告した。さらに、アメリカは、八月一日に対日石油禁輸強化（Further Regulation in Respect To the Export of Petroleum Products）を発表した[22]。なお、中国への資産凍結は蔣介石の要請を受け、米国が実施したものである[23]。

ここで、留意しておかなければいけないことは、資産凍結には

㈠侵略された国民の資産を保護する――例えば一九四〇年四月一〇日に米国がノルウェー・デンマークの資産を凍結した。

㈡経済制裁の一つとして敵国にダメージを与える――例えば一九四一年六月一四日に実施されたドイツ・イタリアの資産凍結。

の二種類があるということである。なお、近衛第三次内閣日誌では左のように記されている[24]。

七月二六日　英米両国、日本資産を凍結す。
七月二七日　日・蘭印為替協定を停止の旨ジャバ銀行発表
七月二八日　在蘭印の日本資産の凍結と輸出入制限断交の旨蘭印政府発表
八月一日　　対日石油禁輸強化を米大統領発令す。

海軍省から商工省燃料局に出向していた原道男局員の禁輸直後のタンカーに関する回想を引用する。後掲の表3-

2に船舶名を掲げた。

「日本から米国の石油積出し港に向って航行中の我油槽船は一二隻あった、これを如何に処置するかの問題にぶつかった。結局は海軍の断によって一八〇度線を境として日本に近いものを帰し、米国に近いものを其侭航続させることになった。帰るも行くものその隻数は丁度半々であった。六隻の我油槽船は次次と米国に到着した。…中略…滞在日数が長引くにつれ、駐在日本公使から引揚を要請するようになり、始めの勢はどこへやら次から次へと引揚げて来るようになった[25]」。

もう一点梶谷憲雄軍需局局員の回想を引用しておきたい。海軍の燃料戦備にどのような影響があったのか読み取りたい。特に航空機に関する物資に集中していることがわかる。

「昭和十六年三月にはエチルフルードを禁輸してきて、同年四月着の五〇〇ドラムを最後にエチルフルードの輸入は杜絶した。ついで航空ガソリン、航空潤滑油、ドラム罐、八七オクタン以上の航空ガソリンを含んだ原油の順に、次ぎ次ぎと禁輸してきた。この間にあってアメリカの輸出業者は禁輸制限にかからぬ油類を、在米のわが商社を通じてオファーしてきて、航空ガソリン七五万ドラム、航空潤滑油粗類のウィスキー用木樽入り一五万本などを輸入することができた。アメリカは石油を止めると日本は立ちあがるというので、石油禁輸は他の機械類よりおくれて最後になり、十六年八月には、遂に石油の対日全面禁輸をしてきた[26]」。

さて、アメリカの禁輸強化が実際にどのような形で顕在化していったのであろうか。ここで軍令部第二部四課土井美二部員の八月一六日付日誌[27]から引用する。

「(1)米国はLos《ママ》 Angels在泊の音羽山丸《ママ》及日栄丸《ママ》ニ対シdiezel油一二、〇〇〇Tノ許可セルモ他方之ガ決算資金ニ関シ許可ナク結局油ニ関シテハ実際ノ輸出禁止ヲナセルコト確実トナレリ　(2)蘭印モ一時『ギルダー』拂ニテ売油応ズルガ如キ口吻アリシモ弗決算ヲ要求スルコトトナリ杜絶ニ近シ……」(傍点引用者)。

この記述から「決算資金」つまり支払方法を盾に取られ、そのために石油が入手できない状況に置かれていたことがわかる。

米国の内政に目を転じると、対日強硬論者で国内石油供給の調整を担当(Petroleam Cordinator)していたH・L・イッキーズ内務長官は、七月二七日付の日誌[28]のなかで、F・D・ローズベルト大統領が日本への石油輸出を継続するよう指示を出していたことを記している。『アチソン回想録』でも、日本軍の南部仏印進駐が明白になった段階でも、ルーズベルト大統領は「対日石油禁輸が日本をインドシナに駆り立てる」と繰り返し、石油禁輸に反対したことが記されている[29]。しかし、石油は日本には送られなかった。この大統領の指示は実際には効力がなかったが、なぜなかったのかという問題は、重要な問題なので、第3章で詳細に論じる。

さて、イッキーズの日誌を一読すれば、ローズベルト大統領やC・ハル国務長官が一九四〇年以来一貫して対日強硬論に反対してきたことが、明らかに読み取れる。一九四〇年秋に対日全面禁輸にまで至らなかったのは、C・ハルはじめ国務省に負うところが大きかった[30]。イッキーズは一九四一年九月五日付の日誌の中で、日本への宥和に戻るようなことがあれば、内閣を辞去するに十分な理由(an extraordinary good reason for resigning from the Cabinet)になると書き記している。ハワイに連合艦隊が向かっている時点の一一月三〇日にも、驚くべきことにも、辞意を記している[31]。対日強硬論者の米国政府要人の目からみれば、大統領や国務省の対応は軟弱に映ったのである。開戦直前まで対米交渉にあたった来栖三郎特派全権大使は回想記『泡沫の三十五年』のなかで「米国側責任者の言論が、概してすこぶる慎重であったことは認めなければならないと思う[32]」と記しているが、イッキーズ内務長官の日記と照合し、比較すれば、その通りであろう。しかし、日本の新聞報道からうけたわが国国民のイメージは、来栖特命大使とはかなり遊離したものであった。「ジャパン・バッシング」論にあふれていた。

4　海軍内部のジリ貧論――強硬論の台頭――

資産凍結を受け、日本国内にも強硬策で難局を突破しようという動きもあった。高木惣吉海軍省調査課長は七月二九日付の日記[33]に次のように書いている。

「〇八三〇ヨリ作戦室ニテ国策要綱実施ニ関スル腹案ヲ研究施行　米英資金凍結、経済圧迫ノ結果対米戦ヲ目途トシテ実施要綱案ヲ再検討スベキ意見多シ　□《判読不可》ニ御前会議ニテ決定セラレタル国策要綱ト新事態ニ由ル方策トヲ関連セシメ総合的ニ対米英ソ蘭印、独伊方策ヲ研究ス」。

もう一方石油の自給率を高めようとする動きもあった。出師準備の軍備を担当した軍令部二部四課部員土井美二は、一九四一年八月二〇日、日誌に、高木武雄軍令部第二部長の話として、御宿好軍需局長と保科善四郎兵備局長を呼んで「人造石油年産四〇〇万屯ノ計画ヲ至急立案スベシ。本件一切ノ批判ヲ禁ズ」と命じたことが記されている[34]。この点に関して、藤井茂軍務局第二課局員は日記[35]に墨筆で「最高情勢」として次のように書いている。

「最高部ハ対米戦回避ニ躍起トナリ特ニ石油ノ為ニ対米戦ノ行フノ必然性ヲ救ハントシテ大臣ハ十八日人造石油八〇〇《ママ》万屯急施設ノ研究ヲ命スルニ至レリ」。

一九四一年八月一八日に開催された「部外勤務連絡会議」において、及川海軍大臣は榎本隆一郎機関大佐（商工省燃料局人造石油課長）に「現 embargo ハ外交処理ヲ似テセントス又処理可能ナリト信ズ　併シ外交処理ノ可能ナルト否トヲ問ハズ来年四月迄ニ人石四〇〇万瓲ヲ確保スル様計画セヨ」という趣旨の通達を下した。翌一九日に榎本大佐は以下のように答えた。

「現建設中ノ工場（十五位）一四〇〜一五〇万瓲ヲ急速完成。……中略……

第一案　十八年十二月末迄　一七〇万瓲　促進

第二案　　　　　　　　七五万瓲

第三案　二十年　迄　四〇〇万瓲ヲ十八年末ニ繰上ゲル」

高木惣吉調査課長は赤字で「不可能ナリ」と書き込んでいる。[36]

すでに第1章で述べたが、実質的経済封鎖に直面して、死活の岐路に立たされた日本の対応策として、南方占領による石油資源の確保つまり「開戦」と、人造石油の増産に依拠する「臥薪嘗胆」による「避戦」の二つの対応策が大きく抬頭してきたのであった。[37] 及川古志郎海軍大臣は石炭から石油（重油・揮発油）をつくる人造石油の増産に力を注ぐことにより、石油の確保を図った。あわせて、日米間の「外交処理」で「現 embargo」という状況を解決しよ

図 2-1　石油需給見通し（開戦）

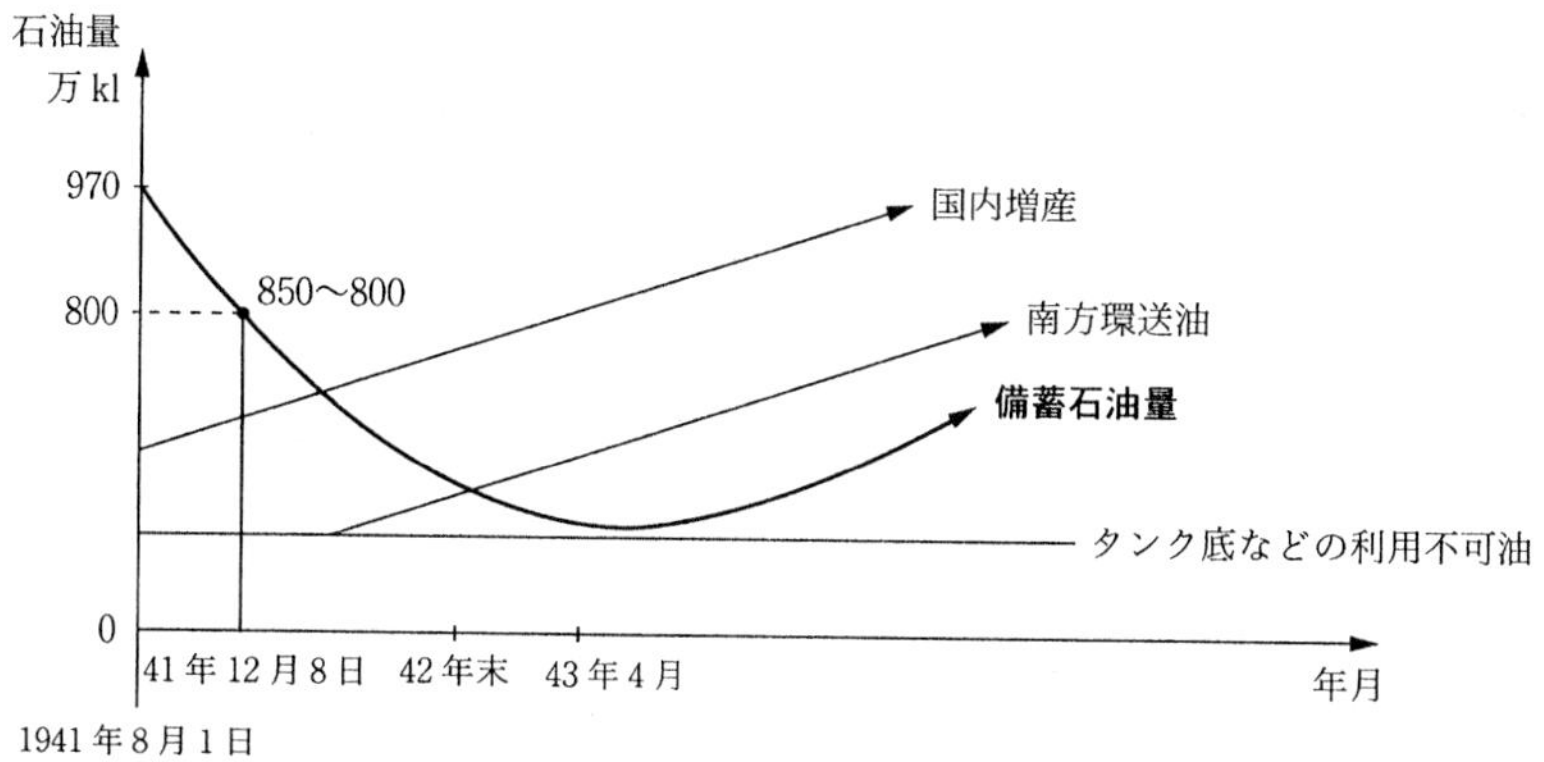

註：(1)　市村忠逸郎氏の回想に基づき作成。
　　(2)　蘭印および国内の石油で「戦争遂行可」であることを示唆している。

うと考えていたことが、上の記録から読み取れる。

さて、ところで、南方石油地帯の占領に海軍で大きな影響をもったのが「ジリ貧」論であった。「ジリ貧」よりも南方占領が勝るという見方の論拠にされたのが、図2-1である。この図の石油需給見通しで、戦争遂行が可能とされた。市村忠逸郎軍令部二部二課部員の回想では「軍令部一部二課末沢慶政課長の下で作成した。基になったデーターは、海軍省軍需局局員梶谷憲雄から提供を受けた」とのことである[38]。簡単に作図できるので、この図2-1が実際どのセクションで作られたのかは不明である。同種の図が数多く作成されたと筆者は推定している。梶谷氏は筆者宛て書簡[39]で、次のような骨子の指摘をした。

一、燃料問題で連絡を取ったのは（資料の提供も含む）、軍令部湊慶譲課長・軍務局石川信吾課長・軍令部市村忠逸郎部員であると、記憶する。

二、湊氏・石川氏は頻りにジリ貧になるといっていた。

高田利種軍務局第一課長は図2-1、図2-2のようなグラフを石川二課長・湊二課長に見せられ、ジリ貧論を聞いたとのことである。また、高田少将は筆者に左記のように語った[40]。

図 2-2　海軍軍務局石油三ヶ年計画（1941年8月1日現在）

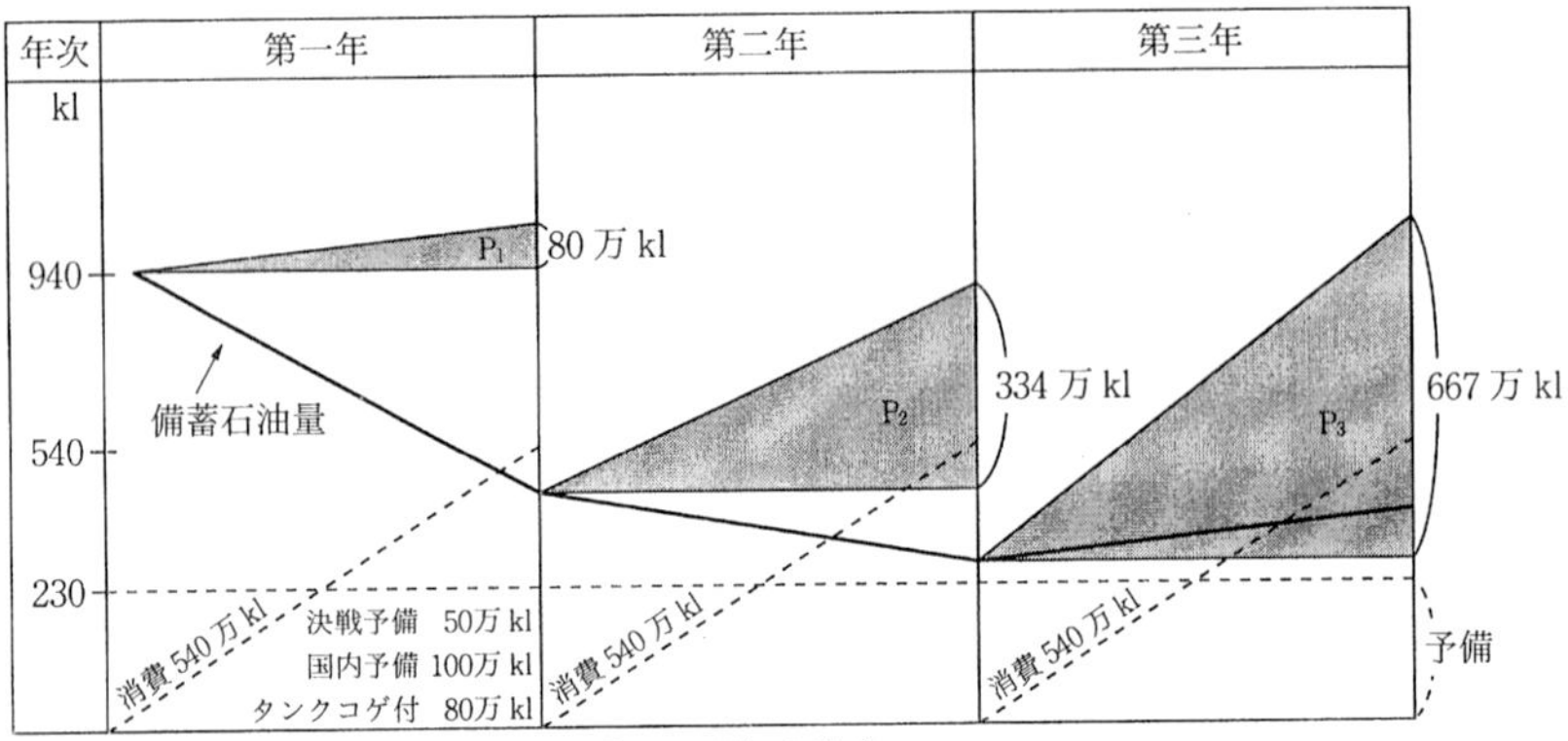

出所：日本外交学会『太平洋戦争原因論』660頁より作成。
　　　高木惣吉氏提供　海軍軍務局軍機資料に基づき作成。
註：(1) P_1、P_2、P_3 は国内原油・人造石油・南方原油所得予想量。
　　(2) 消費は年間540万kl、月45万kl。点線で示す。
　　(3) 黒太線は、備蓄石油量である。第3年目で上向きに転換。

「十月末、局部長会議で戦備の面より開戦できないと一旦決ったが、翌日湊課長が酒をプンプンさせながら（大むくれ）高田のところにきて、開戦できないというのはほんとうかと聞いた。その直後石川課長と連立って保科善四郎兵備局長の所へ行った。局部長会議がやり直しになり、兵備局長は『やり方次第では大丈夫』と意見を修正した。橋本象造兵備局一課長が『一課長！一課長！』といって、飛んできた。そして保科局長のところへ走っていった。物資の面から戦局を憂慮した橋本象造課長は先見の明があった」。

保科中将は回想記『大東亜戦争秘史』の中で「あくまでも日米開戦に反対せざるをえなかったから、兵備局に対する風当りは強いものがあった。石川信吾海軍省軍務局第二課長などは、兵備局長室に私を訪ね、平重盛ばりに私に直言し、かつ詰問した」[41]と述べているが、具体的にどのような問題で詰問されたのか明示していない。一九四〇年一一月に新設された海軍省兵備局内ですら橋本第一課長と湊第二課長とでは今後の対応策そして展望に相当の開きがあった。

次に軍令部をみよう。軍令部第一部第一課富岡定俊課長と軍令部第二部第四課栗原悦蔵課長との間で、見解の相違があった。この相違は、対米強硬論者の富岡課長が強気一点張りなのに対して、栗原課長が開戦後の軍需物資補給能力を憂慮していたことに起因するものであった。軍令部第一部に富岡大佐を訪ねた栗原大佐は「物資面からneckがいっぱいある」点を指摘したが、富岡課長は「戦争準備する君ができないでは困る」と語った(42)。富岡課長は軍令部の強硬論を引っ張った。

もう一点忘れてはならないことは、出師準備第一着（一九四〇年一一月一五日）、第二着（一九四一年八月一五日に継続）の発動が各艦隊に与えた影響である。出師準備には艦船の出征前の必須工事をはじめ、船舶の建造、特設船舶の召還、徴備及艤装、水陸施設、航空軍備の整備促進、軍備品、要員の補充など全般にわたり、特に大型優秀商船の召還に重点が置かれた(43)。これまで「出師準備が各艦隊・各鎮守府に与えた影響」の研究がすすんでいないが、資料がないからであろう。本稿の課題ではないが、一例をあげると、長門艦長であった大西新蔵中将は戦後日誌(44)に基づき綴った回想記のなかで次のように書いている。

「十六年四月三日、横須賀において、旗艦は陸奥に変更されて、長門は約二カ月の間に、砲身換装、砲搭囲壁の増強、補助蒸気管系を二区分から四区分に改造、防禦力の増強をはかることになった。敢えて出師準備という程のものでもないが、この事は乗員の気持を一層引締めた」。

「十六年四月二四日の日記に艦名を消したと書いている。…中略…この艦名文字を見れば素人にも長門であることが分る。開戦近きを想わせる」（傍点引用者）。

海軍中央（赤煉瓦―海軍省・軍令部）だけでなく連合艦隊のなかにも対米強硬論は存在していたことがうかがえる。ハワイ作戦を主張したのが、軍令部でなく連合艦隊であったということがそのことを物語っている。連合艦隊の開戦前の動向を示す資料の隠滅が徹底的に行なわれたため、開戦と連合艦隊とのかかわり方について研究が進んでいない。

おわりに

アメリカの内部においても対日石油禁輸に対して見解の相違が存在していたことがイッキーズの日誌を読むことにより、浮び上がってくる。モーゲンソーは一九四〇年七月に、イッキーズは一九四一年六月に対日石油禁輸を実行しようとしたが、ハルの反対のために実現しなかった。ローズベルトはハルを支持した。穏健派といえるローズベルト大統領やハル国務長官は、わが国で一九四一年八月以降起こった「ジリ貧論」を察知することはできなかったのであろうか。及川海相の開戦を避けようとする粘り腰を察知することはできなかったのだろうか。なぜ実際に対日石油禁輸に至ったのかという点は、次章で検討しよう。

わが国では資産凍結に伴う石油禁輸が引き金となり、「ジリ貧論」が台頭し、二度の御前会議を経て、対米開戦が決定された。陸海軍の若手強硬論者は、対日石油禁輸を米国の戦争へのシグナルと受け止め、米国の複雑な事情には注意を払わなかった。石油の事実上の米国からの輸入が不可能になれば、当時「ジリ貧論」が説得力を持ち得たのも事実である。そのことはH・R・スターク海軍作戦部長が、対日石油禁輸が日本を蘭印に向かわせ、アメリカは大西洋と太平洋での二正面作戦を強いられるという理由で、一貫して反対した見解[45]と、符節するものである。

一方、わが国の問題点としては、ローズベルト大統領やハル国務長官が対日経済制裁に基本的には反対の立場（少なくとも一九四一年七月までは）を取っていたということ、またホーンベックやイッキーズに代表されるような強硬派の存在を、どの程度認識していたのであろうかということがある。

（1）角田順『太平洋戦争の道』（朝日新聞社、一九六三年）一三二、二〇八頁。麻田貞雄は「循環論理」と名前を変え、海軍部内では「常識化」していたと書いているが、「常識化」するわけがないと筆者は考える。根拠は何もない。麻田貞雄「日本海軍と対米政策および戦略」（『日米関係史　2　陸海軍と経済官僚』東京大学出版会、一九七一年、一二八頁）。
角田は及川海相や岡海軍軍務局長が主戦論をリードしたと書いているが、事実はまったくの反対である。角田の見解への疑問は筆者も持ったし、筆者がインタビューした高田利種少将、土井美二大佐も抱いていた。土井大佐の話では吉田英三大佐も同じ疑問を抱いたとのことであった。世代を超えて角田解釈には納得できなかったということである。そもそもそこまで先を見通す能力があるなら、敗戦までは見通せなかったのか、不思議である。また角田は岡敬純軍務局長が親独派であったと書いているが、何をもってそのようなことが言えるのか、筆者は根拠を知りたい。秦郁彦は「仏印進駐と軍の南進政策」の註の中で「この点については戦史室原四郎氏の示唆に負うところが大きい」（『太平洋戦争への道　6　南方進出』所収、朝日新聞社、一九六三年、二七一、四〇三頁）と書いているが、原四郎がこの説の発信者であるようだ。原は最後まで『機密戦争日誌』の公開に反対されたが、彼が開戦を煽った一人であることは『機密戦争日誌』が雄弁に語っている。ほかにもインタビュート資料の捏造を他者にやらせた格好で行なうなどしているが、歴史を捏造することはできないし、人としての品位をあまりにも欠いている。

本論と関係ないが、第一次世界大戦後の社会風潮下、ステファン・ツバイクが、『昨日の世界』（原田義人訳、I・II、みすず書房、一九七三年）の中で、戦争責任者として断罪された人が実は戦争を回避せんと努力した人であり、断罪を加えた人こそ戦争を扇動した人であった、という事実を見事に描いている。

（2）*Foreign Relations of the United States Diplomatic Papers 1941*, Vol. IV, *The Far East*, pp. 837-839, p. 819. 以下*FRUS 1941*, IVと略記する。渋谷博史「I・H・アンダーソン『スタンダード・バキューム石油会社と米国東アジア政策一九三三〜一九四一』をめぐって」（近代日本研究会『近代日本と東アジア』山川出版社、一九八〇年、四一〇頁参照)。

(3) *FURS 1941* IV, p. 777.

(4) *FURS 1941* IV, p. 779.

(5) *FURS 1941* IV, p. 793.

(6) *FURS 1941* IV, p. 804.

(7) T. H. Watkins, *Righteous Pilgrim the life and times of Harold L. Ickes 1874-1952*, Henry Holt, New York, 1990, p. 703. 同書の49章に六月の大統領とのやり取りが記されているが、イッキーズに好意的に描かれている。pp. 698-720 参照。

(8) *The Secret Diary of Harold L. Ickes*, Volume III, *The Lowering Clouds 1939-1941*, Simon & Schuster, 1953, New York, p. 553. OF4435 : Petroleum Coordinator for War 1941, F. D. Rosevelt Library. OF 56 : Oil, box 2, file : x-Refs 1736-41.

(9) *Ibid*., pp. 546-547.

(10) *Ibid*., pp. 553-557. ノーマン・A・グレイブナー「大統領と対日政策」(岡村忠夫訳/細谷・斎藤・今井・蠟山編『日米関係史 1』所収、東京大学出版会、一九七一年、八四頁参照)。

(11) *Ibid*., pp. 557-558.

(12) *Ibid*., p. 558.

(13) *Ibid*., p. 558.

(14) *Ibid*., p. 559.

(15) *Ibid*., pp. 564-567.

(16) *Ibid*., p. 567. ハーバード・ファイス『真珠湾への道』(大窪愿二訳、みすず書房、一九五六年)二六章、一八八頁。

(17) Samuell I. Rosenman, *The Public Papers and Addresses of Franklin D. Roosevelt*, Vol. IX, 1940.

(18) Diaries of Henry Lewis Stimson, roll no. 6, July 8, 1941. (国立国会図書館憲政資料室所蔵)。

(19) 一九四〇年の対日石油政策は次の論文が優れている。Irvine H. Anderson, Jr. The 1941 De Facto Embargo on Oil to

Japan : A Bureaucratic Reflex, *Pacific Historical Review*, November, 1975, Volume XL IV. John M. Blum, *From The Morgen Thau Diaries : Years of urgency 1938-1941*, Houghton Mifflin, Boston, 1965, pp. 348-353. 荒川憲一「対日全面禁輸決定の構造」(『防衛大学校紀要』〔社会科学篇〕、七二輯、一九九六年三月、五三～六三頁参照)。

(20) 海軍中将新見政一『南部仏印進駐海軍作戦』(防衛研究所戦史部図書館所蔵) 新見は当時第二遣支艦隊司令長官であった。ところで田淵幸親「『大東亜共栄圏』とインドシナ――食糧獲得のための戦略――」(『東南アジア』一〇号、一九八一年六月、三九～六八頁) によれば、南進の目的が食糧獲得にあったとしているが、筆者は軍事的考慮が大きかったと考える。筆者との長時間の討論・雑談につき合って下さった田淵氏に感謝する。

(21) Letter : Stark to Hart, 24 July 1941 (Pepers of Admiral Harold R. Stark, Series I Box 3, Naval Historical Center) 野村吉三郎『米国に使して――日米交渉の回顧――』(岩波書店、一九四六年) 七七頁。

(22) *FRUS 1941 IV*, p. 851.

(23) *The Secret Diary of Harold L. Ickes*, Volume III, *op. cit.*, p. 588.

(24) 国立国会図書館憲政資料室所蔵近衛文麿文書リール4。

(25) 燃料懇話会『日本海軍燃料史 下』(原書房、非売品、一九七二年) 九五二頁。

(26) 同前、九八〇～九八一頁。

(27) 土井美二大佐日誌、八月一六日。

(28) *The Secret Diary of Harold L. Ickes*, Volume III, *op. cit.*, p. 588.

(29) ディーン・アチソン『アチソン回顧録 1』(吉沢清次郎訳、恒文社、一九七九年) 四五頁。第3章註 (6) をみよ。

(30) 米国議会法令第6委員会 (Section 6 of Act of Congress) は、一九四〇年七月二日に「国防強化促進法」(An Act to Expendite the Strengthening of the National Defence) を承認し、F・D・ローズベルト大統領は、七月五日、輸出統制局 (Administration of Export Control) の案に基づき、兵器・軍需物資および工作機械を輸出許可制下に置いた。この輸出許可制の目的は、米国の再軍備計画 (Rearmament Program) を促進すること、およびドイツと交戦中である英国への物資補給を円滑にすることにあった。当時の国際環境を考えるうえで、見逃してはいけないことは、米国海軍の第三次ビンソン計画が成立したのが六月一七日のことであり、欧州情勢では、英仏連合軍が敗れ、独仏休戦条約が調印されたのが六月二二日のことであった点である（Samuell I. *Rosenman, The Public Papers and Addresses of Franklin D. Roosevelt*, Vol. IX, 1940, pp. 277-281, pp. 470-471.）。

（31）一九四〇年七月のモラル・エンバゴーではっきり記憶にとどめておかなければならないことは、ハル国務長官が日本への石油輸出制限を望まず、屑鉄の禁輸に同意しなかったということである。米国が一九四〇年の時点で全面禁輸などの強硬措置を講じなかったのは、ハルをはじめとする国務省に負うところが大である。H・モーゲンソーやH・L・イッキーズの対日強硬論とには開きがあった。対日強硬政策が日本のインドシナ進攻を促すと考えたハルと、禁輸などの強硬措置で日本の進出を喰い止めうるという視点には、埋められない溝があった（*The Secret Diary of Harold L. Ickes*,: Volume III, *op. cit.*, p. 339, p. 330.）。

（32）*The Secret Diary of Harold L. Ickes*, Volume III, *op. cit.*, pp. 608, 655.

（33）来栖三郎『泡沫の三十五年』（中央公論社、一九八六年）一〇二頁。

（34）高木惣吉日記、当時は川越重男氏所蔵。のちに伊藤隆編『高木惣吉日記と情報　下』（みすず書房、二〇〇〇年、五四八頁）として刊行された。

（35）土井美二日記、土井談、一九八五年八月二日。

（36）藤井茂日記、保科善四郎氏の許可を得て引用。

（37）高木惣吉資料、海上自衛隊幹部学校図書館所蔵。

（37）この点に関しては、第1章に述べた。拙論「対英米蘭開戦と人造石油製造計画の挫折」（『日本歴史』四六五号、吉川弘文館、一九八七年二月、六一～七八頁）を参照。及川海相や岡敬純軍務局長は近衛―ローズベルト会談に尽力するなど開戦を避けようと努力した。高田利種少将（当時海軍省軍務局第一課長）は、筆者に「岡局長はこの会談実現すべく内閣官房に連日行っており、海軍省にはいなかった」という骨子の話をした。市村忠逸郎大佐や土井美二大佐も筆者に岡局長が開戦を避けようという考えが強かったということを語った。一九三八年の外社分も含んだ民需は四〇〇万キロリットルであり、軍需は二〇〇万キロリットルであった。ほかに満支で五〇万キロリットルの石油需要があった。「油槽船等について」（国立国会図書館憲政資料室所蔵柏原兵太郎文書93-18）。

（38）市村忠逸郎談、一九八五年六月一六日、一九八五年一〇月五日。

(39) 梶谷憲雄発筆者宛書簡、一九八五年一二月一〇日付け

(40) 高田利種談、一九八五年一一月一〇日、一九八六年五月一五日。高田発筆者宛書簡、一九八五年七月二〇日受理。高田利種少将の記憶力は正確であった。兄高田利貞は陸軍少将であり、斎藤春子は異母の伯母にあたり、仁礼景範は高田の祖父である。

(41) 保科善四郎『大東亜戦争秘史』(原書房、一九七五年)一二八頁。

(42) 栗原悦蔵談、一九八六年六月一五日。三代一就「富岡さんと私」(資料調査会編纂『太平洋戦争と富岡定俊』軍事研究社、一九七一年、四六六頁)。

(43) 栗原悦蔵談、一九八六年六月一五日。『戦史叢書三一巻 海軍軍戦備(1)——昭和十六年十一月まで——』(朝雲新聞社、一九六九年)八一〇~八一八頁。山本親雄・三代一就「国際情勢の緊迫に伴う軍備・戦備の促進」(『日本海軍航空史(2) 軍備篇』時事通信社、一九六九年、一一七~一二六頁)。

(44) 大西新蔵『日記と共に六十五年——海軍生活放談——』(非売品、一九七六年)四六〇、四六三頁。宇垣纒日記や三和義勇日記は一九四一年が紛失している。

(45) *Letter : Stark to Admiral J. O. Richardson, 24 September 1940, Letter : Stark to Hart, 24 July 1941* (Papers of Admiral Harold R. Stark, Series I Box 3, Naval Historical Center).

第3章　資産凍結後の石油決済資金をめぐる日米交渉
――井口貞夫参事官と西山勉財務官対アチソン国務次官補と財務省――

はじめに

日本軍の南部仏印進駐直後、アメリカは対日資産凍結を行ない、この資産凍結が日米貿易の事実上の停止をもたらした。特に日本の対米開戦決定に大きな意味を持ったのが、石油需給の見通しであり、端的に言えば「石油を輸入でき、確保でき得るのか否か」という点であった。主戦論の論拠となった日本の「ジリ貧論」は、石油供給の道が絶たれた以上軍事力を行使して、石油産出地帯の蘭印を占領するというものであり、日米関係の好転に望みを託した及川古志郎海軍大臣などが主張した「臥薪嘗胆論」(1)（避戦）は退けられたことは、第1章、第2章で分析した。

第3章では、米国の資産凍結を受けて、ワシントンDCで行なわれた、石油代金支払いの交渉過程を明らかにし、一九四一（昭和一六）年八月以降、なぜ事実上石油はわが国に輸出されなくなったのかを明らかにする。日本側でこの交渉を担当したのは、井口貞夫参事官と西山勉財務官であった。野村吉三郎駐米大使も交渉の経過の報告を受け、C・ハル（Cordell Hull）国務長官との話合いでも取り上げられた。井口はディーン・アチソン（Dean Acheson）国務次官補（経済担当）と交渉し、西山は財務省外国資産管理局のジョン・W・ペーレ（John W. Pehle）、A・

U・フォックス（Fox）と会談した。

戦時中の一九四三（昭和一八）年三月一〇日に外国資産管理局長ペーレは、「日本資産凍結において記憶しておかなければいけないことは、米国政府は日米貿易を停止するということは何も決めていなかったことである」と回想し、財務省は日米貿易をどうするのかは政府に委ねたと述べている。実際に日米貿易が止まったのは、(1)マスコミが資産凍結を貿易の停止と報道したこと、(2)世論もそのように受け入れたことの二点を挙げている。[2] このペーレ局長の指摘は、個々の物資についてどの程度貿易を許可するのかしないのかという重大な国家の意思決定が、ローズベルト大統領によって行なわれないまま、石油禁輸が既定事実化し、開戦に至ったということである。

問題となってくるのは、(1)財務省は本当に石油禁輸を上位（大統領、国務長官）の判断に委ねたのだろうか、(2)ハル国務長官やローズベルト大統領は石油が禁輸状態になっていることを知っていたのだろうか、(3)野村と親交があり、ヨーロッパを優先する戦略であった海軍作戦部長のスタークは知らされていたのだろうか、(4)財務長官モーゲンソー（Henry Morgenthau）、内務長官イッキーズ、陸軍長官スティムソン（Henry L. Stimson）などがイニシアティブを取ったのだろうか、という点である。

国務省のアチソンからウェールズへの七月三〇日の伝達では「輸出の許可はすべて取り消しにし、一九三五～三六年の輸出相当量の石油は許可してもよい」という骨子であった。[3] 日華事変以前の量ならば輸出しても問題はないという見方が示された。国務次官S・ウェールズ（Sumner Welles）はF・D・ローズベルト宛の七月三一日付書簡[4]で「外国資産管理局は申請書に対して判断を下していない。外国資産管理局および関係省凍結政策委員会に対して、何らかの指示がなされるべきである」と意見具申した。この書簡に対するローズベルト大統領からの返事はなかった。[5]

『アチソン回想録』[6]では、ウェールズ国務次官（ハルが病気静養中のとき国務長官代理をつとめる）がS・ホーンベック[7]とアチソンに凍結令の準備を命じ、石油製品の輸出を「平常量と低オクタン品位」に制限しようとしたと述べ、七月末ウェールズ国務長官代理が「関係省凍結委員会に日本側要請に対してなんらの行動もとらぬ」ようにと、助言したと書いている。アチソンの回想でもう一点看過できないのは、ローズベルト大統領が一九四一年七月に「石油禁輸は日本を駆立てて蘭印に向かわせる」という理由で反対したと記していることである。[8] アチソン回想から「なぜ二国間貿易は事実上止まり、全面禁輸になったのか」という政策決定に知的好奇心を喚起されるのは、筆者だけではあるまい。周知のように九月六日と一一月五日の御前会議において、日本の開戦決定に大きな影響をもったのは「対日石油禁輸」だったからである。

1　八月の交渉

八月二日に行なわれたアチソン国務次官補と財務省との打合せ[9]で、客船・龍田丸に積み込まれる物資が表3-1のように許可された。潤滑油二〇四七バーレルが許可されたが、しかし事実上この潤滑油が最後の日本への石油輸出になった。龍田丸はサンフランシスコで荷物を降ろし、バラスト代用としてアスファルト、潤滑油など一〇七九トンを積載した。この決済に関しては、財務省からサンフランシスコの連邦準備銀行に電話で照会が行なわれ、資金面の制約は取り除かれた。この打合せの場でペーレは、輸出許可が下りた物資に対して、財務省で資金の決済で許可を出さない政策を取り、決済面から貿易は停止に至った旨、説明した。

表3-1　龍田丸積荷（1941年8月4日）

品目名	許可量	積込み量	単　位	金額(ドル)
アスファルト	2,200	1,500	ドラム	6,700
潤　滑　油	2,047	1,577	バレル	21,101
キルソナイト	2,016	2,016	袋	8,756
コ　コ　ア　豆	304	304	袋(bags)	3,705
綿　　花	308	0	袋(bales)	0

出所：武藤総領事発豊田外務大臣宛「第一五八号」（8月5日発）より作成。
金額は "Daily report on exports to Japan" (RG 56, box 42).
註：(1)　潤滑油は高級なものは許可が得られず。
(2)　綿花はダラスの連邦準備銀行の取り扱いが間に合わず。
(3)　アスファルトは航海の安全確保のバラストである。
(4)　キルソナイトは200トン。

表 3-2 北米向け船舶

船名	船主・所属	仕出港	出帆月日	仕向港	入港月日	備考
音羽山丸	三井物産	大阪	7月14日	サンペドロ	8月6日	
御室山丸	三井物産	横浜	7月24日	桑港		引き返し
日章丸	昭和タンカー(大同)	横浜	7月16日	羅府	8月1日	8月2日空船で帰路
健洋丸	国洋汽船	横浜	7月23日	羅府	8月2日予定	引き返し
龍田丸	日本郵船	上海	7月 3日	桑港	7月30日	羅府の冷凍貨物以外揚荷後、8月4日帰路
浅間丸	日本郵船	マニラ	6月29日	桑港		8月1日ホノルル出港後、引き返し
新田丸	日本郵船	マニラ	7月25日	桑港		取止め
平安丸	日本郵船	神戸	7月14日	シアトル	7月31日	全部揚荷後、空船で帰路
那古丸	日本郵船	横浜	7月14日	桑港経由		引き返し
橘丸	旭石油	秋田	7月25日	サンペドロ	8月15日予定	引き返し
第一小倉丸	日本石油	横浜	7月19日	サンペドロ	8月10日予定	引き返し
第三小倉丸	日本石油	横浜	7月 9日	桑港	8月18日	
昭洋丸	日東鉱業汽船	新潟	7月15日	桑港	8月15日	**碇泊中**8月14日にバンカー・食料補給
日栄丸	日東鉱業汽船	徳山	7月14日	サンペドロ	8月 5日	8月14日空船で帰路、外交官若杉便乗
さんらもん丸	三菱商事	横浜	7月26日	サンペドロ	8月14日	引き返し
厳島丸	日本水素	元山	7月18日	桑港	8月14日	**碇泊中**8月14日にバンカー・食料補給

出所：逓信省管船局調「七月二十六日現在英米及属領向航行邦船調」より作成。

補足しておくと、日本郵船の龍田丸[10]は七月一〇日に横浜を出港し、入港後拘留・拿捕がありうると考え[11]、洋上で待機したのち七月三〇日にサンフランシスコに入港し、八月四日出帆し、予定していたロサンゼルスとホノルルには寄港せずに、八月一八日に横浜に帰着した。当時北米に航行していた日本の船舶の状況は表3-2に示した。

西山勉財務官は七月三〇日に財務省外国資産管理局のペーレとフォックスを訪ね、その際国務省のミラー（E. G. Miller）が同席した。ペーレのメモ[12]によれば西山の質問は左記の六点であるが、すべてその場で回答はなく、国務省と検討するとの返答を得たにとどまった。この六点は資産凍結から真珠湾攻撃までの期間の資金決済の争点を包括的に示している。

一、資金凍結が日米貿易にどのような影響を及ぼすのか。

二、日本への石油輸出は許可されるのか。

三、横浜正金銀行のニューヨーク支店からサンフランシスコおよびロサンゼルス支店に資金を移せるのか。

四、米国内の日本の銀行で七月二五日以前の信用状

（LC）の決済は可能か。

五、南米の外交官への送金は可能か。

六、利子、公社債の利札や償却、公共料金などの支払いは可能か。

野村駐米大使は七月二六日、豊田外務大臣に「凍結令運用は一に繋りて米国側の手心に在る訳にて全面的経済断交となる可能性あるも暫く其の実施振りを見されは俄かに断定し難し」と電報を打った。[13]「米国側の手心に在る」とはその後の「凍結令運用」を鋭く射抜いていた。

外務省の記録[14]によれば、安全入港を確認したウェールズ—野村会談（七月二八、三〇日）に引き続き、八月一日に井口は大蔵省顧問フォーリィー（Foley）に、積荷の代金を輸出品買入金に充当可能かと質問したが、受諾不可との返事があり、また積荷に関しては荷物個々に対してスペシャル・ライセンスがいる、という返事であった。食料・燃料にはジェネラル・ライセンスが下付され、出港も許可を出すという話であった。同日フォーリィーの話を確認するために、アチソンを訪ねた井口は左記の点を確認できた。[15]

一、船舶に食糧・燃料を与え、出港を許可するが、荷物は凍結令のもとに置かれること。

二、輸出・輸入のスペシフィック・ライセンスの品目は検討中であること。

ほかにも、資金凍結直後、米国政府がどのように運用するか次の不明な点があった。

一、身近な生活を考えれば預金・給与の引出しはできるのか。

二、扶養費を日本に送金できるのか。

三、帰国に際して現金を携行できるのか。

本稿の課題ではないので、簡略に結果だけ述べておこう。五〇〇ドルまでの給与は認める。二〇〇ドルまでの送金は可で、二〇〇ドルまで携行できるということである。[16]

在米日本企業がどのような影響をうけたのか、一例挙げておこう。ニューヨークで日本陶器の製品を販売していた森村組は、七月一八日に横浜を出帆し、七月下旬にシアトルに入港した平安丸に輸入許可が下りるか心配していたが、八月下旬になり「平安丸積荷輸入許可」が下り、荷渡しは「調子ヨク進行」したが、[17]平安丸を最後に製品は入荷できなかった。表3-2にあるように、平安丸は空荷で日本に向かった。森村組は一五日ライセンスを繰り返し申請し、許可を受け営業を継続した。六〇日ライセンスを申請したものの、許可は下りなかった。売掛金回収と残品の販売で食いつないだ。

本論にもどり、石油代金決済に絞って論じる。

八月八日に井口と会談したアチソンは、二隻のタンカー（昭洋丸、厳島丸《いつくしままる》）に積み込む三〇万ドルの石油代金に関して、「米国財務省を説得して、凍結された資金から石油代金を支払うのは困難である」旨伝えたが、アチソンが驚くほど、井口はきわめて楽観的であった。[18]外交電報をみると、井口は日米間の通商と交通関係を維持するために「生糸ノ禁輸令除外」と「石油ト二対スル資金解除」を提案し、「邦船ハ何時迄モ待テサルニ付本件許可方至急決定アリタキ旨申入」れた。[19]しかし八月一一日にアチソンは井口にタンカーの支払いは、日本政府が米国内に保有する現金ならば受け付ける旨伝えた。[20]凍結された口座からの支払いは認めなかった。八月一一日に初めて石油代金支払いとして、「現金での支払ならば許可する」と述べ、この点はその後の交渉の争点になっていく。

八月一五日アチソンを往訪した井口は上海で法幣（中国通貨）をドルに替えて石油支払代金に当てられないか、それが無理なら蘭印の凍結されていない資金の送金を持ち出した。これに対してアチソンは、そんな難しいことをしないで、現金で支払うか、南米のドルを送金してはいかがかと述べた。[21]アチソン発言は重要なので英文で引用しておく。

I pointed out to him that a much simpler method would be either to use the cash or to transfer dollars on deposit with South American Banks.

八月一五日に国務省のトーソン（Towson）とE・G・ミラー、財務省のA・U・フォックスを訪ねた西山は、「すでに井口にアチソンから現金での支払いならばよいという提示が行なわれた」との説明を受けたが[22]、西山は現金での支払いは困難であると述べ、上海および蘭印のからの送金で決済できないかと問うた。西山は、財務省で検討する旨の返事と、あわせて凍結資産からの引き出しは難しいという通知を受けた。

八月一九日に国務省のミラーと財務省のフォックスと面会した西山は、アチソン・井口会談で行なわれた南米の手持ち資金（free funds）での決済に言及したのち、南米にある資金での決済ではいかがかと提案した[23]。アチソンの提示は南米の手持ち資金ならば可能性があるというものであったが、西山はアルゼンチン・ブラジルからの資金送金は両国の事情から難しい実情にも触れた。この点は、再び九月二〇日に日本側から再提案されるので、南米の手持ち資金に関するアチソンの提示は留意願いたい。

八月二二日に国務省のミラーと財務省のフォックスを往訪した西山は、前日の八月二一日に支払手段が十分でないとアチソンから井口に指摘されたことを踏まえ、改めて南米にある手持ち資金（free funds）ではいかがかと提示し[24]た。財務省で検討する旨返答があった。辞去に際して西山は財務省が受諾する支払方法になんとか合致するように尽力すると述べた。

ハルは八月二三日の野村との会談で「油ノ資金解除」に関して、「大蔵省〔財務省〕ノ管掌ニシテ英国辺リノ態度ト呼応シテ決定セラルル次第」であると話し、野村に「日英間ノ話ノ進行振ヲ」尋ねた[25]。ここでは「決定セラルル次第」との発言を押さえておこう。

2　九月の交渉

ブラジルの横浜正金銀行リオデジャネイロ支店はすでにドルを南米各国の通貨に切り替えており、東京本店は南米資金を輸出代金に振り向ける事に難色を示した。[26]

九月四日、西山はティムソンズとトーソンに面会し、南米の資金で支払えるようにはしたいが、障害があることも述べた。[27] 物資の購入のために手持ち資金を使い果たし、余裕がないと説明を加えた。トーソンは、横浜正金銀行は南米に資金を滞留させ、米国に持ち込まないように通達を出したのではないか、相当の金額を南米に保持しているのではないかと指摘した。西山は大蔵大臣へ電報を打ち[28]「米国当局ハ小生ニ対シ正金ヲ中心トスル日本全体ノ資産負債状態明瞭トナル迄ハ送金ヲ許可セサル方針ナル旨ヲ語レリ」と、九月四日の会談が厳しいものであったことを伝えた。南米資金を巡り、虚々実々の駆け引きや腹の探り合いが日米双方で行なわれた。

南米での資金に関して、アチソンは九月五日にトーソンに電話を入れ、以下の点を確認した。

「ハル国務長官は井口に石油代金支払に南米の資金を使うことが許可されるかもしれないが、それは資金がすぐに用意されるときである。いつ許可が下りるのかについてはなんら言及されていない」。

アチソンは、「国務省としては南米資金の許可申請を保留のままにして遅らせ、二～三週間様子をみながら日本の要求に対処する。財務省の決定と同一方向で進みたいが、国務省は資金に関する情報の提供を受けたい」との骨子の意見を披露した。トーソンは、ペーレとバーンスタインにアチソンの発言を報告した。

九月一一日、国務・財務・法務の三省からなる各省連絡委員会[29]の席でアチソンは、輸出管理局（Division of Export Control）は三点の石油輸出申請に許可を出したが、石油代金の決済に関して現金しか受けつけない旨、日本側に通知した。国務省と財務省は西山と井口に「南米に日本が有する資金を米国に持ち込み決済できるかもしれない。その場合具体的な内容を盛り込んだ最終案が提出された後で、考慮される」と通知した。またアチソンはハル国務長官が本問題を取り上げ、各省連絡委員会で問題点が引き続き討究されることを望んでいること、また新たな制限が導入されることも、現在の状況を緩和することも望んでいないことが伝えられた[30]。つまりハルは石油禁輸状態という現状維持を放置することで、政治的決断を行なわないままに推進したことになる。ところで、当時近衛—ローズベルト会談が日米交渉の争点であり、ハルは事前に会談成功の目途が立たないかぎり、会談すべきでないと判断し、日米首脳会談は頓座した。

ここで筆者が再び注意を喚起しておきたいことは、ハルはどの程度日本および国内の状況を把握し、何を意図したかである、またアチソンはハルの意図を三省からなる委員会に正確に伝えたのであろうかという点である。「現在の状況の緩和」とは具体的に何なのかいっさい触れられていないし、アチソンは国務省の見解として個人の意見を財務省に示唆していないかという点である。

九月一九日に西山は「外交機密電報」を使い、大蔵省為替局長に三点の見解を伝えた[31]。

一、ドル紙幣の決済は「米国人常識上異常なる手段」であり、海外での入手経緯を問題にされ、立証が困難で、「種々ノ疑惑」を招く恐れがある。

二、法幣での支払いは「米国ノ支那ニ提供セル安定資金ノ負担トナル理由ヲ以テ」承諾の見込みはないが、一応確かめる。

三、「金現送ハ小生賛成」である。「南米ヨリノ回金ニ付原則的ニ我方同意ノ旨」すでに通告したが、明日二〇日朝凍結当局に面会して、「南米資金案外欠乏ノ理由」で金現送を提案して交渉する。

九月二〇日、西山はペーレ、ミラー、フォックスと面会し、新たに二つの支払方法を提示したが[32]、米国の資料では簡潔に記されされている。

(1) 米国への金（ゴールド）の現送

(2) 日本および上海からのドル紙幣の輸送

西山は大蔵省為替局長に以下のように打電した[33]。

「本二十日外国資金管理局長ニ面会シ、南米ヨリ廻金困難ノ事情アル旨ヲ述ヘ、貴殿ノ趣旨ニ依リ交渉シタル処法幣案ハ絶対拒絶シテ問題トセス。金現送案並ニ弗紙幣案ヲ考慮スヘキ旨回答ヲ得タリ。然シ右ハ管理局タケニテ裁決出来ス。来週火曜日水曜日頃各省連絡委員会ノ会議ニ上提《ママ》シテ決定セラルル」。

九月二五日、アチソンを国務省に訪ねた井口は、南米には手持ち資金がなく、米国に持ち込み決済することはできなくなったことを話し[34]、九月二〇日に西山が財務省に伝えた二つの支払方法を繰り返した。アチソンはまだ何も財務省から報告を受けていないのを理由にして、返事はいつものようにしなかった。外務省の記録も同じ内容であるが、アチソンが「日本政府ニ於テ南米資金ノ用意アル旨ノ言明ヲ覆ヘサレタルハ遺憾ナルモ貴意ニ副ウ様斡旋致度旨答」えたが、「我方ニ於テ一旦出シタル南米資金利用案ヲ引込メタルコトハ先方ニ拒否又ハ少クトモ遷延ノ口実ヲ与ヘタルモノト言フヘク本件モ結局国交調整ノ成行ニ支配セラル〔ルル？〕ニヤアラスヤト観測サル」（傍点引用者）との印象を電報[35]

表3-3　碇泊タンカー2隻の石油代金支払

企業名	取引先企業名	米国振込銀行名	金　額
浅野物産	Standard Oil Company of California	Anglo-California National Bank of San Francisco	$86,000
三井物産	Richfield Oil Corporation	Chase National Bank of the City of New York	$13,176
三菱商事	Tidewater Associated Oil Company	Wells Francisco Bank, Union Trust Company	$72,000

出所："ORAL PAYMENT FOR LICENSED SHIPMENT" (RG 131, Foreign Funds Control, Box 230) より作成。
註：(1)　ブラジル銀行から Chase National Bank of the City of New York に送金。
　　(2)　金額は昭洋丸と厳島丸に積み込む予定の石油代金。

した。

九月三〇日に西山は財務省を訪問し、二隻のタンカーがサンフランシスコに繋留されたままになっている状況を説明したが、西山が知りたかった「いつまでに返事ができるのか」という点については、考慮中であるという話しかなかった[36]。西山は最初に提案した南米からの資金送金を再び持ち出し、具体的にブラジル銀行(Banco de Brazil) からチェイス・ナショナル銀行 (Chase National Bank of the City of New York) を通して電送する、表3-3のような具体的な提案を持ち出した。

西山は大蔵省為替局長宛で以下のように電報[37]した。

「石油代金ノ件翻三十日ニ至ルモ明答セス。且決定日取ノ見込ニ付テモ従来ト異ナリ何等ノ手懸リヲ与ヘス先方ノ口振ニ依レバ委員会中異議アリテ、懸案トナレルモノノ如シ。先々週本件ヲ提議シテ以来、今日迄面会ノ度毎ニ先方ノ態度硬化シタルニ徴シ、八九分通リ交渉不調トナル印象ヲ得タリ。南米ヨリ回金スル案ハ元来先方ノ示唆ニ依リシモノニテ当方カ一旦之ヲ承諾シタル後之ヲ取消シテ別案ヲ提議シタル事ハ先方ニ遷延並ニ拒絶ノ好辞柄ヲ与ヘタルモノニシテ今更致方無シ」(傍点引用者)。

態度の硬化を肌で感じた西山はこれ以上交渉しても埒があかぬと判断し、タンカ一二隻の「呼戻方御考慮相成度シ」と意見を具申した。この電報を受けて、一〇月一日、大蔵省為替局長は西山財務官に電報[38]を打った。

「石油代金支払、厳島丸等ノ本邦呼戻シニ関連シ南米資金回金問題再燃シ海軍商工両省共石油獲得ヲ熱望シ右回金ノ懇請アリ、在伯資金ハ其ノ后配船減少等ノ為差当リ多少ノ余裕有リ且同国当局モ回金ヲ容認スルモノト思考セラルル処已ムヲ得ザル最后手段トシテ此ノ方法ニ依ルコト考慮シ置カレ度シ。尤モ之ガ為本邦南米資金状態探査ノ緒ヲ突〔ママ〕クルガ如キコトナク又回金シタルニ不拘輸出ガ何等カノ口実ニ依リ事実上認メラレザルガ如キコトナキ様御留意願度」(傍点引用者)。

「伯国ヨリ回金手続ハ簡易ナルモノト認メラルル、ニ依リ正金紐育支店ト『リオ』支店間ニ於テ連絡ヲ採ラシメラレ何等差支ナシ」。

豊田外務大臣も野村大使に「南米資金回金ニ依ル以外方法ナキモノト思考セラルル」ので、大蔵省電報に沿って交渉し、タンカーは「交渉中待機セシメラレ度」と引き返しに待ったをかけ、交渉継続を命じた[39]。

3　一〇月以降の交渉

一〇月一日に開かれた会議[40]で、西山財務官が提案した金・現金の送金が取り上げられた。アチソン国務次官補は「ハル国務長官は日本への石油輸出の問題で明確な声明を出したくなく、できるだけ直接回答するのは引き延ばしたい意向である」ことを話した。ハルの遅延策を汲み、ペーレ局長が「考慮中であるとの委員会の見解を、西山に通知してはどうか」と提案し、それが承認された。もう一点合意をみた点は、財務省が金（ゴールド）を購入することはなんら問題はないが、金の売却により生じたドル取扱いになれば、それはこの委員会の管轄の問題であるという合意である。

これに関連して、財務省資金調査局（Division of Monetary Research）は九月二〇日に西山の提案した日本からの金の現送と、日本もしくは中国からのドル紙幣の搬送について検討を進めていた。米国が石油を日本に輸出するか、それともしないのかという問題は重大な国の基本にかかわる問題であると冒頭で記し、東京との交渉で圧力をかけるのか、それとも宥和をはかるのかの選択であると、重大性を認識していた。財務省資金調査局の送金に関する見解を要約すると、左のようになるが[41]、この要約から何を言いたいのか明白である。ドミノ理論の金融版で、許せば際限がなくなるという論理である。

金の現送に関しては、米国政府の方針に従い、財務省は持ち込まれた金はすべて購入するが、これは外国資産管理の問題である。もしこの支払方法を認めるようなことになれば、日本は米国から石油などの資源を十分確保できることになる。日本の年間金産出額は七千万ドル、金保有高は九千万ドルと見積もられ、さらに日本が金をかき集めればさらに増える。

紙幣の搬送に関しては、日本の外貨保有高を五百万ドルと推定し、占領した中国や上海から二千万ドルから一億ドルになりうる。

一〇月上旬井口はアチソンに南米の資金を持ち出した[42]。また野村大使がハル長官に南米の資金を使うことを持ち出したということを知ったアチソンは、ハルに、「西山は南米に資金の余裕はないと言っており、金や現金の搬送を持ち出しているところである。何か間違いがある旨、野村大使に伝えられたい」と話した。野村の『米国に使して』で確認すると、一〇月三日にハルを往訪し「日本船舶の入港問題及び油購入に関し、南米に在る資金使用のことについて申し出た」[43]とある。

一〇月一〇日に西山はペーレ、ミラー、フォックスを往訪し、懸案になっている石油代金問題の経緯を記したメモ[44]を渡した。西山はそのメモで、(1)ブラジル銀行（Banco de Brazil）を通して、横浜正金銀行の南米支店の手持ち資金（free funds）から支払いたい、(2)最近提案した代替案として、日本からの金の現送、日本・中国からの現金の輸送がある、と記している。米国の記録によれば、南米の資金を使うことを考慮したが、南米の資金を手配するのは難しいと西山が発言したことも記されている。また、資産凍結直前に横浜正金銀行が大量の資金を引き出したために、現金の保有高が少なく、そのため、公社債の利札・償却および新聞記者の経費、預金者への支払いなどで、横浜正金銀行のドル資金は逼迫していると推測している。この返事は一〇月二四日に行なわれた。

一〇月一六日、西山はケール（Kehl）とフォックスを訪ね、石油代金決済問題、公社債の償還問題、日本の政府徴用船の埠頭使用料、艀代、入港税などの支払手続きなどを話し合った[45]。石油代金問題に関しては、考慮中という返事であった。西山は石油代金問題で一七日にもフォックスに電話[46]を入れたが、まだ結論はでていない、考慮中であるとの返事であった。

一〇月一八日、井口はアチソンとの会談[47]で、邦人新聞記者に対する財務省の資金融通に謝辞を述べ、引き続き、懸案事項が話し合われた。まず三隻の船舶（日本郵船の龍田丸、大洋丸、氷川丸）の米国寄港である。サンフランシスコ、シアトル、ホノルルでの船舶燃料代、入港に関する諸々の経費の支払い（各港それぞれ五万ドル以下）を横浜正金銀行各支店（日本領事館宛）で行ないたいが、日本政府からの送金方法を尋ねた。アチソンは財務省に問い合わせ、

表 3-4　北米方面政府徴用船

船 名	出港地	出港日	行　　先	往路経由地	往路乗客数	復路乗客数	横浜帰着日
龍田丸	横浜	10月15日	サンフランシスコ（10月30日～11月2日）	ホノルル（10月23～24日）	608(626)	860(862)	11月14日
氷川丸	横浜	10月20日	シアトル（11月2～4日）	バンクーバー（11月1日）	216(216)	364(363)	11月18日
大洋丸	神戸、横浜	10月20、22日	ホノルル（11月1～5日）	—	301(342)	114(114)	11月17日
第2次龍田丸	横浜	12月2日	バルボア（12月24～26日）	ロサンゼルス（12月14～16日）	—	—	—

出所：日本郵船（株）『七十年史』286～287頁、外務省政務局『米国向臨時配船経緯』（1942年12月）より作成。
註：(1)　3隻は日本郵船からの政府徴用船である。第2次龍田丸は航行せず。
(2)　乗客数の（　）内の数字は外務省政務局のデータである。
(3)　第2次龍田丸は予定日を記載した。

表 3-5　送金額と凍結額

領事館所在地	船　名	送金額	開戦時特別勘定として凍結
ホノルル	龍田丸	6,000ドル	26,908.38ドル
ホノルル	大洋丸	17,600ドル	上に含まれる
サンフランシスコ	龍田丸	39,000ドル	66,638.25ドル
サンフランシスコ	第2次龍田丸	26,000ドル	26,000ドル
シアトル	氷川丸	32,500ドル	29,646.06ドル
バンクーバー	氷川丸	1,000ドル	1,000ドル+7,218.90カナダドル

出所：外務省政務局『米国向臨時配船経緯』より作成（1942年12月）。
註：(1)　運賃などが凍結された。
(2)　カナダ政府の了解のもと、出先公使館費用に充当された。
(3)　10月20日に961,000ドル、12月5日に第二次龍田丸分の26,000ドルが送金された。

その結果を本日中に連絡すると話し、実際アチソンは財務省のバーンスタインに確かめたうえ、井口に政府としてはなんら問題はない旨、電話伝達した。なお、野村は不在であったが、若杉要とウェールズの間でも在外邦人引揚船の問題はすでに話題にのぼっていた(48)。表3-4と表3-5をみられたい。

日本企業の対応の事例を取り上げると、森村組は引揚げ船に関する情報を一〇月一四日に日本からニューヨークに電報し、さらに翌一〇月一五日に電話でも確認を入れた。日本人の引揚げ指令のほかに、残品を見切り売りし、今年一杯の給与を払い、従業員を解雇し、日系米国人に「財産管理ト跡始末ヲ頼ム」ことにして、引揚げをす

表 3-6　国債償還高（1940、41 年）

1941 年　（単位：1000 円）

外国債	償還方法	1941年 1 月	2 月	3 月	4 月	5 月	6 月	7 月	8 月	9 月	10 月	11 月	12 月
第 1 回 4 分利付英貨公債	随時償還	0	0	0	0	0	0	0	0	0	0	0	—
5 分利付英貨公債	随時償還	0	0	0	0	0	0	0	0	0	0	0	—
第 3 回 4 分利付英貨公債	満期償還	0	0	0	0	0	0	0	0	0	0	0	—
6 分利付英貨公債	減債基金	2,868	0	0	0	0	0	2,954	0	0	0	0	—
5 分半利付英貨公債	減債基金	1,583	0	0	0	0	0	1,827	0	0	0	0	—
南満州鉄道㈱英貨公債	随時償還	0	0	0	0	0	0	0	0	0	0	0	—
6 分半利付米貨公債	減債基金	0	4,008	0	0	0	0	0	4,666	0	0	0	—
5 分半利付米貨公債	減債基金	0	0	0	0	2,802	0	0	0	0	0	2,868	—
4 分利付仏貨公債	随時償還	0	0	0	0	0	0	0	0	0	0	0	—

1940 年

外国債	償還方法	1940年 1 月	2 月	3 月	4 月	5 月	6 月	7 月	8 月	9 月	10 月	11 月	12 月
第 1 回 4 分利付英貨公債	随時償還	0	0	0	0	0	0	0	0	0	0	0	0
5 分利付英貨公債	随時償還	0	0	0	0	0	0	0	0	0	0	0	0
第 3 回 4 分利付英貨公債	満期償還	0	0	0	0	0	0	0	0	0	0	0	0
6 分利付英貨公債	減債基金	2,704	0	0	0	0	0	2,784	0	0	0	0	0
5 分半利付英貨公債	減債基金	2,059	0	0	0	0	0	2,046	0	0	0	0	0
南満州鉄道㈱英貨公債	随時償還	0	0	0	0	0	0	0	0	0	0	0	0
6 分半利付米貨公債	減債基金	0	3,980	0	0	0	0	0	3,433	0	0	0	0
5 分半利付米貨公債	減債基金	0	0	0	0	2,282	0	0	0	0	0	2,283	0
4 分利付仏貨公債	随時償還	0	0	0	0	0	0	0	0	0	0	0	0

出所：『中央銀行会通信録』（復刻版、岡田和喜監修、不二出版、1995 年）各号より作成。
註：誤記は訂正した。

表 3-7　外債償還高（1937～1941 年）

		発行元高	1941年末未償還高	1941 年	1940 年	1939 年	1938 年	1937 年
国債	英貨債（国債）ポンド	85,500,000	77,225,965	946,255	982,695	964,500	827,490	692,940
	米貨債（国債）ドル	221,000,000	152,808,400	7,151,100	5,971,700	5,956,400	5,844,000	4,246,300
	仏貨債（国債）フラン	450,000,000	415,980,000	0	0	2,000	2,500	1,000
	合計（円換算）円	1,452,212,500	1,221,472,370	23,583,394	21,573,281	21,365,725	19,802,816	15,283,638
地方債	国債の割合	67.0%	75.3%	46.5%	38.0%	34.6%	47.4%	45.2%
	英貨債(地方債)ポンド	12,691,500	7,910,040	330,100	275,400	2,029,840	282,200	311,880
	米貨債(地方債)ドル	40,380,000	24,933,000	2,027,000	1,538,000	2,084,000	1,595,000	1,111,000
	仏貨債(地方債)フラン	212,114,800	157,328,200	5,751,600	35,112,000	0	500	0
	合計（円換算）	255,073,434	156,873,261	8,875,980	19,395,802	24,040,331	5,988,383	5,315,050
社債	地方債の割合	11.8%	9.7%	17.5%	34.2%	38.9%	14.3%	15.7%
	英貨債（社債）ポンド	4,800,000	3,208,276	203,248	125,398	140,648	132,748	102,948
	米貨債（社債）ドル	206,750,000	106,024,000	8,090,000	7,276,000	7,491,000	7,315,000	6,091,500
	合計（円換算）	461,602,900	244,006,542	18,212,850	15,819,916	16,400,092	15,969,908	13,224,630
総計	社債の割合	21.3%	15.0%	35.9%	27.9%	26.5%	38.2%	39.1%
	英貨債（総計）ポンド	102,991,500	88,344,011	1,479,603	1,383,493	3,134,988	1,242,438	1,107,768
	米貨債（総計）ドル	463,130,000	283,765,400	17,268,100	14,785,700	153,314,000	14,754,000	11,448,800
	仏貨債（総計）フラン	662,114,800	573,308,200	5,751,600	35,112,000	2,000	3,000	1,000
	総合計（円換算）	2,168,888,834	1,622,352,173	50,672,224	56,789,000	61,806,150	41,761,107	33,823,318

出所：『全国公債社債明細表』48 回より作成。
註：(1)　1940（昭和 15）年発行の日本円貨債は除いた。
(2)　1941（昭和 16）年発行の北支円貨債は除いた。
(3)　円換算為替レートは明記されていないが、発行元高と 1941 年末未償還高は旧平価である。
(4)　1941 年の未償還高は大蔵省のデータと相違があるがそのまま転記した。

ーヨーク邦債相場

(単位：ドル)

7月26日	7月28日	7月29日	7月30日	7月31日	8月1日	8月2日
44 1/2	63	59	53 7/8	59	59	59
39	46 1/2	46 1/4	42 3/4	43 1/4	44 1/2	44 1/4
23 1/2	35	32 3/4	28	31	31 3/8	29 1/2
19 1/2	19	19 7/8	19	19 3/4	20 3/4	19
30	42 1/2	39 3/4	35 1/4	38 1/4	38 1/4	36
39 1/4	45 5/8	44 7/8	44 3/8	42 3/8	42	42
27 7/8	37 1/2	33	31 1/4	31 7/8	32 1/4	32 1/2
32 1/4	41	41	33 3/4	33 1/4	35 1/2	32 1/2

るように指示を出した[49]。

日本にとって最も重大な関心事である、石油代金決済に関しては、井口がサンフランシスコに碇泊する二隻のタンカーは日本に引き返したいが、南米からの資金を米国に移すことは結論が出たのかという質疑に、アチソンは「二日前の委員会（Foreign Fund Committee）で財務省が南米から石油決済のために資金を送ることに賛同しなかった」と述べ、資金決済が隘路になっていることをはっきり示唆した。このアチソンの発言は、これまで繰り返された「考慮中」から一歩も二歩も踏み出した回答であった。

一〇月二二日、西山はペーレ、ミラー、フォックスを往訪し、石油代金の決済問題、宣教師への送金問題、日本の債券償却問題などが話し合われたが、本日の委員会で検討されるということであった[50]。公社債の償還を西山は持ち出しているものの、そっけなく聞いただけで深くは追求しなかった。資金凍結以降曲折を経て、債券の元利は支払われたが、表3-6と表3-7を参照されたい。一九四一（昭和一六）年は一七〇〇万ドルの支払いであった。あわせて表3-8に資産凍結前後のニューヨークでの邦債相場を掲げたので一日、二日で大きく下落していることを確かめられたい。

一〇月二二日に財務省顧問フォーリィーの部屋で委員会が開かれたが、

表3-8　資産凍結時のニュ

外国債/月日	7月21日	7月23日	7月24日	7月25日
6分半利付米貨公債	77 3/4	72	63 3/4	55 5/8
5分半利付米貨公債	55 1/2	53 1/2	48 1/4	42
6分利東拓社債	41 1/2	40 5/8	38 7/8	33 1/2
5分利東京市英貨公債	20 5/8	20 1/2	20 1/2	19 1/2
6分利横浜市債	50 1/2	49	48	41
5分半利東京市債	49 1/4	48 1/2	47 5/8	43
6分利東電社債	42 3/4	41 5/8	39 1/4	34 1/2
5分半利台湾電力社債	44 1/2	44 1/2	42 1/4	38 3/4

出所：『正金週報』（国立国会図書館所蔵）31号、32号より作成。
註：(1)　1941年7月25日夜に対日資産凍結を発表。
　　(2)　7月26日から資産凍結を実施。

ペーレ局長は石油決済資金に関する西山の問合せを説明し、委員会として「次回の西山との面会の折に、まだ考慮中（still under consideration）」と回答することに決めた。理由は、ニューヨーク支店と西海岸の支店の送金も含んでいるから、国務、財務両省のほかにニューヨーク州の銀行監察官の領分もかかわるからである、とされた。

一〇月二四日、財務省外国資金統制局のフォックスと国務省のミラーと会談した西山は、複雑で多岐にわたっているから懸案の石油代金支払問題は結論に達していない、との二週間前の質問に対する返事を受け取った[51]。西山は、タンカーは西海岸に二カ月以上碇泊したままになっているが、委員会の決定は南米の資金を使えないという意味なのか、またほかに支払いの手段はあるのか、と問題の核心に踏み込んだ。しかしこれに対してフォックスは「委員会ではまだ結論に達していない。米国政府は日本の石油代金支払方法に関する提案を喜んで検討する」と答えた。再び西山が「石油代金の支払いと、横浜正金銀行間の資金の送金とは関係ないのではないか」と質したのに対して、現金の引出しと輸出為替手形の関係から考えて、南米資金と横浜正金銀行の営業状況とは切り離せないとの返答があった。

西山は望み薄なので、タンカーが引き返すこともありうると述べた。また公社債の償還に関しても支払いの許可は出たのかどうなのか質問が

(8月26日〜10月6日)

9月4日	9月5日6日	9月8日	9月9日	9月10日	9月11日
24	66	42	15	27	23
1	4	3	2	2	1
9月19日20日	9月22日	9月26日27日	10月1日	10月3日4日	10月6日
22	2	5	12	14	2
1	0	0	3	0	0

eign Funds Controll Activities, box 52) より作成。

行なわれた。

この会談を受け、同日フォックスは次の二案を上司のペーレに出した。(52) この案はいずれも日本は呑めない案ではあるが、財務省の本音をよく反映している。

一、南米からの資金は石油代金の決済には不適である。

二、ラテンアメリカに送った五〇〇万ドルを米国に引き渡すまで、決済は認めない。

かつ米国内にある日本の手持ち現金という条件での決済に限る。

一〇月二九日にフォーリィー顧問とB・バーンスタインを訪ねた西山は、石油代金の支払方法に関して、質した。西山は二隻のタンカーがサンフランシスコに七〇〜八〇日停泊し、牡蠣《カキ》がスクリューの羽根についている。空のまま日本に航海すれば日米関係に悪い結果を及ぼす、反面石油を満載して帰れば両国関係は改善される、という骨子の意見を述べた。フォーリィーはいつものように「慎重に協議されている。次回の会議で再び取り上げられる」と回答した。(53)

野村大使から一〇月三一日に武藤サンフランシスコ総領事に「差当リ石油代金解除ノ見込ナキニ付厳島及昭洋丸出港セシメラレタシ」と打電され、一一月一日に昭洋丸が出港し、一一月二日には厳島丸が日本に向け出発した。(54)

一一月一七日にも西山はフォーリーとB・バーンスタインを往訪し、タンカーは帰路についたが、いつでも引き返せると述べ、石油代金決済の進展状況を

表 3-9　輸入・輸出申請件数

申請年月日	1941年8月26日	8月27日	8月28日	8月29日30日	9月3日
日本から米への輸入申請	23	33	47	71	43
米から日本への輸出申請	0	1	5	5	1
申請年月日	9月12日13日	9月15日	9月16日	9月17日	9月18日
日本から米への輸入申請	8	8	27	27	—
米から日本への輸出申請	0	0	1	0	1

出所：Holder: F. F. C., Summary of Trade Application by Countries of Import and Export (RG 56, For-
註：(1)　—はデータなし。
　(2)　米から日本への輸出申請件数が記載されていない場合は0とした。
　(3)　米国経由で他国に輸出する申請は除いた。

聞いた。「慎重に検討されている、次回の会議で取り上げられる」と答えた。

米国の法律会社が法的な側面から財務省に接触を開始する。西山財務官は登場しないが、交渉の内容から連絡を取っていることはうかがえる。一一月二一日、三井物産の顧問弁護士であるデスバーニン（Desvernine）氏は財務省にローラー（Lawler）とケール（Kehl）を訪問し、財務省が決定を遅らせる理由が、日米の外交問題に起因しているのか、それとも財務省の政策に起因しているのか質した。[55] ローラーは外交問題ではないと思う、また現在考慮中であると回答した。一一月二五日にも法律会社（Carey, Desvernine and Carey）のカバコフ（L. E. Kabacoff）弁護士が、三点からなる質問を行なった。[56]「考慮中である」とはぐらされている。

一、石油代金を認めることが、日本に対する好意的なシグナルになるのか。
二、ハルが野村に善処するといったが一体どうなっているのか。
三、本問題は財務省の管轄なのか、越権ではないのか。

おわりに

一九四〇（昭和一五）年と異なり、四一年には財務省が資金決済という手段で一枚嚙んできたことが、石油をはじめ全面的な日米貿易停止につながったと指摘できる。H・モーゲンソー長官の強い意向が財務官僚に浸透し、本来大統領が指導力を発揮し、大所高所より判断しなければならぬ外交問題が、財務省の容喙を許し、D・アチソン国務次官補も含めた対日強硬派の強硬論がまかりとおった。一九四〇年にはハル国務長官が全面禁輸の動きに抵抗できたが、翌年には外交問題であるという理由で石油輸出問題に抜け道を見出せなかった。開戦直前の一二月五日にハルは野村に「七月二十四日ノ日本軍ノ南部仏印進駐ニ至ル迄米国カ石油ノ対日輸出ヲ許シ居タル事実ニ付自分ハ予テ上院其他ニ於テ手酷シキ攻撃ヲ受ケ居リタル」と振り返り、「今日ノ情勢ニ於テ対日石油供給ヲ再開スルカ如キハ到底与論ノ承服ヲ得ルヲ得サルヘシ」[57]と述べたが、ハルは世論、議会、閣僚などから批判を受け、対日石油輸出再開に逡巡し、政治的決断を先に延ばした。

西山財務官が粘り強く、現金とか金の現送とか南米資金とかさまざまな方法での支払いを試みたにもかかわらず、財務省は保留保留と意図的に判断を先に延ばすことで、事実上の禁輸状態に日本を追い込んだ。表3-9に日米両国間の貿易申請数を掲げたが、許可が出ても、資金の目途は立たなかった。対日強硬論者と名高いS・ホーンベックでさえ日本への全面禁輸は考えていなかったにもかかわらず、実際には日米貿易は停止した。一一月二六日のハルの一〇カ条提案を開戦の引き金であるとする意見が多いが、モーゲンソーやアチソンの開戦に果たした役割も同列に論じられるべきである。

(1) 第1章および拙論「対英米蘭開戦と人造石油製造計画の挫折——『臥薪嘗胆』論の背景——」(『日本歴史』四六五号、一九八七年二月、六一～七八頁)、ジリ貧論に関しては第2章および拙論「日米戦争と対米強硬論——石油禁輸後の海軍の『ジリ貧論』」(『九州共立大学経済学部紀要』七二号、一九九七年三月、一〇七～一一六頁)を参照されたい。

(2) *Freezing Policy with Respect to Japan and China From Discussion Held March 10, 1943* (RG131 Foreign Funds Control general correspondence 1942-60, box230. NN3-131-94-001, Holder : Japan). 法務省の所蔵していた資料であ

る。RG 131の接収文書の中に入っている。註（29）をみよ。

（3）*Excerpt of Memoranum for the Secretary's files of July 30, 1941*（RG131 Foreign Funds Control box230. NN3-131-94-001 General Corres, Holder : Japan : oil shipments to）. 以下（Holder : Japan : oil shipment to）と略記する。財務省の資料は RG 56, Foreign Funds Control Activities, box 56, folder : Freezing—Minutes of Meeting of Foreign Funds control にある。

（4）*Letter From Welles to President, July 31, 1941*（Holder : Japan : oil shipments to）.

（5）筆者の管見の範囲では返事が出された記録は見つからなかった。先行研究でもローズベルト大統領の返事は引用されていない。米外交文書（FRUS, 1941, IV, pp. 846-848）の註に"SW OK FDR"と書き込んだと記されているが、内容は意見を求めたのであって、これではなんらの意思表示も行なっていない。

（6）D・アチソン『アチソン回想録　1』（吉沢清次郎訳、恒文社、一九七九年）四五、四七頁。ハリソン・M・ホーランド『日米外交比較論』（池井優監訳、慶應通信、一九八六年、六〇〜六三頁、七九頁）を参照されたい。顧問とか次官補の組織・機構が理解できる。

（7）ホーンベックの考え方は、日本には圧力をかけるのがよく、下手な妥協はかえって戦争のリスクを高めるという意見であった。英領ボルネオやタイに日本が侵攻することもないし、ロシアに打って出ることもないと考えていた。一九四一年九月二四日付、一〇月一六日付ウェールズ宛書簡（ホーンベック文書、box439 "Welles, Sumner" スタンフォード大学フーバーアーカイブ所蔵）では"Skillful increases of material pressure"という表現で経済制裁は主張したが、全面禁輸は考えていない。ほかにも一九四一年一月二三日作成の極秘扱いのメモには"skillfully and not too drastically applied"とあることから、全面禁輸という考えはなかったことが裏づけれる。ここでも日本が南方に向かうという見解に批判を加えている（ホーンベック文書、box338 "Petroleum : general"）。

（8）前掲『アチソン回想録　1』四五頁。七月二五日にも大統領は非公式な会見を行なったが、その内容に関して、石油禁輸を示唆したという解釈と、その反対だという解釈がある。筆者は石油禁輸に反対していると読んだが、ファイスは両方に解釈できるとして判断を控えている。H・ファイス『真珠湾への道』（大窪愿二訳、みすず書房、一九五六年）二一一〜二一二頁。

骨子は下記の文書に掲載されている。*Papers Relating to the Foreign Relations of the United States Japan : 1931–1941 Volume II* (United States Government Printing Office Washington : 1943) pp. 264-265. 以下 *FRUS JAPAN II* と略記する。邦訳では『同盟旬報』（一九四一年七月下旬号、第五巻二一号、八六～八七頁）をみられたい。「来栖大使報告」（外務省『日本外交文書　日米交渉　一九四一年　下巻』一九九〇年、三八六頁）でも言及されているが、戦時下の一九四二年六月五日に報告されたために、経済制裁措置が開戦を仄めかしたという文脈でとらえられている。

スチムソンは一九四一年七月八日の日記の中で「大統領はエンバゴーに反対であった」と書いている（Diaries of Henry Lewis Stimson, Reel 6. 国立国会図書館憲政資料室所蔵）。

（9）O. A. Schmit, *MEMORANDUM FOR THE FILES, August 2, 1941* (Holder : Japan : oil shipments to). この決済に関しては、財務省からサンフランシスコの連邦準備銀行に電話で照会が行なわれた。前掲 *FRUS JAPAN II*, pp. 271–272 参照。

ペーレは許可が下りた物資に対しても、資金の決済で許可を出さない政策を取ったと回顧している。前掲 *Freezing Policy with Respect to Japan and China From Discussion Held March 10, 1943.*

（10）日本郵船株式会社『七十年史』（非売品、一九五六年）二七八～二七九頁。七月一七日横浜を出た平安丸は七月三一日にシアトルに入り、積荷陸揚げ後、八月四日空船のまま帰路につき、一七日に横浜に帰還した（『七十年史』二七九～二八〇頁）。積荷の陸揚げができたのは米国荷受人が日本郵船に係争を起こす事態に発展したため、米国政府が迅速に解決に動いたからである。詳細は略す。*Conversation between Mr. Dean Acheson and Mr. Allen Charles, San Francisco,* Cal (Carfield 4600) (RG59, Records of the office of assistant secretary and undersecretary of State Dean Acheson, 1941-48, 1950., box13, Folder : Foreign Funds.).

（11）野村大使発豊田外務大臣宛「第五八四号」（昭和一六　二二〇四四　七月二六日後発）。七月二五日に若杉がハミルトンに面会した。野村大使発豊田外務大臣宛「第五九三号」（大至急）（昭和一六　二二二九四　七月二八日後発）。ウェールズ国務長官代理と野村大使が会い、「入港ノ上ハ出港許可スヘク必要ノ燃料亦許可制ニ依リ供給スト言明セリ」と述べ、大統領命令であることも付言した。本章で引用した外交文書は、外交史料館所蔵『各国ニ於ケル資産凍結及影響関係雑件』による。以下、同資料からの引用は出所を略す。「日本船舶は安全」との打電を受けてから入港した。日本外政協会編纂『昭和十六年の国際情勢』（日本出版配給、一九四四年）一八六～一八八頁参照。米国資産凍結令に関しては高石末吉『為替波乱の四十年』（時潮社、一九七四年、二五八～二六九頁）、日本貿易報国連盟編『資産凍結令解説』（野田卯一・山下武利述、千倉書房、一九四一年、一九九～三〇二頁）をみられたい。

(12) J. W. Pehle, *MEMORANDUM FOR THE FILES, October 17, 1941* (Holder : Japan : oil shipments to).

(13) 野村大使発豊田外務大臣宛「第五八三号ノ二」（昭和一六　二二〇五一　七月二六日後発）。

(14) 野村大使発豊田外務大臣宛「第六三〇号」（昭和一六　二三九七二　八月一日後発）。ウェールズは七月三〇日に野村に所要燃料と出港許可は保障したが、積荷に関しては「個々ノ場合ニ付処置スヘク之レ以上ノコトハ妥協」しないと答えた。野村大使発豊田外務大臣宛「第六一一?号」（大至急）（昭和一六　二三五九二　七月三〇日後発）。

(15) 野村大使発豊田外務大臣宛「第六二三号」（昭和一六　二三九六九　八月一日後発）。

(16) 森島総領事発豊田外務大臣宛「第四一三号」（昭和一六　二四五四三　八月一二日後発）、野村大使発豊田外務大臣宛「第六九三ノ二号」（昭和一六　二四九一二　八月一五日後発）、佐藤領事発豊田外務大臣宛「第一〇〇号」（昭和一六　二六五六五　八月一八日後発　シアトル）、野村大使発豊田外務大臣宛「第七一〇号ノ二」（昭和一六　二五三一〇　八月一八日後発）。一九四〇年六月一七日以前から米国に滞在していれば給与の受け取りは可能であった。

(17) 「米店報告事項記吉本氏昭和十六年八月一日」、「紐育店ト電話ノ概要　昭和十六年八月三〇日」（『日本陶器株式会社七十年史資料　森村組関係書簡』ノリタケカンパニー社史編纂室所蔵）これが森村組の最後の入荷となった。一五日ライセンスを重ねながら、残品の販売と売掛金の回収で営業を続けると同時に、従業員の引上げ、給与・退職金の支払いに忙殺される。水野智彦『開戦当時の思い出』（非売品、一九七五年）に詳細に記されている。木村昌人「日米開戦と在米企業――モリムラ・ブラザーズを中心として――」（上山和雄・阪田安雄編『対立と妥協――一九三〇年代の日米通商関係』（第一法規、一九九四年、三四七～三七二頁）参照。

(18) ペーレは国務省の極東局が石油輸出に積極的であるとも伝えた。

(19) 野村大使発豊田外務大臣宛「第六六八号」（昭和一六　二四〇九四　八月八日後発）、野村大使発豊田外務大臣宛「第六六九号」（昭和一六　二四〇九〇　八月八日後発）。

(20) *Excerpt of Memorandum for the Secretary's files of August 12 1941* (Holder : Japan : oil shipments to) 同じもの

がRG 131, Foreign Funds Control, box231, file "Japanese Oil" にもある。Box230とbox231には同じものが多いが、資料の保存状況にちがいがある。筆者は写りのよいほうからコピーを取った。横山一郎『海に帰る――海軍少将横山一郎回想録――』（原書房、一九八〇年、二二〇頁）によれば、海軍が購入予定の重油代金をすべて現金化し、かなりの金額であったと回顧し、「大使館手許の金を使い果たした後、在米日本外交官が帰朝する迄のすべての経費を賄ったのである」と回顧している。この資金を石油代金購入に当てるという検討は、筆者が調べた範囲では、行なわれていない。

(21) D. Acheson, *Memorandum of Conversations, by the Assistant Secretary of State*, *FRUS 1941, IV*, pp. 857-858.

(22) A. U. Fox, *MEMORANDUM August 15, 1941* (file "Japanese Oil"). 財務省にフォックスは二人いて、もう一人は法幣安定資金委員会委員のエマニュエル・フォックス（Emanuel Fox）である。

(23) A. U. Fox, *MEMORANDUM August 19, 1941* (file "Japanese Oil").

(24) A. U. Fox, *MEMORANDUM FOR THE FILE, August 22, 1941* (file "Japanese Oil").

(25) 野村大使発豊田外務大臣宛電報（一九四一〈昭和一六〉年八月二三日前発）「日米首脳会談および援ソ物資輸送などに関する米国国務長官との会談について」（外務省編纂『日本外交文書　日米交渉　一九四一年　上巻』巌南堂書店、一九九〇年、二五〇頁）、野村吉三郎『米国に使して』（岩波書店、一九四六年）九九頁参照。

(26) 野村大使発豊田外務大臣宛「第七七〇号」（昭和一六　二七一八二　九月三日後発）、石射大使発豊田外務大臣宛「第三六二号」（極秘）（昭和一六　二五八三一　八月二二日後発）。ドル資金の凍結を避けるため、ドル資金を伯貨など南米各国の通貨に全部切り替えている。この点に関して詳しいのは横浜正金銀行「昭和十六年下毎半季為替及金融報告」（『日本金融史資料　昭和編第二十八巻　戦時金融関係資料(二)』三二五〜三二六頁）である。

(27) N. E. Townson, *MEMORANDUM FOR THE FILE, September 6, 1941* (Holder: Japan: oil shipments to). 日日新聞在米支店への資金の送金が許可されたという情報に関して、西山から事実確認が行なわれたが、トーソンは考慮を許可と間違えたのではないかと指摘した。同じ資料を使ったものに、土井泰彦『対日経済戦争　一九三九―一九四一』（中央公論事業、二〇〇二年、一七八〜一七九頁）がある。土井氏は、日本人の書いた先行研究を引用していない。

(28) 野村大使発豊田外務大臣宛（大蔵大臣へ西山財務官ヨリ）「第七八三号」（昭和一六　二七四四七　九月五日後発）。

(29) 国務省、財務省、法務省の三省で構成され、別名外国資金委員会として知られていた。アチソン、エドワード・フォーリィー、法務省のフランス・シェーの三人が代表者であった。（前掲『アチソン回想録』四四頁）国務省・財務省・法務省の三省で討議が行なわれている。ファイス、前掲書、一二〇頁参照。本稿では、外交記録で使われた、「各省連絡委員会」と「関係省凍結政策委員会」の訳語を適宜あてた。筆者が本稿で引用した、RG131は法務省の資料であり、RG56は財務省の資料である。同委員会の議事録には財務省作成のものと法務省作成のものの二種類ある。この委員会の管轄に関する打合せは下記の資料が詳しい。Department of State, Assistant Secretary, *MEMORANDUM OF CONVERSATIONS WITH THE SECRETARY OF THE TREASURE AND THE ATTORNEY GENERAL RELATING TO THE FREEZING ORDER OF JUNE 14* (RG59, Records of the office of assistant secretary and undersecretary of State Dean Acheson, 1941-48, 1950., box13, Folder : Foreign Funds).

(30)　*Excerpt of Memorandum for the Secretary's Files of September 11, 1941* (Holder : Japan : oil shipments to). スタンダードバキュームオイルに関する蘭印の状況も検討された。

(31)　野村大使発豊田外務大臣宛（大蔵省為替局長へ財務官ヨリ）「第八三四号」（昭和一六　二八九三九　九月一九日後発）。

(32)　A. U. Fox, *MEMORANDUM FOR THE FILES, September 20, 1941* (Holder : Japan : oil shipments to). FCC History, p. 38.

(33)　野村大使発豊田外務大臣宛「第八三五号」（昭和一六　二九〇六八　九月三〇日後発）。

(34)　Dean Acheson, *MEMORANDUM CONVERSATION, September 25, 1941* (Holder : Japan : oil shipments to). ほかに外交官、新聞記者の経費・給与の送金が話し合われた。

(35)　野村大使発豊田外務大臣宛「第八五一号」（昭和一六　二九七四五　九月二六日後発）。

(36)　A. U. Fox, *MEMORANDUM FOR THE FILES, September 30, 1941* (Holder : Japan : oil shipments to). ケールとフォックスが面談。*ORAL PAYMENT FOR OIL SHIPMENTS October 9, 1941* (Holder : Japan : oil shipments to).

(37)　野村大使発豊田外務大臣宛「第八七九号」（昭和一六　三〇二〇五　九月三〇日後発）。

(38)　豊田大臣発森島総領事宛暗号第二一六号（依頼報）、電送第三七九六六号、一九四一年一〇月一日。

（39）豊田大臣発野村大使宛暗号第六二二号（至急）、電送第三八二二五号、一九四一年一〇月一日。

（40）*Excerpt of Minutes of Senior Meeting of October 1, 1941*（Holder：Japan：oil shipments to）．重要なのはハルの見解が記されている点である。同じ資料がモーゲンソー日記のマイクロフィルムにある。*Morgenthau Diary*, Vol. 447, p. 128. *MEMORANDUM FOR THE SECRETARY'S FILE, October 2, 1941*（RG56, box55）．一〇月一日の会議で石油以外の物資は輸出不許可が決定された。先行研究に次のものがある。Irvine H. Anderson, Jr., *The 1941 De Facto Embargo on Oil to Japan：A Bureaucratic Reflex*, Pacific Historical Review, November, 1975, Volume XLIV. アンダーソンの同論文は優れており、蘭印から日本への石油輸出との関係も論じている。筆者は資料は集めたが、時間に制約があり本書でこの点は触れることができなかった。

（41）White, E. N. Bernstein, *subject：Gold and Dollar Notes as Payment for Shipment of Oil to Japan*, October 2, 1941.

（42）*Excerpt of Memorandum for the Secretary's Files of October* 9th, *1941*（Holder：Japan：oil shipments to）．原文ではラテンアメリカとなっているが、文脈から考えて、南米もラテンアメリカも同じ意味で使っている。ブラジルが念頭に置かれている。『アチソン回想録　1』（四七頁）でも厳密に区別して記述されていない。財務省の議事録もある。RG59, *Memorandum for the Secretary's file, October 10, 1941*, Japan' Proposal to Pay for Oil with Funds from Latin America.

（43）前掲『米国に使して』一三〇～一三一頁。

（44）A. U. Fox, *MEMORANDUM FOR THE FILES, October 10, 1941*（Holder：Japan：oil shipments to）．西山のメモによる記述なのか、米国側の記憶による加筆なのか判然としない点がある。西山メモの原本は添付されていない。西山が南米資金で二転三転したことを米国側に説明するために、慎重にメモして、渡していることがうかがえる。Division of Monetary Research, October 14, 1941 *Japan's Proposal to Pay for Oil with Funds from Latin America*（RG 56, box46, Holder：Exchange Control—completed Reguest July-December, 1941）

（45）A. U. Fox, *MEMORANDUM FOR THE FILES, October 16, 1941*（Holder：Japan：oil shipments to）．

（46）A. U. Fox, *MEMORANDUM FOR THE FILES, October 17, 1941*（Holder：Japan：oil shipments to）．

（47）Dean Acheson, *DEPARTMENT OF STATE Memorandum of Conversation, October 18, 1941*（Holder：Japan：

oil shipments to）. 井口は浅野物産のサンフランシスコ停泊中の昭洋丸に対する九〇〇ドルの支払許可に感謝を述べた。アチソンから日本および中国での宣教師に対する支払いの問題がもちだされた。氷川丸はカナダのバンクーバーにも寄港予定であった。一〇〇〇ドルが横浜正金銀行シアトル支店からバンクーバーに送金される予定であった。*Oral October 20, 1941*（Holder : Japan : oil shipments to）.

(48) 外務省編纂『日米交渉資料』（一九四六年、一九七八年復刻、原書房、三七五、三八三頁）。一〇月一七日に若杉要はハルとウェールズと会談したが、野村は不在であった。「一〇月一八日野村大使発豊田大臣宛電報第九六六号」。若杉は二四日にウェールズと会談した。「一〇月二四日野村大使発豊田大臣宛電報第九五五号」。

(49) 「紐育支店ト電話ノ大要（東京時間一九四一年一〇月一五日午前一〇時）」（『日本陶器株式会社七十年史資料　森村組関係書簡』Ⅲ-4-81）。安藤直明『外地勤務——一人の朝鮮銀行員の歩いた道——』（非売品、一九七六年、一〇一頁）によれば、西山駐米財務官は一九四一年一〇月に朝鮮銀行の引揚げに賛成したが、森島総領事や大蔵省が閉鎖に反対した、と記されている。銀行にも引揚げの動きがあったことがわかる。

(50) A. U. Fox, *MEMORANDUM FOR FILES, October 22, 1941*（Holder : Japan : oil shipments to）. 横浜正金銀行頭取席為替部「昭和十六年下半季為替及金融報告」（前掲、三二三頁）によれば、「本邦米貨債ノ利払ハ兎モ角許可セラレタルモ減債基金ニヨル買入銷却ハ許可条件不備ノ為メ殆ンド中止ノ余儀ナキニ至ッタ」とある。

(51) E. G. Miller, *MEMORANDUM FOR THE FILES, October 24, 1941*（Holder : Japan : oil shipments to）.

(52) To : Pehle, From : Fox, *Re : Oil Shipments to Japan*（RG131, Foreign Funds Control General Correspondence 1942-60, box230. NN3-131-94-001 Holder : Japan）.

(53) Bernard Bernstein, *MEMORANDUM FOR FILES, October 29, 1941*（Holder : Japan : oil shipments to）, *Excerpt of Memorandum for the Secretary's Files of October 30, 1941*（Holder : Japan : oil shipments to）.

(54) 野村大使発東郷外務大臣宛「第一〇二一号」（昭和一六　三三四〇〇　一〇月三一日後発）、武藤総領事発東郷外務大臣宛「第二六八号」（昭和一六　三三五一七　一一月一日前発）（外交史料館所蔵『第二次欧州戦争並大東亜戦争海運ニ及ボセル影響雑件　本邦船舶ノ動静』F-1-5-0-18-1）。

(55) D. Kehl, *MEMORANDUM FOR FILES, November 21, 1941*（Holder : Japan : oil shipments to）.

（56） A. U. Fox, *MEMORANDUM FOR FILES, November 25, 194* (Holder : Japan : oil shipments to).

（57） 野村大使発東郷外務大臣宛「第一二六一号」（昭和一六年一二月五日後発、館長符号）。前掲『日米交渉資料』五三三頁、前掲『日本外交文書　日米交渉一九四一年　上巻』一二三六頁。

第4章　ハル・ノートと暫定協定案――世界秩序と英米の相違――

はじめに

一九四一（昭和一六）年一一月一五日にワシントンDCに到着し、野村吉三郎駐米大使を輔佐した来栖三郎駐米臨時大使は一九四二年六月五日稿の『来栖大使報告』で、ハルの一〇カ条提案（いわゆる「ハル・ノート」）で暗礁にのりあげた日米関係が破局に向かう中で、在米オーストラリア公使ケーシー（Richard Casey）が「当時本使ヲ来訪シ来リ、頻リニ局面打開ノ方途ナキヤヲ尋ネ」、イギリス大使ハリファックス（Halifax）との会談を慫慂したが、辞去後数刻にして取りやめの「電話シ来レルが如キハ、能ク英大使ノ不介入態度ヲ示セルモノト見ルヲ得ベシ」と述べている。(1) ハリファックスに対する厳しい見解が示され、「英国ハ今次ノ交渉ニ関シ、斡旋ノ労ヲ採ラントスルが如キ意向全クナク、日米開戦ノ場合日本参加ニ依ル『マイナス』ト、米国参戦ニ依ル『プラス』トヲ衡量シ、後者ノ利益巨大ニシテ得失比較ニナラズト計量シ居ルコト、大体明カトナレル次第」であると回顧し、「英本国政府ノ政策ニ鑑ミ、何等交渉成立ニ資スルコトナカルベキコト一層明瞭トナリタル次第ナリ(2)」とイギリスの姿勢に厳しい見解を呈している。

『来栖大使報告』で問題であると指摘された英国政府は、どの程度ハルの「一〇カ条提案」に関係したのだろうか。ハリファックスはハル国務長官から日米交渉進展や経緯についてどのような内容の説明を受け、本国に打電し、それを受け英国政府は米国にどのような意見を具申し、また意見交換したのか、明らかにする必要がある。英国政府だけでなく、オーストラリア、オランダ、中国とのやり取りはどのようなものであったのだろうか。

本章では、「ハル・ノート」を日米関係という軸と、「関係諸国」という軸の両面から、外交文書を駆使して、日米暫定協定を取りやめ、一〇カ条提案に至った経緯を再検討したい。英国の外交文書を利用した研究に臼井勝美の『日中外交史研究——昭和前期——』[3]がある。また国務省の戦略物資担当であったハーバード・ファイスは、暫定協定案を提示していたとしても石油輸出量で開きが大きく、日米交渉の妥協は不可能であったと結論づけている[4]。この点についても後段の第4節で日米双方の認識の相違を一瞥した。筆者は双方の要求の差の大きさと実際の交渉とは別ものである、と考える。

以上の問題意識を念頭に置き、緊迫する一一月下旬の日米交渉を跡づけよう。

一一月二二日午後八時[5]に野村と来栖と面談したハルは、同日一〇時五〇分から行なった、英・豪・蘭の大使や公使との会見を踏まえ、「我方提案ニ付意見ヲ求メタル処何レモ日本ニ平和的政策遂行ノ意図確固タルモノアル次第ナラハ勿論歓迎スル所ニシテ通商関係ノ常態復帰ノ如キ喜ンテ之ニ協力スヘキモ日本カ特使迄派シテ平和的意図ヲ表明シツツアル一方日本政治家ノ言論及新聞論調等ハ全ク之ト反対ノ方向ニ走リオルヤニ見受ケラレ日本ノ真意甚タ不可解ナル点アルコト」を指摘し、資産凍結実施前に日本が石油輸入を「急速度ヲ以テ激増ヲ重ネ来リ平和的意図ニノミ使用セラルルモノニ非スシテ海軍ニ於テ貯有《ママ》シツツアル」と、石油が軍事に転用されうるという指摘を行なった。ハルは「関係大公使ハ何レモ本国政府ニ稟議月曜日迄ニ回訓ヲ得ルコトトナリ居ル」（傍点引用者）ので、それを受け、改めて回答すると語った。来栖が「当方ヨリ英、豪、蘭等ノ意向ハ兎ニ角トシ米国自身ノ我方提案ニ対スル意向如何ト尋ネタ」のに対し、ハルは項目ごとの問題点には言及せず、米、英、豪などの「欲スル所ハ南太平洋方面ノ緊迫セル現状ヲ解消」することであるが、「我方提案ハ遺憾乍ラ充分トハ認メラレス」と述べた(6)。ハルは一一月二四日の月曜日に関係各国の意見を聞いたうえで五項目からなる「乙案」回答する意向であると語った。

一一月二五日の野村大使発東郷大臣宛電報(7)では、ハル国務長官は「二回ニ亙リ英、豪、蘭、支ノ各大使ト一応同時ニ協議」し、主に「英国大使ヲ相手トスルコトトナレルモノノ」如し、さらに「従来ノ四国同格的取扱ヨリ変化シ来レル点一般ノ注意ヲ引キ居レリ」と伝えた。つまり英国の意見を尊重し、決定が下されるという見通しである。

さて、ハルが、弁護士や国務省と打ち合わせ、周到な準備のうえに行なった米国議会両院合同調査委員会での証言から、当時の政策の背景をハルに語ってもらおう。同調査委員会でのハル証言とハルの回想録とを比較すると、そのまま回想録(8)に転写されている部分が多いことがわかる。

一一月二〇日に日本側から五項目からなる提案が行なわれ、交渉期限が一一月二五日に定められ、のちに一一月二九日に延期されたが(9)、日本の外交文書解読により、ハルは交渉期限を知悉していた。ハルの公聴会の証言(10)によれば、三つの選択肢があった。

①返事をしない。

②拒否する。

③対案を提示する。

「対案を提示する」という選択がなされた。暫定協定案が一一月二二日に作成され、その後一一月二四日と二五日に修正が加えられた。暫定協定案は一一月一一日から国務省極東部で検討され、準備が進められた。一一月一九日に財務省モーゲンソーの提案が大統領と国務長官に送られ、優れた点があると考えたハルはモーゲンソー案を国務省案の中に取り込んだ。詳細は割愛するが、モーゲンソー案は彼の秘書官ホワイト[11](Harry Dexter White)が発案した案であった。日米経済関係に関しては日本に有利であったが、米に艦船などを売却するなど日本の海軍が受け入れないような内容も含んでいた。戦後「雪作戦」と称して、ソ連の諜報機関KGBが日米戦争を仕掛けたかのような陰謀説がマスコミの注目を浴びたが、ボリス・スラヴィンスキー(B. N. Slavinsky)は『日ソ戦争への道』のなかで、「われわれの調査によれば、ロシア対外情報局の当局者でさえパブロフの説明を否定している」[12]と書き、「雪作戦」を裏づける一次資料はないと断言している。さて、この両案を下敷きに、一一月二二日の暫定協定案が作成された。

ハルによれば、①一一月二五日の軍事委員会で日本軍の動きが問題になったこと、②一一月二四日のチャーチルからのメッセージが暫定案に否定的であったこと、③日米間の石油の要求量に格差が大きかったことから、一一月二六日にローズベルト大統領に電話を入れ、了解を取り、暫定案の代わりに、ハルの一〇カ条提案(ハル・ノート)を野村と来栖両大使に提示した。

冒頭でも述べたが、本稿の問題意識から問題になるのは、暫定協定案が日本側に提示されずに、なぜ中国問題で妥協の余地がない一〇カ条提案をしたか、ということである。日本が妥協できないと考えたのが、第三項「日本国政府ハ支那及印度支那ヨリ一切ノ陸、海、空及警察力ヲ撤退スヘシ」と、第四項「重慶ニ置ケル中華民国国民政府以外ノ支那ニ於ケル如何ナル政府若クハ政権ヲモ軍事的、政治的、経済的ニ支持セザルヘシ」という点であった[13]。一二月一日の「日米交渉ニ関スル外務大臣説明[14]」によれば、「二〇日ノ我新提案ニ付テハ慎重研究ヲ加ヘ関係国トモ協議セルモ遺憾乍ラ同意シ難シ」と述べ、米国は「四原則」確認を求め、一〇カ条からなる提案を行い、中でも「我方トシテ容認」できない項目は、「支那仏印関係事項」(第二、三項)、「国民政府否認」(第四項)、「三国条約否認」(第九項)、「多辺的不可侵条約」(第一項)であり、「何レモ帝国トシテ到底同意シ得サルモノ」であり、「米側従来ノ諸提案ニ比シ著シキ退歩ニシテ且半歳ヲ超ユル交渉経緯ヲ全然無視セル不当ナル」ものであった。一方で通商問題(第六、七、八項）と支那治外法権撤廃（第五項）は満足できる内容であった。

ここで外務省が作成した資料[15]を引用しておこう。

「日本ハ日米英支蘇泰蘭七ヶ国多辺条約ノ締結ニ依リ大陸進出ノ途ヲ塞ガルノミナラズ支那（満州ヲ含ム）、仏印ヨリノ撤兵（警察ヲモ含ム）ニ依リ永年種々ノ経緯ノ下ニ固メ来リタル日本ノ大陸ニ於ケル経済発展ノ有力ナル一支柱ハ喪失セラルル結果トナル重慶政府以外ノ如何ナル支那政府ヲモ認メザルノ結果我国南京政府トノ経済合作、対満投資及開発ノ努力モ全ク水泡ニ帰スルニ至リ更ニ朝鮮ノ現状維持至難トナルヘク……」。

一一月二七日に野村、来栖両大使は暫定協定が不成功に終わった理由に関して、ローズベルト大統領より「日本ノ南部仏印進駐ニ依リ第一回ノ冷水ヲ浴セラレ最近モ情報ニ依レバ第二回ノ冷水ヲ浴セラルル懸念モアルヤニ考ヘラルト述ヘ」、ハル長官は「日本カ大兵ヲ仏印ニ増駐シ（不明）国ノ兵力ヲ同方面ニ牽制シ乍ラ更ニ片手ニハ三国同盟条約他ノ片手ニハ防共協定ヲ提ケツツ米国ニ石油ノ供給ヲ求メラレルニ対シ」「米国民衆ヲ承服セシメ得ル」ことはできない、と指摘した[16]。この指摘は、「第二回ノ冷水」つまり南方に兵力を展開したことが、暫定協定を締結する方針を破棄して、ハルの一〇カ条提案に至らしめた理由ということになる。

ところで「支那問題ニ関スル部分」は「絶対極秘汪兆銘主席限リノ含」で一一月三〇日に日高信六郎代理大使から南京政府の汪兆銘（精衛）主席に内報された[17]。

1　暫定協定案から一〇カ条提案へ――ハル・ノートへの道――

一一月二二日に一一月二〇日の日本側の米国に渡した乙案が「英豪蘭支」に伝えられ、米国は検討中の対案の骨子を手短に口頭で述べた。二四日には暫定協定案が「英豪蘭支」に提示され、筆写が許され、その内容が本国政府に打電された。

一一月二二日の会談内容[18]からみていきたい。一〇時五〇分にイギリス大使、オーストラリア公使、オランダ公使、遅れて中国大使がハル国務長官を訪ね、日米交渉の経緯の説明を受けた。ハルは下記の二点を日米交渉の目的であると強調した。また交渉を継続することに尽くしてきたが、時間が切迫してきた点を明確にした。

(1)日本の穏健派勢力の拡張

(2)フィリピンの防衛力を強化するために時間を稼ぐ必要

日本の五項目からなる乙案に対するハルのコメントは以下の通りであるが、肝要な点は経済制裁の緩和は無条件でないことと、中国への援助は打ち切らないという二点である。

一、ロシアについては言及されていない。

二、二、三千人の兵力以外はインドシナから撤兵ということ。

三、アメリカが影響力を行使して、蘭印から日本に石油が供給されるようにすること。

四、このままでは受け入れられない。資産凍結前と同じような経済関係に戻ることは考えていない。

五、中国への援助をやめろという要請であるが、受け入れることはできない。

ハルは「現在対応策については未決定であり、決定する前に関係各国の意見を聞きたい」と述べ、日本側の乙案に対する対案を提示しても、「見通しは暗く、成功するかどうかは三回のうち一回であろう」と述べた。日本側が要求した仏印に残留する兵員二万五〇〇〇人が多いか少ないかの問題や、日本側が経済制裁の緩和として要求した石油輸出に関して意見が出た。ハリファックス大使の見方は、経済制裁緩和と引き換えに仏印から日本軍を撤退させることができれば成功というものであった。オランダ公使ラウドン（Alexandre Loudon）は日本の攻撃力にプラスにならない石油輸出ならば問題はないだろうという、本国政府からの電話内容を伝えた。オーストラリア公使ケーシーは個人的な見解であるとしたうえで、ハル国務長官の修正を盛り込んだ案で二～三カ月引き延ばせるなら、現在の緊迫した状態が沈静に向かうのではないか、と述べた。中国大使胡適は許容される輸出物資の質量に関心を示し、さらにビルマロードへの脅威を強調した。なお、ハリファックスとケーシーの暫定協定案に賛成する「私見」は米外交文書には記録されていないが、イギリス・オーストラリアの外交文書には刻まれている。

ハルは一一月二二日の会談終了後に、英国大使ハリファックスに電話を入れ、経済制裁緩和についての決定に対する権限を出先大使に付与するように本国政府に求めるよう依頼し、オーストラリア公使・オランダ公使へ同様の連絡取次ぎを依頼し、あわせて日本との交渉は緊迫しており、遅延は許されない状況であると付言した。

イギリス外交文書・オーストラリア外交文書から言えることは、ハルは暫定協定案を日本に提示する方向で、関係各国の了解を求めようとしたということである。この点はアメリカ外交文書でも「日本に提案することを考えている」と述べ、中国大使を除き、関係各国は満足していると記している。(19) 関係各国にはハルの一〇カ条提案（ハル・ノート）の内容は一切話されていないし、陸海軍にも暫定協定案については意見を求めたが、ハル・ノートに関してはなんら照会されていない。(20)

二日後の一一月二四日午後四時一〇分にはじまった関係四カ国とハルとの会談内容を一瞥しておこう。ハルはこの暫定協定案に対する各国の意見をできるだけ早急に聞きたいと述べ、事態が逼迫しているということを繰り返した。二万五〇〇〇人という兵力に関しては中国に脅威を及ぼすものでないというハルの発言があったが、中国胡適大使はインドシナに逗留する兵力を五〇〇〇人まで減らすべきだと述べた。ハルは、「関係各国政府が意見を開陳するまでに熟慮に熟慮を重ねるし、このような重大な問題を自分自身だけの判断に委ねたくない」と述べた。英国ハリファックス大使と豪州ケーシー公使は個人的な見解として、「何も提案しないよりも、ハルの考えに基づく対案を日本に提示することを望む」と述べた。要するに日本に一一月二四日に具体的に示された内容の暫定協定を提示すべきであるということである。オーストラリアの場合、この会談の内容の電文は同日の九時二六分（米暫定案）と一一時〇五分（会談の詳細）の二回に分けて発せられ、翌二五日に受理された。一一月二六日にオーストラリア外務省は宥和ではなく、戦争の危機を回避するために、日本案を拒否するのではなく対案を提示すべきだとケーシーに訓令した。[21]つまりオーストラリア政府の見解はハルの暫定協定案に賛成するという電報である。

スティムソン陸軍長官（H. L. Stimson）の日記によれば、一一月二五日九時三〇分にノックス海軍長官（Frank Knox）、ハル国務長官との定例会議で「ハルは三カ月の休戦案を提示した。彼は今日か明日のうちに日本側に提案するつもりであった。……私には、日本がそれを受諾する機会はほとんどないと思われた」と記録[22]されている。一一月二五日にハルはイギリス大使（デスク日誌では一〇時三〇分）、オランダ公使（デスク日記に記載なし）、中国大使（デスク日誌ではハルのアパートで二〇時〇〇分）の順で面会した。ハリファックス大使との会談で、ハル国務長官は、暫定協定案は中国にとっても有益であるという考え方を示した。H・ファイスの『真珠湾への道』によれば、引き続きオランダ公使ラウドンが来て、暫定協定案に賛成であるが、石油輸出量は制限されるべきであるという見解を伝え、中国大使胡適は蒋介石の意見を伝えた[23]、と記述されている。

スターク作戦部長は公聴会で「一一月二五日だったか、二六日だったか思い出せない」と振り返った後、以下の骨子の証言を行なった。[24]

「蔣介石のメッセージ、それをばらまいたことはハルを大いに悩ました。暫定協定案を廃棄させたのではなかろうか。その時はじめてハルは日本との外交交渉で問題解決はできないと言明した」。

スターク（H. R. Stark）海軍作戦部長の証言を総合すれば、以下のようになる。

一一月二五日に暫定協定案を破棄することを考え始め、二六日に破棄の決意を固めた。一一月二五日の軍事委員会とは別にハルと会談した折、ハルが暫定協定案に対する胸中を披れきしたことを鮮明に覚えている。二五日の軍事委員会で何を言ったか思い出せないが、蔣介石のメッセージでハルの胸中は燃えていたのではなかろうかと推察する。蔣介石のメッセージはハルにだけ送られたのではなく、国会議員にも送られた。鮮明に残っていることは、中国はハルを支持すべきである、中国のためにやっているのに理解していないと語ったことである。[25]ワシントンではハルが宥和に走っているという批判があり、そのことを私はよく知っている。[26]

スタークは大平洋艦隊司令長官キンメル大将（Husband E. Kimmel）に宛てた一一月二五日付書簡の中で、「ハルとの長時間の話をした後で、事態が重大な局面にさしかかっているというメッセージを一日か二日前に送った」ことを記し、「本日の会議で、ハルは大統領と同じく、日本の奇襲攻撃を再び持ち出した」との趣旨を送っていることから、一一月二四日のハルとの私的会話の直後に、第一回目の「戦争警告」（War Warning）を発したこと、また二五日に開かれた軍事委員会で日本の奇襲攻撃がハルとローズベルト大統領から持ち出されたことがわかる。[27]日米交渉の期限を設定していたことを「マジック」で解読していたハル国務長官やローズベルト大統領は「奇襲攻撃」があっても不思議ではないと考えていたのではなかろうか。スタークのキンメル宛書簡からわかることは、スタークは一一月二四日と二五日の連日、ハルから直接、日米交渉の前途に対する厳しい状況を聞いたということである。

スティムソンは有名な一一月二六日の日記[28]の中で左のように刻んだ。ハルのデスク日記には午前九時二〇分と午前九時五〇分にスティムソンからハルに電話があったと記録されている。この一回目と二回目の電話の間に、スティムソンはローズベルト大統領に「上海からインドシナに向けて」日本軍が南下しているとの情報を電話で伝えた。

「ハルは私を今朝電話口に呼び出して、昨日ノックスや私が日本のことに対して言及したあの提案をすべてご破算にし、しかも、そのほかには提議することは何もないと通告する決意を固めた、と述べた。ハルがその案を中国にみせると、中国はその提案に反対した。……蒋介石は特別メッセージを送り、中国ではその提案はおそろしく印象が悪く、その措置をとることは中国の士気を挫き、蒋介石の敵である日本がそれを使うことになるという苦情を訴えた。宋子文が私のもとへ手紙を寄せ、私に面会を求めて来た。そこで、私は今朝ハルを電話で呼び出してその旨を伝え、この問題について宋子文は私に何を求めているかを尋ねた」(傍点引用者)。

当時海軍戦争計画部長(Chief of the War Plan Section)であったR・K・ターナー(Richard K. Turner)大将の議会公聴会での証言によれば、一一月二六日午前一〇時三〇分頃に国務省担当の連絡官であるシュイアマン(R. E. Shuirman)大佐からターナー、スターク、インガソール(R. E. Ingersoll、海軍作戦部次長)に「ハルはこれ以上の交渉は無理である。事態は陸海軍の手中にある」、「国務省はすでに暫定協定案を渡さないことに決した」という骨子の説明が行なわれた。この日米交渉の頓挫という情報を踏まえて、三人の米海軍首脳は陸軍と調整後、一一月二七日に第二回目の「戦争警告」の電文を発した。[29] スターク作戦部長は一一月二六日午後一時二〇分にハルから電話を受けている。直前の一二時五〇分にハルはローズベルト大統領に電話を入れている。おそらく口頭でハルは一〇カ条ノートの了解をこの時に取ったのだろう。ハルは午後五時に野村・来栖に一〇カ条かなるノートを手交した。スターク作戦部長は一一月二七日にハルから「日本との交渉は終わり、陸海軍の手中にある」と知らされた。[30] 同じ日の一一月二七日（一一時〇五分にハルから電話を入れる）に「暫定協定案を提示したのか、断念したのか」を電話で確認したスティムソンに「私はそれから手を引いた。いまやそれは君とノックスとの手中、つまり陸海軍の手中にある」と、ハルは話した。しかしハルは一〇カ条提案の内容を陸海軍首脳には一言も漏らさず、海軍首脳は日本大使館が東京に打電した外交電報の盗聴「マジック」によって、一一月二八日にハルの一〇カ条ノートを知った。[31]

一一月二七日午後四時一五分にハル国務長官との会談を行ったケーシー公使はオーストラリア政府に以下の骨子の電文を送った。

「ハルは動揺していた（depressed and upset）と感じた。ハルは暫定協定案を葬ったのは中国であると批判し、中国が強く反対したために暫定協定案は破棄せざるをえなかったと語った。ハルは二六日と二七日の仏印の領事館からの日本軍の増強に関する電文をケーシーに見せた。ハルは仏領インドシナからタイ国を侵略し、ビルマロードを攻撃するだろうと述べた。他の電文はクラ地峡に向かうことを示唆していた。要するに三、四日のうちに日本が攻撃に出るというものであった。ケーシーは引続きウェールズ国務次官にも面談したが、次官は国務長官と同様の見解を示し、日本が少なくとも数日前から軍事的行動の準備を始めたと付言した。ケーシーは日本軍がタイを攻撃した場合、米国はどのように対応するのか質問したが、返事はなかった[32]」。

ハルとウェールズがケーシーに話した一〇カ条提案の背景には、中国の強硬な反対攻勢と日本軍の南下情報の二点があったということになる。また、ケーシーの回想“Personal Experience 1939-1946”では、中国の強硬な反対を第一の理由にあげている。[33] 米外交文書[34]のハルの記述によれば、ケーシーの発言は左の通りである。

「ケーシーは暫定協定案がもう望みはないのかどうか知ろうとしたので、ハルは、望みはないと答えた。ケーシーは蒋介石の動向やほかに何が原因になり日米協定が破談になったのか知ろうとした。ハルはハリファックス大使の暫定協定案に対する賛意は十分承知しているが、チャーチル首相やイーデン外相からきたメッセージでは賛意というものはみられなかった、と返答した。ケーシーはハルに中国大使とこの問題を話し合ってよいかと尋ねた」。

2　蒋介石の強硬な反発

オーストラリア首相ジョン・カーティン（John Curtin）は、在英オーストラリア高等弁務官（大使）のブルース（S. M. Bruce）に打った一一月二九日の電文で、ハルが日米交渉を頓挫させるに至った原因として、①中国の反対、②英国の留保の二点をあげた。[35] オーストラリア政府の見解は、今の段階でも、宥和策ではないとしたうえで、時間を稼ぐためにも対話が継承されることの意義を強調した。今後の日本軍の動向に関して、一、タイ国を攻撃する、二、蘭印を攻撃する、三、中国を攻撃する、四、ロシアを攻撃する、の四つの可能性がありうると伝えた。

「チャーチルやイーデンのメッセージ」や「英国の留保」については、のちほど仔細に検討することにして、中国の強硬な反対攻勢を先に明らかにしよう。ここでは『蔣介石秘録――日中関係八十年の証言』に準拠しながら、概観しよう。胡適大使は一一月二二日の電報で重慶に「日本軍がベトナム（仏印）から大部分を撤退し、南進しないこと、および雲南へ侵攻しないこととひきかえに、米国は経済封鎖を緩和するという。日本軍の中国撤兵についてはまったく言及されていない」と打電した。蔣介石総統は胡適に「日本軍の撤退問題が根本的に解決されないまま、米国が対日経済封鎖をどのような点であれ、緩和したり改変したりするようなことがあれば、中国の抵抗は必ず崩壊のうき目をみよう」という骨子の返電を打ち、経済封鎖の緩和に反対の意向を伝えた。蔣介石は在米の義弟の宋子文に、陸軍長官スティムソンと海軍長官ノックスに日本に対する経済圧迫の緩和は、中国軍の士気に重大な打撃を与える旨伝えるように指示した。あわせて英国首相チャーチルも暫定協定に反対することを求めた。蔣介石によれば、チャーチルはローズベルトに暫定協定反対の電報を送り、ハルも考えをかえ、国務省スタッフと再協議の結果、暫定協定案放棄を決意した、と回顧している。(36)

オーウェン・ラティモア（Owen Lattimore）は『中国と私』(37)の中で蔣介石は「国務省を信頼せず、同省の人たちは対日宥和政策の肩を持ちそうだと憂慮して、ワシントンへ送る緊急の電文草案を作るようにと依頼した」ので、カリー（Lauchilin Currie）に電報を打った。ラティモアは当時の心境を「アメリカが行なういかなる対日宥和策も、中国にとっては災難となる、という蔣介石の確信に、私も同意見であった」と、回想している。

議会公聴会において、ハルは「中国政府は、猛烈に反対した。他の関係国政府も中国の見解に同情的であり、根本的に不賛成か、又は不熱心であつた。是等諸政府が協力して呉れることが此の計画の一部だつたのである」と語り、「中国の士気や抵抗の崩壊、特に中国の分裂すら起す様な重大な危険を冒すことになりかねないと云ふことが明瞭になつた」と述べ、それゆえ暫定協定案が提示されなかったと経緯を説明した。チャーチルの電文に関しては「余は余り希望をもつて居ない、我々は皆恐らくは遠からず到る本当の困難に備へねばならない」というチャーチルの言葉があったと、回顧している。(38)

3 ハリファックス大使と英米の齟齬

一九四一年一一月二七日の米外交文書の記録は戦争の瀬戸際での、ボタンのかけ違いの怖さを伝えている。一一月二七日朝ハリファックスの緊急の申し出によって会見したウェールズ国務次官は、ハリファックス英国大使から「昨夜ハル長官から日本の大使に渡した文書内容の概略説明を受けた。議論してきた暫定協定案が提示されずに、なぜこのような急な変更を行なったのか理解できない」という質問を受けた。(39)ウェールズは、ハルからの要望であるとしたうえで、「理由の一つは、最初の段階での冷淡な態度（half-hearted support）と英国政府からの繰り返された質問（raising of repeated questions）である」と答え、イギリス政府に責任の一端があるとした。これに対してハリファックスは「理解できない、英国政府は完全に支持するとハル長官と話し合ってきたのではないか」と応え、ウェールズは「昨日の大統領宛チャーチルのメッセージは『完全な支持』（full support）と言えるようなものではなく、むしろ提案内容に関する重大な疑問の提起であった」と応酬した。ハリファックスは「チャーチルのメッセージは単に中国の反対を伝えたものである（intended）。中国の強烈な反対に驚いたし、一〇日ほど前に蔣介石は英、米両政府にビルマロードを閉鎖しないように懇願していたが、暫定協定案では、ハルは中国に配慮し保障していたようだった。中国政府の取った姿勢は、誤った情報に基づくものであり、ヒステリックな反応にも基づくものであった。日本とアメリカとの暫定協定案が成功すれば、中国の士気は崩壊するという前提に立っていた」と述べた。ウェールズは話題を転じ、今朝入った日本軍の動向について「日本軍は南部仏印で活発に動いており、兵力は著しく増強されている。

タイ国への脅威は差し迫っている。得られた情報から判断すると、日本軍は大規模な進行作戦を準備している。これは過大な見通しではないと考える」と語った。

上の会談を英国の外交文書で確認しておこう。一一月二七日にウェールズ次官との会談内容[40]をイーデン外相に送ったハリファックス大使は冒頭で「暫定協定案は死んだかどうか」という問いにウェールズは「ハルはそのように受け止めている」と答えた。さらに、「英国政府の支持が得られなかったので、暫定協定案をこれ以上すすめることができなかった」と補足した。ハリファックスは、「チャーチル首相のメッセージは、一点だけ中国の疑問点を述べたにすぎない」と話した。これに対してウェールズは「ハルの受け止め方は、中国の激しい反対と英国政府の明白な留保があり、すすめることはできなかった」と、繰り返した。ハルについては最近ストレスが溜まっていると感じてきたと、ロンドンに送った。最後にウェールズは「昨夜インドシナ方面の部隊が移動しており、タイ国が攻撃されるかもしれない」と伝えた。ハリファックスは「ウェールズは事の成り行きについて何も知らない」と本国に電送した。米外交文書のウェールズの記載と比較すると、淡白であり予想外の展開に怒りがにじみでている書き方である。ハリファックスは、一一月二七日午後四時一五分からハルと会見したオーストラリア公使ケーシーからの「暫定協定案が失敗したのは中国であるとし、イギリスやオランダが強く支持してくれればよかったと語ったが、後者の点はあまり強調しなかった。中国政府の反対を押し切って、暫定協定案を押しすすめるのは無理であった」との情報[41]をロンドンに送った。ハルは午後三時一五分からウェールズ次官と会っており、すでにハリファックスの見解を承知していたと思われる。また一二時二〇分にはオランダ公使にも面談していた。

予想外の展開を踏まえ、ワシントンDCのイギリス大使館では一一月二七日と二八日に仔細に経過を記した「覚書」を作成した[42]。一一月二七日の「覚書」は、まずウェールズ次官が暫定協定案破棄の要因としてイギリス政府から十分な支持をえられなかったと言及した点を記し、アメリカとイギリスの交渉を六項目に分け跡づけている。

一、ハルが一一月一八日にR・キャンベル（Ronald Campbell）を呼び、「来栖がインドシナから撤兵する代償として、禁輸の緩和を要望した」ことを伝えた。
二、一一月二一日の本国政府の回答。日本側の真摯な提案なら前向きに対処したい。ただし中国を見捨てるというような体裁にならないようにする。
三、一一月二二日にハルは来栖の五カ条提案〔乙案〕を披露し、対案を概略説明した。大使はこれまでの本省の電報から考えて、本国政府は提示されたような内容の協定に好意的であるといってよい。
四、一一月二四日にハルは暫定協定案を示し、日本政府に提示する前に、本国政府の見解を聞きたい。その前に先に進んだ場合には信任してもらいたい。
五、一一月二四日に大使館に戻ると、一一月二二日の電文に対する返事が届いており、それには、ハルに任せるのがよい。対案を提示して話をすすめるのか、それとも拒否するのか、最善の判断のできる立場である。本国政府の訓示はハル作成の対案（本国政府はこの時点でまだ対案を見ていない）より少し厳しい点もあった。最初に条件を吊り上げておくほうがよいし、また特に経済制裁をどの程度緩和するかについては慎重を期したい、という訓示であった。大使はハルにこの訓示を翌朝伝え、仔細にわたって見解の争点が議論された。
六、この会見は一一月二五日朝行なわれ、翌朝〔二六日朝〕大統領は首相からのメッセージを受け取った。メッセージは「この問題は貴殿の掌中にあるが、われわれは余計な戦争は欲しない。一点だけ気懸かりなのは、蔣介石のことである。蔣介石はさらにやせるのではないだろうか。」というものであった。その日の午後〔二六日午後〕宋子文と中国大使は大統領に会い、蔣介石のメッセージを伝え、暫定協定案に強く反対するという内容であった。宋子文は強く抗議し、会見の終了時には米国政府が放擲するという印象をもった。ハルは英国大使に電話を入れ、暫定協定案を提示せずに、「太平洋の平和に関する一般的原則」を渡したと連絡した。翌一一月二七日朝ウェールズは英国政府の支持が足りなかったと批判した。

次に一一月二八日付の「覚書」は、キャンベルがホーンベックに二八日朝面談したときの記録である。この面談でホーンベックは「国務省は交渉決裂を中国の責任に帰すことには賛成しない。オランダ、オーストラリア、イギリス、アメリカ各国に共同責任がある」という見解を記録している。アメリカ海軍の発した一一月二七日付の戦争警告電報が米海軍大西洋艦隊を通してロンドンのイギリス軍にもたらされて、電文には「外交交渉は決裂した」と警告されており、イギリス外務省は情報の確認を出先に求めた。(43) ホーンベック作成の外交文書(44)では、米海軍の戦争警告電報の信憑性の確認のために、R・キャンベルがホーンベックを訪問し、交渉決裂云々する立場にないと答えた旨、記録されているだけで、ハル・ノートに関する彼自身の発言の記載はない。

一一月二七日付「覚書」から一一月二六日朝に蔣介石のメッセージが大統領に届けられたということがわかるが、ローズベルト大統領とチャーチル首相との書簡交換は実質的にハル国務長官が管轄しており、その内容をアメリカ国務省は前日には把握していたのではなかろうか。先に引用したスタークの回想と睨み合わせて考えると、一一月二五日朝のハルは英国大使との会見後、中国大使胡適と会談(45)をもち、その折蔣介石の一一月二四日付の抗議のメモを手交された。この会談でハルは暫定協定の目的を次の二点にあると開陳した。

一、陸海軍の高官が太平洋地域で防備を増強する必要がある点

二、日本の穏健派に期待している点

苦言も呈し、蔣介石総統および蔣介石夫人の、中国の援助要請やビルマロードに対する攻撃の可能性を訴える電文がワシントンにあふれているとハルは言った。また暫定協定案によって、日本のインドシナに対する脅威を取り除ける点を中国は評価していないとも付け加えた。

ハルは一一月二七日にオランダ公使ラウドンから「二五日晩に暫定協定案を放棄したのか、それとも中国から抗議を受けた際であるのか」という質問に答えて、「一一月二六日の朝、基本原則案を日本に渡すことを決心した」と話した。この際日本軍の南下情報も伝えた。(46)「一一月二六日の朝」に決心したのならば、一一月二五日から二六日朝までが運命を決めた時間になる。ただ暫定協定案放棄と基本原則案を手交することは同じことではないし、一一月二六日午前九時台の二回のスチムソンからの電話も重要である。

一一月二五日から二六日にかけての時間をもう一度確認しておこう。米外交文書(47)から特定できる時間は、チャーチルのローズベルト宛のメッセージはロンドン発一一月二六日午前六時で、受理時間は二六日の「12：55 a.m.」とあり、米外交文書の欄外にローズベルト大統領に届けられたのが一一月二六日「9：05 a.m.」と記されている。一一月二六日の「12：55 a.m.」が宙に浮いてしまうが、大統領から国務省に形式的に戻された時間と推定しておく。イギリスの資料(48)で時刻を確認すると、通常の方法でこのメッセージが送られたことが、イギリス外務省本省からワシントンに、「3：20 a.m.」（グリニッジ時刻）に通達され、あわせてメッセージの内容が伝えられた。字面通り解釈すれば、一一月二六日午前三時二〇分にはすでにメッセージはロンドンから大統領にいつもの方法で発信されたはずである。首都ワシントンとロンドンの時差が五時間とすれば、『ハル回想録』(49)にあるように夜中、米国時間の一一月二五日深夜か二六日早朝には国務省にはチャーチルのメッセージの内容が伝達されたとするのが正しかろう。ハルは回想録でこのメッセージの前半部分を削除し、後半部分のみを引用する。先に引用したイギリスの「覚書」では前半部分「新たな戦争を欲せず」だけを引用しているのと対照的である。米国の研究者の先行研究は、『ハル回想録』やハルの公聴会の証言と同じく、後半部分を論拠として論を展開する。[50] 前述したが、ハルが暫定協定案破棄の理由にあげた「熱意ない支持」の一つが「チャーチルのメッセージ」であり、もう一つが「イーデンのメッセージ」である。

『ハル回想録』によれば、チャーチルメッセージを国務省極東局の専門家と検討し、この時に暫定協定案を提出しないことに決め、一般原則論を渡すことにした、と回想されている。[51]

「イーデンのメッセージ」とは一一月二五日にハリファックス大使がハルに渡した質問のことを指すと思われるが、英外交史家・ペーター・ロウ（Peter C. Rowe）氏が「イーデンそして外務省の官僚たちはアメリカが日本に譲歩し過ぎる危険性を憂慮した」[52]と書いているが、暫定協定が結ばれるという前提で、最小の譲歩で最大の効果をあげることに主眼があったわけで、暫定協定そのものに反対ではなかった。一一月二二日のハルのハリファックスに対する日本側提案の説明を踏まえ、一一月二四日の閣議[53]の席でイーデン外務大臣は、日本の狙いは、インドシナから撤退する代償として、経済制裁の緩和と中国への援助停止を要求していると説明し、最小の譲歩で日本は「ABCD Powers」から最大の譲歩を引き出さんとしていると述べた。英国側の提示する条件が読み上げられた。これが閣議決定され、イーデンのハリファックス宛メッセージになった。この閣議でチャーチル首相は「中国の大義を捨てるかどうかはアメリカにかかっている。経済封鎖の緩和は日本人がかつかつで生きていける程度でなされるべきであると考える。もう三カ月間極東で現状を維持できれば、きわめて有利になる」という見解を示した。また提案に賛成としたうえで、E・ページ卿（Eaple Page）は、「提案された条件は、交渉のさまたげになる提案でなく、協定締結可能な条件を提示したと考える」と述べて締めくくった。

イーデンは一一月二五日に昼食を共にした在英オーストラリア高等弁務官S・M・ブルースにハリファックス宛イーデンのメッセージの印象を聞いているが、これに対してブルース[54]は、ハルの来栖提案に対するコメントは満足すべきもので、ハルが話をすすめても心配ないものであったが、英国の電文は長すぎるし、いろんなことを扱いすぎている。ハリファックスへの訓示は、簡単に「英国政府はハルの提示したような方法で進められるのを望むとすべきであった」と述べた。この指摘のように、イーデン外相がハリファックスに訓示していれば、ハルはイギリス政府の意図を誤ることなく、イギリス政府も暫定協定案を支持していると受け止めたであろう。ハルが暫定協定案破棄の理由にあげた「熱意ない支持」ではなく、イギリス政府が考えたことは、いかに有利な条件で、暫定協定案を結ぶかということであった。

前記したが、一一月二六日一二時五〇分、ローズベルト大統領にハル国務長官は電話を入れ、中国の反対と同盟国イギリス・オランダ・オーストラリアの冷淡な態度や事実上の反対を理由に挙げて、これ以上暫定協定案を進めることができぬとの判断を示し、一般原則論を日本の両大使に渡すことについて大統領の了解を求め、了承をえた。(55)

ハルとハリファックスの直接の顔合わせは一一月二九日に実現した。(56) この席でハルは宋子文をかなり激しい口調で批判し、蔣介石にバランスを欠いた助言をした点と、マスコミに機密を垂れ流した点を挙げた。「これがスティムソンを揺さぶり、陸軍長官は時間が必要と言っていたのだが、今度は中国支持に軌道を修正した」と話した。ハリファックスは「時間がないために、困難な状況に陥った」と指摘した。ハリファックスによれば、ハルは仮協定を進める用意があったはずであるという点は認めたが、以下のような思いがよぎった。蔣介石のメッセージという雰囲気の中で、中国に同情した首相のメッセージのために、ハルが仮協定を進めるのを難しくしたと。ハルは、蔣介石がわれわれを日本との戦いに巻き込ませたかったし、成功しているようだと、言った。一般原則論について、中国の統一、機会均等、条約の尊重、三国同盟の破棄という内容が盛られていると、話した。ハリファックスは日本がタイを攻撃したときに、アメリカはどのように対処するのかを問うたが、ハルは明確な返事をせず、スティムソンが外交努力を無にしたのであるから、状況は外交的手段では対処できないと、答えるにとどまった。ハリファックスは英米両国の緊密な協力関係の重要さを述べ、中国に利用されないように政策を立案すべきであると言った。ハリファックスは、ハルはわかっていないようであったが、事前に相談する気持ちがあれば、このような事態を回避できたのにという結びで文章を締めくくった。この文章はチャーチル、外務省、戦時内閣に送られ、写しが軍関係に転送された。

当時ハルが入手していた日本軍に関する軍事情報とは一体どのような内容であったのだろうか。国務省のプレス用の内部文書(57)には、さまざまな軍情報電文を集約して、次のように日本軍の動向を要約している。開戦時期は二、三日後の一二月一日と予想している。

「サイゴンには二万の兵力が存在し、ここ五日以内に軍隊と船舶が増強され、南部仏印には七万の兵力が集結しているとみられる。ある専門家は一二万七〇〇〇人とみている。この数字は過大評価であるにしても、トラックが運び込まれているから、サイゴンから兵隊や軍備品の運搬に使われるだろう。現在秘密扱いであるが、幾許かは公表できるものもあろう。軍隊の移動は今にも始まるだろう。おそらくタイ国に対する軍事作戦がまもなく開始されるだろう」。

4　埋められない石油量――甲案・乙案と暫定協定案――

この節では3節までの文脈とは異なるが、暫定協定案が提示された場合、日米開戦は回避された可能性はあるのかどうなのかを検討しよう。戦略物資である石油の輸出（日本からみれば確保）問題に見通しがたつのか否かが争点となったであろう。第2章で論じた米の対日強硬論者はどの程度までなら許容し、日本のジリ貧論者はどの程度の輸入量ならば満足できるとみなしたのだろうか。

一一月二六日に開催された大本営・政府連絡会議で「乙案ノ保証中油ノ数量ニ関シ対議《ママ》」されたが、杉山元参謀総長は「乙案ニ対スル保障ノ問題ヲ急イテ研究スル必要カアルト思フ」と述べ、「将来ノ具体的保障ヲ取付ケテ置カナケレハ協定成立後帝国ノ希望ヲ充足シ得ナイ虞レカアル、成立シテモ具体的取極ノ為ニ時期ヲ遷延セラレ機ヲ逸スル虞カアル　故ニ具体的保障ヲ取極メノ中ニ入レル必要カアル、ソウテナケレハ謀略ニ懸ツテ結局米国ノ術策中ニ入ル虞カアル」と質したのを受け、東郷外務大臣は「事務的ニ研究セシメテヰル」と答えた。杉山総長が「事務的テハ遅イ、当方ノ要求ヲ先方ニ伝ヘテオク必要カアル」と追求シ、東郷外相は「アノ案ノ中ニ石油一千万噸[58]ノ数字ノ交渉ハアノ期日内ニ纏メルコトハ出来ナイト思フ」と述べた。審議の結果、米国から四〇〇万トン（航空揮発油を含む）、蘭印より二〇〇万トン（航空揮発油を含む）という数量を要求することになり、「直チニ野村大使ニ電《ママ》スルコト」となった。

これを受けて一一月二六日午後六時に東郷外務大臣から野村駐米大使に電報「交渉妥結の際の米・蘭両国よりの石油輸入につき訓令[59]」が打たれた。

「我方新提案ニヨリ妥結ノ際ハ第二項及第三項ニ関連シ早速物資確保ノ必要アル処帝国カ焦眉ノ急トスルハ石油獲得ナルニ依リ交渉進捗ニ応シ取極調印前早目ニ我方ニ於テハ石油輸入ニ付米国ヨリハ年四百万噸……即チ月約三十三万三千噸又蘭印ヨリハ従前交渉ニ於テ大体意見ノ纏リタル数量（蘭印ハ年百八十万噸ノ供給ニ同意セリ）ヲ基礎トシ年二百万噸ヲ希望スル旨御申入レ相成度ク話合成立ノ上ハ貴大使ト国務長官トノ間ノ文書交換等ノ方法ニ依リ右ヲ確約セシムルコトト致シ度シ

尚右数字ハ交渉上標準タルヘキ大約ノ数字ヲ表ハスモノナルカ（右カ絶対的最低ノ数字ノ謂ニハアラス）他方当方トシテハ今後通商恢復ニ伴ヒ右数量ノ漸次増加ヲ希望スル次第ニ付右御含ミノ上御折衝相成度シ」。

関連する外務省の作成資料には、「日米交渉妥結ニ関連シ差当リ決定ヲ要スル事項腹案（試案）」[60]の中で第三項の「資産凍結前ノ状態復帰」を取り上げ「乙案了解成立」によって石油の「対日供給ヲ特約セシム」として三五〇万トンが示された。一九四〇年度の輸入量が三三七万トンで減少傾向であるから「三五〇万屯供給ノ目的貫徹困難ナル場合ニハ」蘭印からの輸入と「睨ミ合セ更ニ考慮ヲ」加えるというものであった。蘭印よりの輸入は二〇〇万トンと想定された。表4-1は外務省の記録から作成したものであるが、減少傾向であることがわかる。

表 4-1　3カ年の米国からの石油輸入高

（単位：万トン）

	米　国	蘭印など	海外合計	米国の割合
1938年	435.0	75.1	510.1	85%
1939年	356.4	60.3	416.7	86%
1940年	337.0	54.5	391.5	86%

出所：外務省「日米交渉妥結ニ関連シ差当リ決定ヲ要スル事項腹案（試案）」などより作成。

註：(1)『日米関係雑纂　太平洋ノ平和並東亜問題ニ関スル日米交渉関係（交渉経過）9』1286、1291、1299頁。

(2)　上の1286頁は手書きによる書き込みである。

(3)　比重0.875で割れば、キロリットルに換算できる。

一九四一年一〇月下旬からアメリカ局長も兼務した山本熊一東亜局長は極東国際軍事裁判で「具体的な輸入量は、甲案もしくは乙案が成立した後に、両国間の話合いできめるつもりでいたのであります」と述べ、「私は六百万トンが、容れられない場合に、ただちに戦争になるとは解釈いたしていなかったのでありますす」と証言した[61]。

一方、一一月二五日付の米国暫定協定案によれば、資産凍結・輸出制限措置の適用を緩和するとされ、石油については、以下のような骨子であった[62]。

「英国および蘭印両国と協議で米国の輸出量を決定し、毎月民需用の限度内において許可する。民需とは、漁業、交通輸送用、光熱用、工業用、農業用、及びその他の民間に必要な量である」。

H・ファイスは、ハルの証言に追従して、日米間の石油問題の乖離をとらえて、根本的な解決は困難であったと述べている。[63] 時間がとまっているなら、確かにその通りであろう。しかしドイツが一九四一年冬にロシアとの東部戦線で膠着状態になり、帰趨が不透明に見えれば、日本の対米強硬論もトーンダウンしたのではなかろうか。ドイツがロシアそしてイギリスをたたくのが大前提であったからである。また要求した石油輸入量と実際の交渉とは、別の次元である。

おわりに

「ハル・ノート」を考える場合、一九四〇年にアメリカの対日石油禁輸に反対したハルが一九四一年には抵抗できなかったことが示すように、ヒットラーの領土拡張に対する危機感と強硬な世論を背景に米国内政治で対日強硬論が闊歩したことが背景にあろう。第3章でみたように、政治的決断を下さず、石油禁輸をそのまま放置したことが、日本を一一月五日の御前会議決定（一一月六日にJ・C・グルー（Joseph C. Grew）駐日大使に情報が漏れ、[64] ワシントンに詳細が伝わった）にまで追い込み、デッドライン通信で日米関係緊迫化を知ったハルは、強度のスレトス下で決断を行なわなければならなかった。厳しすぎる表現ではあるが、孤立したハルは「モーゲンソーやスティムソンに届していった」のである。イギリス、オーストラリア、オランダが日本との暫定協定に賛成であると、ハルが認識していたならば、ハルは暫定協定案を日本に提示したと筆者は考える。米英の認識の齟齬はあまりにも大きかった。

イギリスとオーストラリアが日米暫定協定に反対であるよりもむしろ賛成であったことは、外交文書を読む限り、明らかである。イギリスの場合、目の前の狼であるドイツと戦わなければならなかったし、オーストラリアの場合、日本の脅威は現実のものであった。日米暫定協定案が提示され、日米が妥協し、イギリス、オーストラリア、オランダも現状維持で参画するような、新たな国際秩序が形成されていったなら、どうなったのだろうか。

歴史の後知恵であるが、アジアの秩序は日本の敗戦（満州・台湾・朝鮮の喪失）とイギリスの植民地喪失という形が顕在化し、加えて予想外の国民党の敗北と中国の共産化（Loss of China）、朝鮮戦争・ベトナム戦争を経た。友好関係にあったアメリカとロシアが冷戦に突入した。中国を巡って日米が戦ったと言うのなら、中国の共産化は一体何を意味していたのだろうか。日米両国が一二月八日に開戦に突入しなければ、国民党と共産党と汪兆銘の運命もまた違ったものになったであろう。今後中国をめぐる国際環境に関する研究が資料によってさらに進展することを願いたい。(65)

アメリカの軍事的な庇護の下、日本は、中東で大規模油田が次から次に発見され、世界全体の経済が発展する気流をとらえ、高度経済成長を謳歌した。ハルの提唱した自由貿易を享受し、資源の脆弱性を負担でなく、むしろ強みに切り替えたのは日本ではなかったのか。

一一月二六日のハルの一〇ヵ条提案でコーデル・ハルのイメージを形成するのではなく、アメリカ国内政治を踏まえて、また国際政治を踏まえて、暫定協定が歴史の舞台から消えていった過程を直視するほうが、豊かな米国政治への洞察と英知をさずけてくれるのではないだろうか。少なくともコーデル・ハル国務長官は、ファナティックな政治家ではなかったし、他の対日強硬論者とは気質が違っていた。

（1）外務省編纂『日本外交文書　日米交渉　一九四一年　下巻』所収（巌南堂書店、一九九〇年）三八五～三八六頁。来栖三郎『泡沫の三十五年――日米交渉秘史――』（中央公論社、一九八六年、原本・文化書院刊、一九四八年）一二四頁参照。

（2）同前『日本外交文書　日米交渉　一九四一年　下巻』三八二頁。

（3）臼井勝美『日中外交史研究――昭和前期――』（吉川弘文館、一九九八年）一三章参照。

(4) H・ファイス『真珠湾への道』(大窪愿二訳、みすず書房 一九五六年)二七九~二八〇頁。
(5) 本稿で記載した時刻は、ハルの卓上日誌に従った。時刻に変更があった場合もあるだろうが、概ね正確であるとみなした。実際にはハルの回想と時刻が一致しない場合もある。The Papers of Cordell Hull, Reel 39. (Library of Congress Manuscript Division, 国立国会図書館憲政資料室所蔵)
(6) 前掲『日本外交文書 日米交渉 一九四一年 下巻』一七三~一七四頁。外務省編纂『日米交渉資料』(一九四六年、一九七八年復刻、原書房、四七三~四七四頁)。
(7) 野村大使発東郷大臣宛電報(一一月二五日後発、第一一七九号、館長符号)。前掲『日本外交文書 日米交渉 一九四一年 下巻』一八一~一八二頁。前掲『日米交渉資料』四八二頁。
(8) この点でもハル回想の制約・限界が理解できる。この事情を年頭においてハルの回想録と一次資料との照合が必要となる。
(9) 傍受した外交文書で期限(デッドライン)をハルは知っていた。一一月五日から二四日までに東京からワシントンにデッドライン通信が六回行われた。R・ウールスティッター『パール・ハーバー――トップは情報洪水の中でいかに決断すべきか』(岩島久夫・斐子訳、読売新聞社、一九八七年)一一七~一二〇頁。一一月二二日に東京は「一一月二五日」の交渉期限を「一一月二九日」に変更した。
外交文書の傍受に関して、簡潔かつ要領を得ているのはロバート・A・シオボールド『真珠湾の審判――真珠湾奇襲はアメリカの書いた筋書だった』(中野五郎訳、講談社、一九五八年、七九~八二頁)である。シオボールドのいいたいことは、ローズベルトは日本の真珠湾攻撃を知っていたというものであるが、筆者は見解を異にするが、彼の論理の展開は一貫性を持っている。米国海軍の軍人から「真珠湾は予見不可能」と言い出せないことを差し引いて考えれば、資料で論理を展開させる点は評価できる。

一方、ウールスティッターはローズベルト陰謀説を資料で徹底的に批判している。マジック分析は、前掲『パール・ハーバー』(一一六~一四七頁)がすぐれている。
(10) U. S. Congress Joint Committee on the Investigation of the Pearl Harbor Attack, *Pearl Harbor Attack Hearings before the Joint Committee on the Investigation of the Pearl Harbor*, United State GPO, Washington: 1946, Part 2,

pp. 432-35.（以下 *Pearl Harbor Attack* と略記する）。訳語には米国議会両院合同調査委員会『真珠湾攻撃・公聴会記録』などがあてられている。

『ハル回想録』は公聴会記録をほぼ踏襲しており、上院・下院の議会公聴会の性格上どうしても自己弁護・自己正当化の傾向は免れ得ない。

(11) 日米経済関係に関しては日本に有利であったが、スタークが見抜いたように、軍事に素人の発想が入っており日本の海軍が受け入れないような内容も含んでいた。日本の研究者の中にハル・ノートの原型がホワイト案という見解があるが、むしろ暫定協定案に取り入れられたと考えるべきである。Jonathan G. Atley, *Going to War with Japan 1937–1941*, the University Tennessee Press, Knoxville, p. 172. 福田茂夫「アメリカの対日参戦」（日本国際政治学会編『太平洋戦争への道』朝日新聞社、一九六三年、四四四頁）。須藤眞志『ハル・ノートを書いた男――日米開戦外交と「雪」作戦』（文藝春秋、一九九九年）一〇一頁。須藤眞志『日米開戦外交の研究――日米交渉の発展からハル・ノートまで――』（慶應通信、一九八六年）二六八頁。

(12) ボリス・スラヴィンスキー『日ソ戦争への道』（加藤幸廣訳、共同通信社、一九九九年）二九二頁。戦後「雪作戦」と称して、KGBが日米戦争を仕掛けたかのような陰謀説がマスコミの注目を浴びた。筆者は一次資料に照らしても、そのような事実はないと考える。一九九九年九月に来日中のロシア外交史家ボリス・スラヴィンスキー氏と話す機会があったが、「雪作戦」はありえないという見解であった。前掲『ハル・ノートを書いた男』一〇〇～一〇一頁、一六六～一七三頁、特に一六三～一六四頁参照。毎日新聞社、一九九五年七月二一日および「ハル・ノート もう一つの真実」と題する連載、七月二二日～二四日。

(13) 東郷茂徳『東郷茂徳外交手記』（原書房、一九六七年）二四八～二五二頁。

(14) 参謀本部編『杉山メモ』（原書房、一九六七年）五四八～五四九頁。

(15) 『大東亜戦争関係一件 開戦ニ直接関係アル重要国策決定書（未定稿） 第二巻』（外交史料館、請求番号 A700-9-49）。

(16) 野村大使発東郷大臣宛電報（一一月二七日後発、第一二〇六号、館長符号）。前掲『日本外交文書 日米交渉 一九四一年 下巻』二〇三～二〇四頁。

（17）東郷大臣発日高代理大使宛電報（一一月二九日前〇時五〇分発、第五一〇号、館長符号）。日高代理大使発東郷大臣宛電報（南京一一月三〇日後発、本章一一月三〇日着、第八四六号、館長符号）。前掲『日本外交文書　日米交渉　一九四一年　下巻』二〇七～二〇八、二一〇頁。

（18）Further Correspondence respecting Far Eastern Affairs, Supplement to part 16, No. 189, pp. 100-02.（以下英外交文書ＦＣＦＥＡと略称する）。

W. J. Hudson & H. J. W. Stokes, editors. Margaret Browne, Jane North & Ashton Robinson, assistant editors, *Documents on Australian Foreign Policy 1937-49*, Volume V : July 1941-June 1942, Canberra : Australian Government Publishing Service, Canberra, 1982, No. 123, pp. 216-219.

（19）Memorandum of the Conversation, by the Secretary of State, *Foreign Relations of the United States, 1941*, Vol. IV, p. 640.（以下*FRUS1941*, IVと略記する。）

（20）William L. Langer, S. Everett Gleason, *The Undeclared War 1940-1941*, Harper & Brothers Publishers, New York, p. 900.

（21）*Documents on Australian Foreign Policy 1937-49*, Vol. V, op. cit., No. 127, pp. 227-28.

（22）実松譲編『現代史資料34　太平洋戦争1』（みすず書房、一九六八年）一四～一五頁。訳は同書から取った。国立国会図書館憲政資料室でスティムソン日記のマイクロフィルムを閲覧できる。Diaries of H. L. Stimson, Reel 7, Vol. 36. p. 48.

（23）前掲『真珠湾への道』二八三頁。ハルのデスク日誌では、五時一五分にMr. Song（宋子文）とあるが、オランダ公使の名前はない。筆者は一次資料で確認できなかった。The Papers of Cordell Hull, Reel 39.

（24）*Pearl Harbor Attack*, Part 5, p. 2148. 同じ記述がp. 2329にある。後者では、暫定協定案をこれ以上進められなかった、とある。*Pearl Harbor Attack*, Part 2. p. 442. スタークの証言と電話の時刻（通信記録）を考えると、ハルが国務省から電話をかけたならば、一一月二六日一三時二〇分と推定することもできるが、ホテルからスタークに直接電話を入れたことも考えられ、その場合一一月二五日午後から夜にかけて電話を入れた可能性もある。一一月二四日、二五日、二六日、二七日、スタークとハルは会議で同席しており、また電話で話をしている。ハルから電話を入れている。

(25) *Pearl Harbor Attack*, Part 5, pp. 2326-27. G・モーゲンスターン『真珠湾――日米開戦の真相とルーズベルトの責任』(渡邉明訳、錦正社、一九九九年)二〇六頁。同書の二〇三～二〇九頁にはスタークの証言が引用されている。George Morgenstern, *Pearl Harbor : the story of the secret war*, New York : Devin-Adair, 1947.

(26) *Pearl Harbor Attack*, Part 5, p. 2331.

(27) *Pearl Harbor Attack*, Part 5, p. 2317. p. 2124. 一一月二五日の軍事会議で日本の奇襲攻撃についても話題になったことが述べられている。フィリピンやタイ、インドシナ、ビルマロードなどへの奇襲攻撃を想定していた。

(28) 前掲『現代史資料34　太平洋戦争1』一五～一六頁。Diaries of H. L. Stimson, Reel 7, vol. 36, p. 50. 註(5)をみよ。スチムソンが一九四六年三月に公聴会に提出した記録は、The Papers of Cordell Hull, Reel 44 に収められている。

(29) *Pearl Harbor Attack*, Part 4, pp. 1947-48. 奥村房夫『日米交渉と太平洋戦争』(前野書店、一九七〇年)五六七頁参照。

(30) *Pearl Harbor Attack*, Part 5, pp. 2124, 2322.「陸海軍の手にある」という話をジローもスティムソンから聞いている。*Pearl Harbor Attack*, Part 5, p. 2323. 一一月二七日にハルは外交交渉を諦めている。注(55)もみよ。

(31) *Pearl Harbor Attack*, Part 4, p. 2039. ターナーはこの提案を日本は受け入れないだろうと思ったと証言している。またシュイアマン大佐は一日一回か二回国務省と海軍省を往来し、情勢を逐一報告した。*Pearl Harbor Attack*, Part 4, p. 2038. スタークの証言もハル一〇カ条提案を何も聞いていないことを示唆している。例えば *Pearl Harbor Attack*, Part 5, p. 2318.

(32) *Documents on Australian Foreign Policy 1937-49*, Vol. V, op. cit., No. 133, pp. 236-37.

(33) Lord Casey, *Personal Experience 1939-1946*, London, Constable & Company Limited, 1962, p. 57. ケーシーの回想は外交文書とよく一致している。ケーシーは中国の強硬な反対を第一の理由にあげている。

(34) Memorandum of Conversation, by the Secretary of State, November 27, 1941, *FRUS1941*, IV, p. 668.

(35) Mr. John Curtin to Mr. S. M. Bruce, Cablegram7509, 29 November 1941, *Documents on Australian Foreign Policy 1937-49*, Vol. V, op. cit., No. 135, p. 239.

(36) サンケイ新聞社稿『蒋介石秘録　日中関係八十年の証言』(サンケイ出版、改定特装版、一九八五年)三三一～三三二頁。

(37) オーウェン・ラティモア『中国と私』(磯野富士子編・訳、みすず書房、一九九二年)一八六～一八七頁。Mr. Owen Lattimore to Mr. Lauchilin Currie, Administrative Assistant to President Roosevelt, *FRUS 1941* IV, p. 652.

(38)『極東国際軍事裁判速記録　第六巻』(雄松堂書店)二五四号、二九三頁。ハルの査問委員会での証言を裁判証拠として用いたもの。*Pearl Harbor Attack*, Part 2, pp. 434-435.

(39) Memorandum of Conversation, by the Under Secretary of State (Welles), November 27, 1941, *FRUS1941*, IV, pp. 666-67. 英外交資料によれば、英大使はメッセージをハルから受け、暫定協定案でなく、一般原則を日本側に渡したことが伝えられた。From Washington to Foreign Office, No. 5419, F12859, 26th November, 1941, PRO: FO371/27913.

(40) Viscount Halifax to Mr. Eden. No. 5426, Washington, November 27, 1941, FCFEA, op. cit., pp. 110-111. ウェールズの米議会公聴会での証言によれば、国務長官ハルから進捗状況は知らされていたが、政策にはかかわっていなかったと答弁している。外交文書の傍受資料に関しては、ハルからウェールズに回され、一瞥後、ハルに返却していたと証言している(*Pearl Harbor Attack*, Part 1, pp. 462, 464)。

(41) From Washington to Foreign Office, No. 5441, F12959, 28th November, 1941, PRO: FO371/27913.

(42) W. G. Hayter, Minute, November 27th, 1941. Ronald Campbell, Minute, November 28th, 1941. Public Record Office所蔵外交文書 FO371/27914(以下 PRO: FO371/27914 のように資料番号を表記する。)

(43) PRO: FO371/27913, No. 6531, 28th November, 1941. 同じものが、英外交文書 FCFEA, p. 112.

(44) Memorandum of Conversation, by the Adviser on Political Relations (Hornbeck), November 28, 1941, *FRUS1941*, IV, pp. 681-82.

(45) Memorandum of Conversation, by the Secretary of State, November 25, 1941, *FRUS1941*, IV, pp. 652-54.『ハル回想録』(p. 1078)には、イギリス大使、中国大使の面談の順番は同じ頃と表記されているが、ハリファックスの後で胡適に面談した。

(46) Memorandum of Conversation, by the Secretary of State, November 27, 1941, *FRUS1941*, IV, p. 669.

(47) The Ambassador in the United Kingdom (Winant) to the Secretary of State, *FRUS1941*, IV, p. 665.

(48)　PRIMEMINISTER'S PERSONAL TELEGRAMS（PRO：PREM3/469, p. 44）.

(49)　C. Hull, *The Memoirs of Cordell Hull*, Vol. 2, New York, Macmillan Company, p. 1081. メッセージの時刻に関しては、ランガー・グリーソンの著書でも取り上げられている。William L. Langer, S. Everett Gleason, *The Undeclared War 1940-1941*, *op. cit.*, p. 891. Winston S. Churchill, *The Second World War*, Vol. III, *The Grand Alliance*, Cassell, London, pp. 530-31. チャーチルの回想はハルの回想を拠り所にして、夜にメッセージが届いたとしている。前掲『ハル・ノートを書いた男』には「同夜九時に、チャーチルから短い返事がきた」（一一〇頁）と書かれているが、九時という時間の根拠は示されていない。Waldo Heinrichs, *Threshold of War Franklin D. Roosevelt and American Entry into World War II*, Oxford University Press, New York, 1988, p. 211.

(50)　前掲『ハル・ノートを書いた男』二〇一頁。ファイスはハルの解釈を正しいとしている。前掲『真珠湾への道』二八五～二八六頁。Jonathan G. Atley, *Going to War with Japan 1937-1941*, the University Tennessee Press, Knoxville, p. 174 参照。Heinrichs, *op. cit.*, p. 211. 米国の研究者は前半部分の「戦争を欲しない」（We certainly do not want an additional war.）と言う箇所を引用していない。ファイスは全文を掲げている。

(51)　Hull, *op.cit.*, p. 1081. 国務省極東部で本問題を検討したのはハル、ハミルトン局長、バレンタイン、ホーンベック顧問と思われるが、ウェールズ次官は加わっていない。ハルを含めた四人で暫定協定案および一〇カ条提案が練られた。海軍査問委員会（Navy Court）の席で、M・ハミルトン国務省極東局長も一一月二六日のノートはよく知っていると発言している。ハミルトンは、ハルが外交的な手立てはなくなったと発言したと回顧している。この点は外交文書でも同じ趣旨の発言を確認できる。*Pearl Harbor Attack*, Part32, pp. 638-640. R・E・シュイアマン（Schuirman）も海軍査問委員会で、ハルは日米交渉が頓挫したと思っていたと証言した。また日本軍の南下の情報が入り、国務省は日本の攻撃が差し迫ったと考えたのではないかと、述べた。*Pearl Harbor Attack*, Part32, p. 157, 158. 前掲『ハル・ノートを書いた男』（一一五頁）によれば、ハミルトンとバレンタインは暫定協定案に賛成であったと書かれているが、管見の範囲ではそれを裏づける資料は見出せなかった。前掲『日米交渉と太平洋戦争』三〇八頁には、ハミルトン、バレンタイン、ホーンベックは中国派と記述があるが、この三人は一一月二五日夜以降、日本軍の情報を受け、暫定協定案反対に回ったと筆者は考える。コロンビア大学の作成したバレンタインへのインタビュー The Reminiscences of Joseph Ballantine

(Oral History Research Office Columbia University, 1961 p. 38) によれば、全般の問題を三人でハルに助言し、三人は親密であったと回想されている。スタンフォード大学フーバー研究所所蔵のハミルトン回想では暫定協定案破棄の経緯は触れられていない。ジェイムズ・C・トンプソン（細谷千博訳）「国務省——人と機構」（『日米関係史1 開戦に至る一〇年（一九三一—四一年）』東京大学出版会、一九七一年、一四六〜一四七頁、一八六頁）論文の、極東担当者の分析は有益である。

(52) ピーター・ロウ（臼井勝美訳）「イギリスとアジアにおける戦争の開幕——一九三七〜四一年——」（細谷千博編『日英関係一九一七〜一九四九』東京大学出版会、一九八二年、一七一頁）。同論文一七二頁の中で、「イギリス政府にとって全く驚くべき事態であった」とハルの一一月二六日提案をみなしている。

(53) W. M. (41) 118th Conclusions Minute 3, Confidential Annexes, 24th November, 1941, 5.30 P. M., 3 Nov–22Dec 1941, PRO : CAB65/24.

(54) Personal, S. M. B to Anthony Eden, 25th November, 1941. FE/41/45, PRO : FO954/6, PP482-43. (FO954 : Private Office Papers of Sir Anthony Eden, Earl of Avon; Secretary of State for Foreign Affairs).

(55) The Secretary of State to President Roosevelt, November 26, 1941, *FRUS 1941 IV*, pp. 665-66. 脚注に口頭で伝えられたと記されている。*Pearl Harbor Attack*, Part 2, p. 435. *Pearl Harbor Attack*, Part31 : Proceeding of Army Pearl Harbor Board, pp. 1176-77. 三一巻にはハルノート関係の資料が収集されているが、多くは外交文書ＦＲＵＳと重複しているので、外交文書の引用ページを記した。

(56) From Washington to Foreign Office, 941, No. 5471, PRO : FO371/27913. 同じものが英外交文書 FCFEA, pp. 114-15 に掲載されている。

(57) Department of State, Division of Current Information, No. 200, Memorandum of the Press Conference, Thursday, November 27, 1941, pp. 4, 11. (RG59, Records of Leopasvolsky 1938-45, 1941 [file 2, file 3], box 1). 一一月二七日付になっているので、一一月二六日前後に作成されたのではなかろうか。作成者は M. J. McDermott である。当時の国務省認識を知るうえで貴重な資料である。レオ・ハスボルスキィー（Leo Pasvolsky）はウクライナ出身でハル国務長官の補佐官である。主にヨーロッパ問題を担当した。日本軍の動向およびマジックに紙幅を割き、軍事動向からハルの一〇カ条提案をやむなしとする研究は下記のものがある。Heinrichs, *op. cit.*, pp. 210-214. 前掲、須藤『日米開戦外交の研究』（二七八～二七九頁）では、スチムソンのもたらした軍事情報のタイミングが論じられている。

(58)　前掲『杉山メモ』五三一～五三二頁。「日米交渉今後ノ措置ニ関スル腹案」（外交史料館所蔵『日米外交関係雑纂　太平洋ノ平和並東亜問題ニ関スル日米交渉関係　第九巻』所収）によれば、甲案、乙案で妥結した場合、「必要トスル措置」として、鉱油は蘭印から「年額四〇〇万屯ヲ月当リ均分ニ日本ニ供給スルモノトス」として、米国からは「鉱油年額六〇〇万屯（内一五〇万屯ハ航空揮発油）ヲ均分ニ日本ニ供給スヘシ」と書かれ、援蔣行為の避止やビルマルート閉鎖も項目に挙げられていた。

(59)　東郷外務大臣発野村大使宛電報第八三三号（昭和一六年一一月二六日後六時発、館長符号）「交渉妥結の際の米・蘭両国よりの石油輸入につき訓令」（前掲『日本外交文書　日米交渉　一九四一年　下巻』一八三頁）。同じものが前掲『日米交渉資料』四八五～四八六頁にある。

(60)　「日米交渉妥結ニ関連シ差当リ決定ヲ要スル事項腹案（試案）」（外交史料館所蔵『日米外交関係雑纂　太平洋ノ平和並東亜問題ニ関スル日米交渉関係　第九巻』所収）。

(61)　「極東軍事裁判速記録」第三二二号（雄松堂書店『極東国際軍事裁判速記録　第七巻』四八三頁）。

(62)　前掲『現代史資料34　太平洋戦争1』一六五頁。

(63)　前掲『真珠湾への道』二七九～二八〇頁。*Pearl Harbor Attack*, Part 2, p. 434.

(64)　拙論「解題Ⅲ」（野村駐米大使日記、パートⅢ）（『九州共立大学経済学部紀要』（一九九九年九月、七八号、三三頁）。

(65)　一次資料を駆使したすぐれた研究に次のものがある。
袁克勤『アメリカと日華講和――米・日・台関係の構図』（柏書房、二〇〇一年）。特に第一章「冷戦の東アジアへの波及」。

入江昭『日米戦争』（中央公論社、一九七八年）。特に第二章「戦時日米関係と中国」。

第二部　戦争・敗戦

第5章　戦時海軍の石油補給——南方産油地帯占領から生産・補給まで——

はじめに

本章の目的は、戦争遂行にあたって、戦略物資である石油がどのような意味を持ったか、考察することである。周知のことではあるが、航空母艦を動かすには重油が必要であり、航空機にはオクタン価の高い揮発油が不可欠であり、潜水艦にはセタン価の高いディーゼル油が要る。戦時経済の崩壊という視点からの研究は質・量ともに重ねられているが、戦争の遂行と政策の対応という視点での研究は少ない。筆者は南方石油産出地域の占領から敗戦に至る期間において、石油問題がどのように政策として取り上げられ、その背景にはいかなる現実があったのかを描きたいと考え、本章を書き上げた。それは結果として、敗戦に至る、みじめな石油補給の歴史を概観することにもなった。開戦の原因が米国の石油禁輸にあったとするなら、南方石油産出地帯占領および対米戦争はその帰結である。さらに言えば、敗戦とは石油補給の挫折であった。それならば一度は石油補給の挫折を軍事作戦・補給計画とからめながら素描しなければならぬ、と筆者は考えた。

新しい資料を用いて記述できるところは詳しく書き、従来の先行研究で詳しく論じられているところは簡略にふれた。

1　南方占領準備[1]

(1) 軍政区分

一九四一（昭和一六）年九月六日に開かれた「『帝国国策遂行要領』ニ関スル御前会議」で「十月上旬頃ニ至ルモ尚我要求ヲ貫徹シ得ル目途ナキ場合ニ於テハ直チニ対米（英、蘭）開戦ヲ決意ス」という決定が下された。この日を境に、陸海軍の南方占領準備は具体的に動き出した。開戦前の企画院総裁鈴木貞一の石油に関する見通しは、第1章の表1-3のようなものであり、南方作戦実施の場合には「辛ウジテ自給態勢ヲ保持シ得ルモノト存ジマス」とされ、「座シテ相手ノ圧迫ヲ待ツニ比シマシテ国力ノ保持増強上有利デアルコトト確信致スノデアリマス」というものであった。この論理で開戦へ大きく踏み出した。[2]

一九四一年九月一七日、陸軍参謀本部辻政信中佐・種村佐孝中佐は軍令部に赴き、「対英米蘭戦争指導要領」および「占領地行政指導要領案」を説明した。軍政分担関係の対陸軍協議は軍令部一部一課神重徳中佐が担当していたが、藤井茂中佐、小野田捨次郎中佐も同席した。[3] 兵科将校だけが出席し、燃料に詳しい機関将校は一人も加わっていない。軍令部がこの要領案をうけいれ、南方占領時の軍政区分が下記のように決定された。

海軍主担当区域（陸軍副担当）　蘭領ボルネオ　セレベス　モルツカ群島　小スンダ群島　ニューギニヤ　ビスマルク諸島　グワム島

陸軍主担当区域（海軍副担当）　香港　比島　英領馬来《マレー》　スマトラ　ジャワ　英領ボルネオ

図 5-1　南方地域別産油額（1940 年, トン）

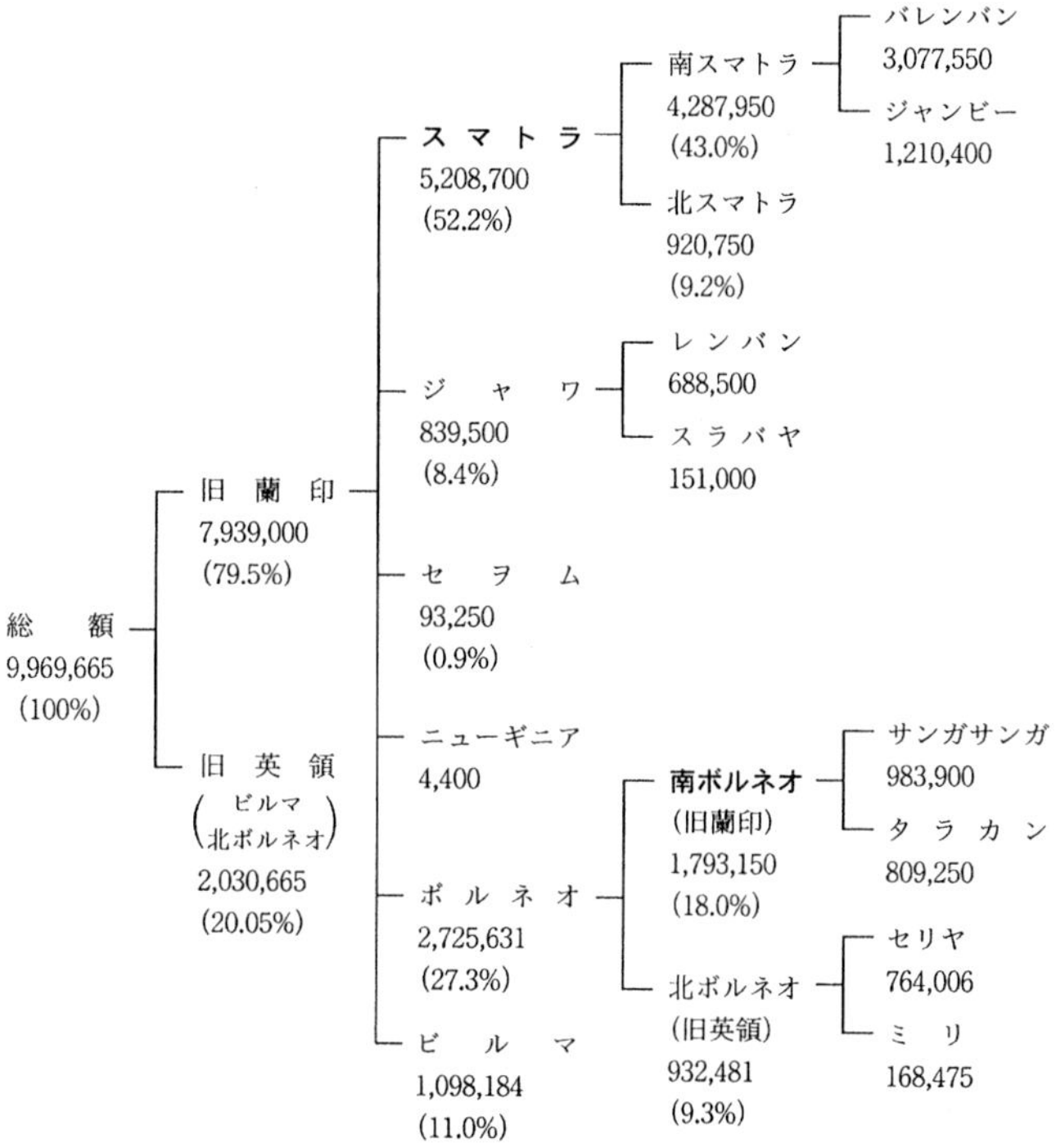

出所：榎本隆一郎『南方石油概論』（非売品、1945 年）
註：(1) 戦災のため同書は刊行されずに終わった。
(2) ゴチックは引用者による。
(3) 防衛研究所戦史部図書館にコピーが所蔵されている。

この区分は海軍燃料関係者に一言の相談もなく決められ、最大の原油産出量が見込まれたスマトラは陸軍が担当することになった[4]。スマトラが一九四〇年度で産油額の五二％を占め、海軍の担当した南ボルネオはわずか一八％にすぎなかった。同年度の南方石油生産地の生産状況を図5-1に示したので、参照されたい。開戦時の油槽船保有量が、海軍約一六万総トンに対して陸軍約一・三万トンつまり一二倍もの格差があった事実に鑑みれば、燃料に関して高度な技術および輸送能力を有する海軍を最大生産地に割り当てなかったと言う、戦略的整合性のないとりきめであった。市村忠逸郎中佐（軍令部二部四課）の回想[5]では「海軍としては油の資源のあるところは少ないので、陸軍担当地域といえども、油の産出地については、独自の行動が出来るよう再三陸軍と交渉したのであるが、うまく協定できなかった。海軍では神中佐が陸軍との交渉にあたった。この行政協定による海軍地域以外の油の権利獲得に関しさらに強く要請するなら、他の陸海軍作戦協定について、陸軍側は『海軍に何等協力しない』というような言を弄し頑としてきかなかった」[6]とのことである。当時海軍省軍務局局員で軍備を担当した吉田英三中佐は、戦後「大戦の主客からみて不適当と断ぜざるを得ない」、「今日なお残念至極である」と振り返っている。[7]戦時中海軍はこの区分を受し、傍観していたわけではない。海軍はスマトラの石油開発に加わる意図を持って「南方石油開発局設定案」を提案するなどして、骨抜きを試みたが、参謀本部の強硬な反対を背景にした陸軍の「絶対不同意」の表明に出くわした。[8]陸軍は「海軍ヲシテ過剰油槽船ヲ吐キ出サシムルコト」という主張を行い、陸軍と海軍の間で一九四二年四月から五月にかけて激論が交わされた。燃料をめぐり戦時中に生じた陸海軍の争いは、担当区域の割振りおよび「一九四二年度」にはスマトラからは石油をとれないという前提でタンカーの配船を行わなかったという、見通しにも起因したといえる。[9]この担当区分に関して『日本海軍燃料史　上』から左記の文章をそのまま引用するが、重要な問題であったことをここで喚起しておきたい。[10]南方進行に「左回り」「右回り」があり、陸海軍で縦割りしたことは作戦上一貫しているという指摘や、反対に太平洋の島嶼を守ったのは陸軍であるからボルネオは陸軍が管轄すべきであったという見解もあろうが、視野狭隘な人物が政策の中枢に座った場合、陸海軍の協調を欠き、縄張り意識が露呈し、悲惨な結果を招来した事例と筆者は評価を下したい。

「緒戦の成功と南方油田地区の占領は、我が戦力保持上大きな貢献をなしたが、陸軍がパレンバン地区、海軍がボルネオ（蘭領）地区の製油を担当する事になった事は、海軍側から見た場合は適切であったとは言えない。やはり陸軍に比べ遙に高い燃料に関する各般の経験と技術を有している海軍が、大量生産地区であるスマトラ油田地区を担当すべきであった」。

(2) 南方占領への準備と占領

一九四一年九月、和住篤太郎少将、松永三郎大佐、小島重吉中佐、中筋藤一中佐が極秘裡に「特設燃料廠準備委員」として「南方油田復旧開発に対する計画並びに準備」に着手した。また、海軍省軍需局の中に「特設補給部」が設置され、資材収集に万全を期した。この海軍の動きで重要な役割を果たしたのが、蘭印交渉終結後も同地に滞在し、一九四一年夏に海軍省に帰った中筋藤一中佐[11]の、蘭印滞在中の研究調査に基づく「ボルネオ進出計画」の意見具申であった。骨子は次の通りである[12]。

一、ボルネオに特設燃料廠を設置し、所用資材は内地油田より徴備する。なるべく占領地の使用可能資材を活用する。

二、敵の抵抗を排除し、特設燃料廠要員・資材の揚陸を援護するため、タラカン・バリックパパンに工作隊を先発させる。（部隊編制案）

一九名の技術士官（採鉱・地質関係）が補佐委員として配属され、占領準備がすすめられた。一〇月一日に石油要員に対し徴備令（陸軍・海軍）が発せられ、海軍部隊は姫路郊外の紡績工場宿舎に集められ（一九四二年一月全員集結）、一方陸軍部隊は千葉県国府台《こうのだい》の陸軍宿舎に収容された。一〇月二〇日、かつて上海陸戦隊工作隊長として活躍した蝦原栄一中佐、村橋徳治中佐が第一・第二防衛班長に任命された[13]。

バリックパパンの製油所などの施設は破壊されているという想定のもと、各種携行機材・資材とりわけ鑿井機[14]とパイプ類が集められた。海軍省軍需局局長御宿好中将の指示を受け、和住少将は一〇月下旬に国内主要石油会社の山元を回り、厳秘のうちに「戦争になって南方を占領した場合、海軍としては、バリックパパン地区を強硬に占領して油田を開発する」旨伝え、現に稼動中の鑿井機・パイプを取り外し、国内の港湾に転送させた。機密保持上から、青森・仙台・石巻等にいったん送られ、そこから徳山の海軍燃料廠に集められた。「旅順行」とか「青島行」とかの架空の行き先でもって発送するなど、海軍は秘匿に努めた。徳山に一部集められたが、荷揚能力不足で三カ月要することが判明したので、一〇月下旬以降は神戸の三菱倉庫に送られた。(15) 秘密保持は徹底され、のちにバリックパパンに派遣された渡辺伊三郎大佐、森田貫一少将にさえも、計画の概要はいっさい知らされなかった。(16)

特設燃料廠の計画では、タラカン、サンガサンガの油田の採油に重点が置かれ、バリックパパンの製油所復旧は入っていなかった。(17)

一九四一（昭和一六）年一二月八日、真珠湾攻撃により日米開戦は火蓋を切った。第一防衛班（バリックパパン作戦）は一二月二九日に呉を出港し、ボルネオ島上陸を目指した。翌年一月一三日、フィリピンのダバオに入港し、同月一六日ダバオ発タラカンへ向かい、一月一九日到着した。そして二二日にバリックパパンに向かった。二五日バリックパパン北方マンガル沖で、敵潜水艦や敵航空機の攻撃を受け（マカッサル海戦）、当初予定していた奇襲上陸はできなかった。しかし一月二七日ボルネオ島マンガルに上陸、二八日早朝よりバリックパパンに進撃し、正午頃到着した。油井などの消化活動・延焼防止を行なう一方、資料・図面の押収に全力を注いだ。

バリックパパン製油所の破壊状況は次の通りであった。

製油装置（加熱炉、精溜搭、機器、計器）　爆破
発電所　爆破
油槽　爆破

各種配管　　焼失・焼損
機械工場　　異常なし
原動缶　　爆破（空缶　燃焼）
桟橋　　焼失・焼損
酸素製造装置　異常なし

海軍採油部隊（タラカン・バリックパパン）は、一月一四日に一万トン級船舶九隻に資材、技師、二個中隊を乗せ、駆逐艦四隻護衛のもと、徳山港（神戸港）を出港しダバオに向かった。ダバオにて占領の吉報を約二週間待ち、それぞれ所定の目的地に出発した。二月はじめ、難なくバリックパパンに入った。第一〇一燃料廠和住廠長は第一電「古鉄十万トン処理頼む」を本国に打った。また、製油所は計画にはなかったが、和住少将は御宿軍需局長に「バリックパパン製油所は廃虚と化し、これを復旧するに数カ年を要す。速やかに製油技術者を派遣されたし」という骨子の意見具申を行なった[18]。御宿好軍需局長は渡辺伊三郎大佐（第二海軍燃料廠合成部長）を召電し、「製油所復旧の準備に着手する」旨の命令を伝達した。バリックパパン製油所は一九四二年一二月末の時点で製油能力年産一四〇万トンに達し、戦前の水準に到達した[19]。

同部隊（第二南遣司令部付）小島重吉中佐の着バリックパパン後の二月七日、スンボジア（バリックパパンとサンガサンガの中間点、油送管の中継点かつ産油地）に歩を進め、二月一三日にはマハカム河を遡行しサンガサンガに到着した。両地点とも油井・ポンプ室・油槽は爆破され、消火に手間どった。なお、防衛班は、三月一日に第百一海軍燃料廠（サンガサンガ）の発足とともに、任務を終了した。

二月二五日付で、渡辺伊三郎大佐は第一〇一海軍燃料廠第三作業長に補され、三菱石油を中心に三菱各社からなる海軍班が編成された。総員一〇名の先発隊が三月九日追浜飛行場を立ち、船便にて台湾・マカッサル（ボルネオ北東部のセレベス島）を経て、三月二八日に到着した。また、四月八日には龍田丸が約五〇〇名（本隊員四一二名）の要員と資材を満載してバリックパパンに着いた(20)。四月二〇日には御宿好軍需局長が遠路はるばるバリックパパンを訪ねたが、その目的は、現地にて「航空揮発油年産二〇万キロリットルを生産する設備」の復旧を急ぐことであった。これを受け、一〇カ月で復旧を図ることになった。さて、復旧経過については『日本海軍燃料史　上』から概要をそのまま抜粋する。技術的なことも同書には詳しく解説されているので、参考にされたい(21)。

「昭和一七年五月一日には発電機一台の応急修理が完成し、送電開始と共に凱歌があがり、当面の復旧作業用電力を自給し得、復旧工事は一段と活況を呈した。五月五日には一部送油管の応急修理が完成し、第一船東亜丸に油を満載して内地に向け進発せしめた。五月末にはトランブル式蒸留装置一基の修理が完成し、試運転を行なったが、予想外に精溜が良好で直接航空揮発油を製造し得ることが判明し、タラカン原油（重油規格に合格）を運搬して含蠟重油（サンガサンガ残渣油）と混合すれば現地にて使用可能の製品に仕上げることが出来、現地製油の見透しがついたので、その後のサンガサンガ生産原油は総て現地で処理することに方針を変更した。かくて現地の製油作業は予定より六カ月繰り上り海軍地区の産油は総てバリックパパンで製油することになった。七月の終には更にトランブル式蒸留装置一基の修理が完成し、原油の処理能力は一日約一、五〇〇竏となり、サンガサンガ原油の生産量を遥かに凌駕したので、第三作業部長は廠長の命を承《ママ》け南方陸軍燃料廠の各地区を訪問し、ジャワ地区の過剰原油をバリックパパンで処理し、陸軍地区で著しく不足している潤滑油やトランスフォーマー油を陸軍地区に供給することを協定した。八月には給油桟橋三個の修理が完成し、入港艦船に対し接岸補給が可能となった。九月には第三作業部は第百一海軍燃料廠より分離し第百二海軍燃料廠として独立し、初代廠長森田貫一海軍少将を迎え、新陣容の下で装置の復旧並に製油作業に邁進することになった。

…中略…

九月には更に四エチル鉛混合装置及〔び〕ドラム罐注入装置が完成し一昼夜三、〇〇〇ドラムの荷造が可能になり、本格的に製油作業が行われる様になった。

その後各工場の修理は逐次完成し、一一月中に予定工場は第二蒸留工場を除き（計器未到着のため）全部試運転を完了したのみならず、分解蒸留装置等の追加工事も大部分完了し、復旧工事は予定の一〇カ月を約二ケ月短縮し八ケ月で完了した次第である。第二蒸留工場は待望の計器が到着したので一二月八日を期して火入式を行い、第百二海軍燃料廠は全力運転に入った」（傍点引用者）。

要するに、第一〇二海軍燃料廠は、サンガサンガ原油・タラカン原油を精製処理し、一、航空揮発油、自動車用揮発油、重油、二、航空（合成）潤滑油、三、一般潤滑油を供給した。海軍の開戦前の見込みでは、ボルネオの油田から航空揮発油は取れないと想定していたが、実際にはサンガサンガ原油からは良質の航空揮発油がとれた[22]。しかも幸いなことに、タンク二基に航空揮発油が満タンのまま残っていた。この高オクタン価の揮発油が珊瑚海海戦につかわれた[23]。上述の中で、陸海軍の協力に触れているが、陸軍南方燃料廠総務部長岡田菊三郎大佐の理解ある態度に負うところ大であった[24]。ここで、岡田菊三郎少将の回顧談[25]を記し、陸軍地区の実情も簡略に瞥見しておきたい。

「開戦前、南方油の採掘見込では、(1)堀井は層を深くする要なし。(2)油井は潰されているものと考えていたが、一本一本掘って生産する。(3)取得予定量は相当大きかったし、内輪にみても喰いつなぎができる、との結論であった。開戦してみると、予想に反して南方油田地帯は破壊されていなかった。ミリ・セリヤは無事だとのことであった。年産五〇万トン位は出来るとのことであった。スマトラを攻略してみたら更に無事であったのである。しかしスマトラ油田は河を遡らねばならなかった。三〇〇〇〜二〇〇〇トン位のタンカーはパレンバンまでいけないので困った。輸送がneckとなった。製油所も無事なので現地精製をやった。輸送力の不足から自揮・灯油等は捨てたことがある」（傍点引用者）。

岡田回想から、一、陸軍地区では当初予想していたよりも破壊されていなかったこと、二、油の輸送に思わぬ苦労したこと、三、生産量にみあうタンクがなかったこと、四、製油所も使えたこと、がわかる。パレンバンでは貯蔵施設が間に合わず、川に溢れるというあり様であった。内地より海軍基地のタンク三十数基を解体し、南方に送ったが、敵の雷撃にあい相当の被害を受けた[26]。

海軍省軍需局の中村國盛局員のメモ[27]から、一九四二（昭和一七）年当時、中央にいかなる情報が入っていたのか確認しておこう。

一月十一日　タラカン陸海軍にて占領、十二日降伏
一月十九日　タラカン三〇〇本の油井に石を投入せるものをチェーゼンクにて抜取ることになる。一カ月位にて
　　回復予定
一月二三日　未明バリックパパン、ラボール、カビエン敵前上陸占領
一月二四日　バリックパパン被害相当なり
四月三〇日　タラカン、内地向第一船重油〔原油？〕搭載の上出発

五月二九日　タンク移築に関する軍需局の打合
「タンク油槽組合」を結成し差当り三三～三五基を内地より取り外しタラカン、バリック、パレンバン等に移設することとした。

十一月二七日　南方油凝固点の問題重大化す

軍令部一部一課の佐薙毅中佐の日誌[28]から、南方作戦に関する記述を摘録する。軍令部中央の情報把握状況が窺える。

一月二十四日（土）　バリックパパン上陸作戦
漸次蘭印領土に深く進入するに伴ひ之が攻略作戦の困難となるは想像に難からざる処なるが、今次バリックパパン作戦は相当大なる損害を被れり　二十三日には敵機計三十七機の反復襲撃を受け辰神丸（一一ＡＦ給兵）は小爆弾なりしため損害軽少、南阿丸（一一ＡＦ雑用）は火災を生じ鎮火不能放棄のやむなきに至る。二三〇〇《（二三時〇〇分）》頃Tg《（輸送船隊）》泊地に進入せるが　〇四四〇頃d《（駆逐艦）》×二　〇〇三〇頃潜水艦《（の）》泊地進入を受け雷撃により輸送船四隻沈没、哨戒艇一隻大破す　其の他詳細については不明　斯かる地域への上陸作戦は隠密を期し難く又敵としても極力防御に努むべきを以て予め前日中に海上を掃蕩し敵潜又は敵駆の進入を阻止すべきなり

一月二十八日（水）　バリックパパン油関係の損傷は相当甚大なるものと予想せられたる処、第一報に依れば被害は予想程大ならず　相当使用可能の状況なり

一月三十日（金）　バリックパパンは先ず半分くらい破壊を免れたるが如く、存残油量に就ての報告に依れば

左の如し

航空機用原揮《ママ》　一六六〇〇竏　自動車用揮〔発油〕　六〇〇竏
軽油　五七〇〇竏　重油　一三〇〇竏
原油　一九〇〇〇竏　ドラム缶詰潤滑油　二〇〇〇竏

二月十六日（月）　最も困難なるものと予想されるバンカ島パレンバンの作戦は極めて平易裡に進行し、ムーン河の遡行も九根司令官の指揮する遡行部隊は本日夕刻、パレンバンに進入し水路の啓開を完了せり。敵が厳重なる機雷堰を構成せしなるべく《ママ》、之が掃海は敵の空爆下に極めて困難を予想されしが敵の低空爆撃を被り無被害にして実に易々として遡行に成功せり

中村國盛メモ、佐薙毅日記から陸海軍は敵の抵抗もさほど受けずに、産油地帯を占領したことがわかる。

(3)　南方石油の還送開始と対応策

一九四一（昭和一六）年一〇月二九日の陸海軍共同研究[29]によれば、第一年目に蘭印より三〇万キロリットル（ボルネオ三〇）と想定され、第二年目には二〇〇万キロリットル（ボルネオ一〇〇、スマトラ南部七五、スマトラ北部二五）と見込み、第三年目には四五〇万キロリットル（ボルネオ二五〇、スマトラ南一四〇、スマトラ北六〇）と積算された。開戦前に策案された「昭和一七年度物動計画」では、南方から取得する石油は、第一年度に三〇万キロリットルであり、しかもボルネオ地区（海軍二〇キロリットル、陸軍一〇キロリットル）だけから見込まれ、スマトラ、ジャワから初年度は採れないという見通しであった。しかし一九四二年の還送実績は、タンカーという隘路が問題に

なったが、事前の想定と比べればきわめて順調な滑り出しであった。

一九四二年二月二八日の連絡会議の席で海軍は、タラカンおよびサンガサンガから「十七年末迄安全率ヲ見積リ四五万屯、実際能率ヲ挙ケテ約六〇万屯ノ採油可能」と述べた。また陸軍の『機密戦争日誌』（四月二〇日付の記録）には「陸軍省整備局長ヨリ陸軍担任南方石油ノ開発状況特ニ先般一二〇万屯ヨリ一七〇万屯増加ノ見込ナルモ油槽船不足ノ為輸送不可能ノ実情ヲ説明ス」とある。この流れを受け、企画院が一七年四月に立てた一カ年見込では、タラカン二〇、サンガサンガ六〇、スマトラ二〇〇、ジャワ二〇など合計年間三六〇万キロリットルという大幅な上方修正がなされた。スマトラ地区でも順調に復旧が進んだものの、タンカーが不足していることがわかる。(30) 初期の順調な展開を受けて、民需は三月九日の連絡会議で、開戦直前に設定された一四〇万トンから五〇万トン増え、一九四二年度「一九〇万屯ニ改定」された。(31) 順調であればあったで、一九四二年四月五月ごろ油槽船をめぐる陸軍・海軍の論戦は激しくなった。(32)

ここで開戦前の見込量と実際の還送量を対比した表5-1から、一九四二、一九四三年が順調であり、一九四四年に齟齬をきたしたことがわかる。「還送実績」、「海軍取得量」のデータの出所および算出方法が明示されていないので、信憑性に限界がある。特に「還送実績」は、データにばらつきがあり、トレンドをつかむ程度の利用しかできない。「海軍取得量」は、後段の表5-14・表5-15から計算し、比較すると、取得量が多目にでている。

表5-1 南方還送石油（見込み対実績）

（単位：万キロリットル）

	1942年	1943年	1944年	1945年
見込量	30	200	450	—
還送実績	149(167)	265(231)	106(79)	0
海軍取得量	37	82	58	0

出所：『日本海軍燃料史　上』44、662、666頁より作成。

註：(1) 1944年に187，1945年に約10万キロリットルという記録もある。

(2) 『杉山メモ　上』（424頁）に開戦前の見込量は記されている。

(3) （ ）内のデータは、米国戦略爆撃調査団／奥田訳『日本における戦争と石油』49頁による。『敗戦の記録』62頁では，1942年，43年それぞれ143，261万キロリットル。

表 5-2　石油消費見込量と戦時消費実績（海軍、陸軍、民間）

（単位：万キロリットル）

		1942 年	1943 年	1944 年	1945 年
海　軍	消費見込量	280	270	250	—
	消費実績	483	428	317	57
	実績／見込量	1.7	1.6	1.3	*
陸　軍	消費見込量	100	90	95	—
	消費実績	92	81	67	15
	実績／見込量	0.9	0.9	0.7	*
民　間	消費見込量	140	140	140	—
	消費実績	248	153	84	9
	実績／見込量	1.8	1.1	0.6	*

出所：『日本海軍燃料史　上』44、662 頁より作成。
註：データの出典が記されていない。註(35)をみよ。

2　重油消費量の増大——見通しの齟齬——

開戦時の海軍貯油量は、約六五〇万キロリットルであった（その他陸軍一二〇万キロリットル、民間七〇万キロリットル）。開戦前の海軍の消費見込では、重油が月平均二〇万キロリットル消費し、航空揮発油が二・五万キロリットルであり、その他の諸油を合算して毎月二三・三万キロリットルで、年間に換算すると二八〇万キロリットルであった。この数字の算定の基礎は、重油の所用量は平時の二・五倍であり、航空揮発油は約四倍という推算であった[33]。しかし、開戦後の消費は「図演平均消費料五十八万屯に対し八十余万屯」であった[34]。表5-2で開戦前の消費見込量と消費実績を比べると、一九四二年度が一・七倍、一九四三年度が一・六倍であるからいかに海軍が重油を使ったかがはっきりする[35]。表5-2の海軍の石油消費実績は、後段の表5-14・表5-15・表5-22（消費累計）と比べても数字に大きな違いはない（一九四二年から一九四一年分の六〇万キロリットルを引く）。海軍の燃料の浪費が日本全体の燃料計画を狂わせたことは指摘されてしかるべきである。乱暴な表現をするなら、一九四二年末にはやくも危機に至ったのは、海軍の乱脈消費にあったと言える。なお、まだ余裕があった一九四二年上半期には海軍は民間に六〇万キロリットルを支援したが、同年下半期からは供出を打ち切らざるをえなくなった。高松宮は一九四二年八月一三日付の日記の中で「軍需局ニテ艦船用重油ノ残量アト六ケ月位ナリトヤカマシク云ヒ出セリ」と記し、当時の海軍省軍需局の認識を伝えている。(36)

図5-2が示すように、石油消費量は船舶の速度の二乗三乗に比例するため、全速航行すれば飛躍的に燃料消費量は伸びる、という物理的事実を語っている。敵の突発的な魚雷攻撃に備えて、普通ならば一二ノット（原速）で走るところを例えば二四ノット（四戦）で走行するということになり、燃料消費は膨張した。(37)一例を示すと高速戦艦・金剛は一二ノットでは、平時の巡航タービン運転で一万五一〇〇浬《カイリ》の航続距離であり、一八ノットでは九三〇〇浬である。全速三〇ノットは主四軸運転で三〇〇〇浬である。(38)また、戦線が太平洋、インド洋と拡大したことも大量の重油消費につながった。

「昭和一七年度」の「石油物動計画」では、次のように策定され直した。南方から三〇〇万キロリットルも期待されている。後日、ミッドウェー海戦（一九四二年六月）で大量の重油消費を受けて、需要は五二〇万キロリットルから七二〇万キロリットルに修正された。改訂の際に、南方からの石油還送量が成否を握ったが、油槽船の頭数も考えなければならなかった。(39)

供給力　約九一〇万キロリットル（在庫五五〇、国産六〇、南方期待三〇〇）
需要　約五二〇万キロリットル（陸軍一〇〇、海軍二八〇、民需一四〇）
需要（改訂後）　約七二〇万キロリットル（陸軍一三〇、海軍三六〇、民需二三〇）

一九四二年一二月一〇日の「御前ニ於ケル大本営政府連絡会議」（第一回）の議題は「当面ノ戦争指導上作戦ト物

（航空母艦、二等巡洋艦）

B：12ノット（同一距離）に対して

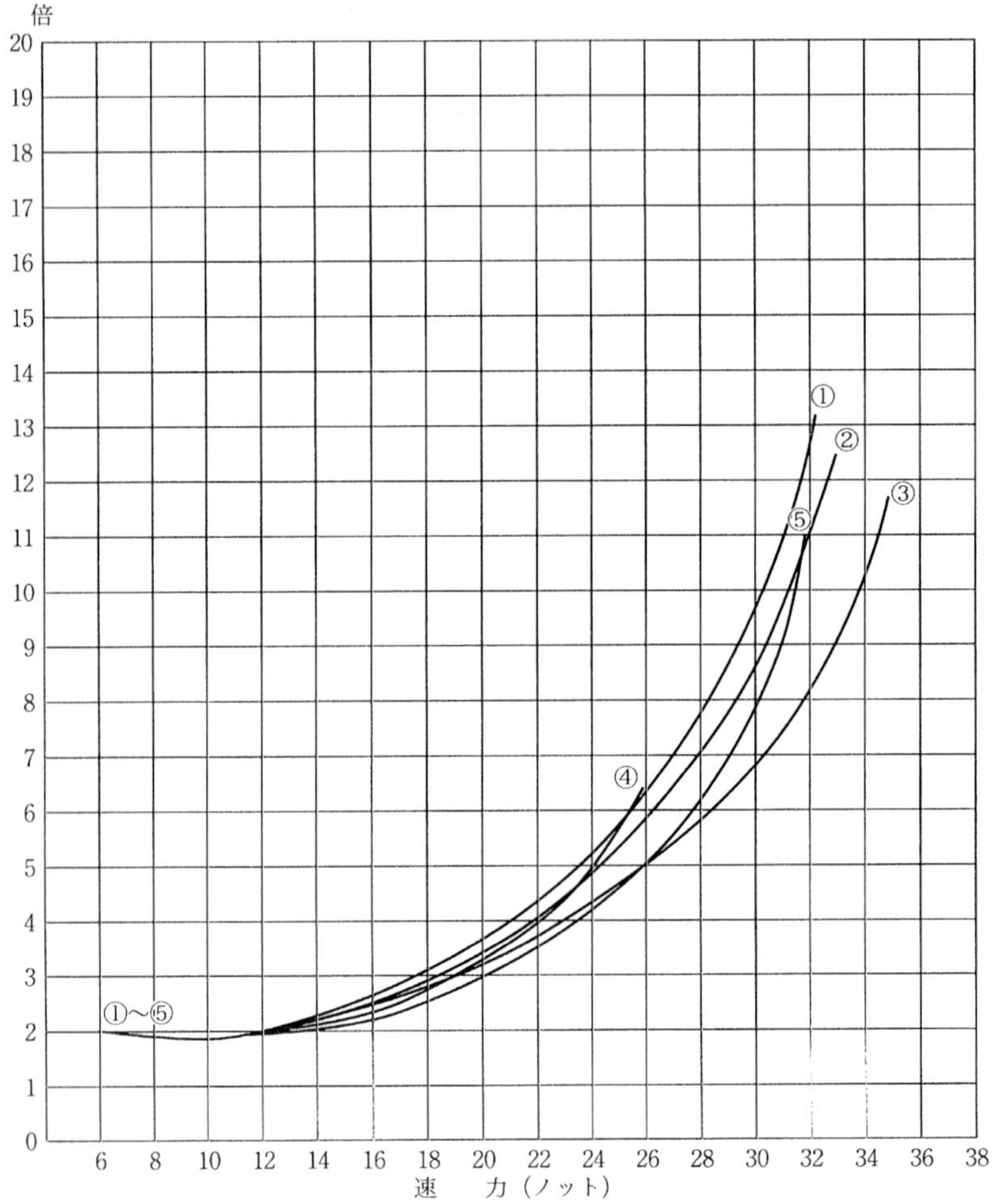

図 5-2　燃料費額率曲線

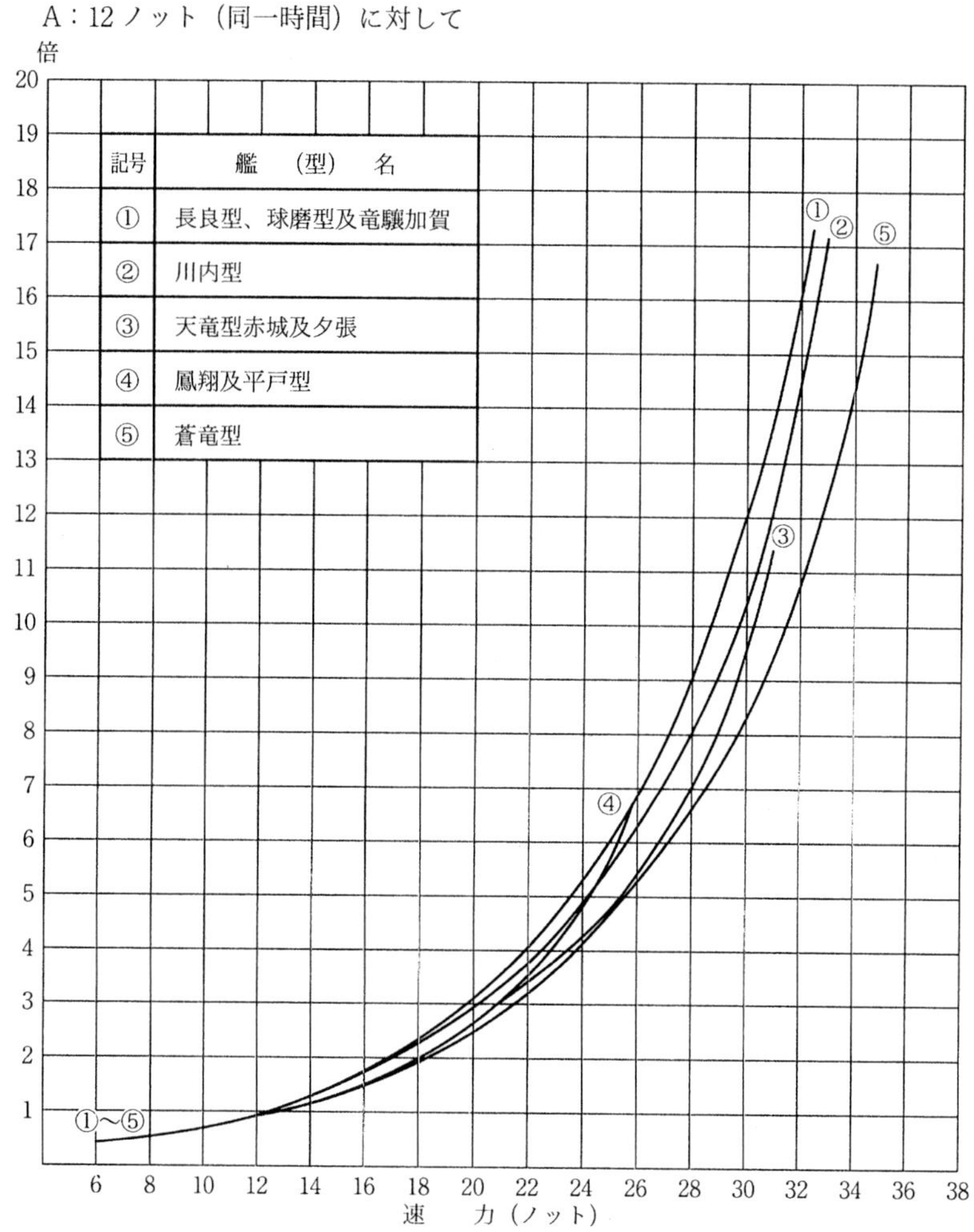

出所：筆者コピー所蔵。
註：1939年12月調製。

的国力トノ調整並に国力ノ維持増進ニ関スル件」であった。嶋田繁太郎海軍大臣は石油に関して以下のような骨子の説明を行なった。(40)

一、十七年度下半期石油物動計画ハ海軍ニ就イテ申シマスト毎月重油二十五・六万竏ヲ一応ノ消費量ト見込ミマシテ設定致シマシタ

二、然ルニ八月、九月、十月ノ海軍ノ重油消費実績ハ作戦ノ関係上三〇乃至三四万竏ニ上リマシテ現計画ヲ以テスレバ十七年度末ニハ在庫量ノ殆ド全部ヲ消費シ尽スコトトナリ又一般民需ニ対スル供出源モ枯渇スル状況ニ立到リマシタ

三、茲ニ於テ今後全体ノ需要量ヲ概ネ充足スル為ニハ極力南方現地ニ於テ直接補給ニ努メマスト共ニ毎月少クトモ約三五万竏ノ内地還送ヲ必要ト致シマス

四、然ルニ現有油槽船ヲ全幅運航致シマシテモ辛シテ毎月約二十万竏ヲ還送シ得ルニ過ギマセン

五、此ノ還送不足量ニ応ジマス為ニハ新ニ約二十万総屯ノ油槽船ヲ必要トナリマシテ而モ之等ハ来年度初頭ヨリ運航セシムル必要ガアリマスノデ種種適船ノ選定ヲ行ヒマシテ既成十二万総屯新造七万総噸ノ改造ヲ至急行ハントスルモノデアリマス而シテ改造工事ヲ迅速ニ取運ビマス為改造工事中ハB徴傭ノ形式トスル次第デアリマス

六、〔略〕（傍点引用者）

石油が南方から送られていたものの、一九四二年末には、すでに危機的状況に立ち至っていることが、嶋田海相の説明から読み取れる。月に三五万キロリットルを南方から本土へ運ばなければならないのに、現況の輸送能力は最大

に見積もっても二〇万キロリットルしかない。海軍だけでも月間三〇万キロリットルは消費している。このまま推移すれば、在庫をすべて使い切ってしまう、という悲観的な説明である。

逸話を入れておく。ガダルカナル撤退後の一九四三年三月はじめ、石油事情を説明するために栗原悦蔵軍令部二部四課課長はトラックにGF司令部をたずねた。宇垣纏・渡辺安次等に燃料補給状況を話したが、栗原大佐はなかなか山本五十六連合艦隊長官には会わしてもらえなかった。「物動の話、中攻が動けないこと、モービル油なし」など悲観的な内容であった。栗原氏の回想では「山本長官は『お前の言うことぐらい分かっているよ』と言われた」とのことである。[41] ミッドウェー海戦で空母四隻を失い、そのうえ多大の油を消費した。ガダルカナル島への補給時に船舶を失い、南太平洋で優秀な虎の子のパイロットを消耗し、今後の戦争遂行に予断を許さないものが見え始めた。四月一八日、山本五十六長官は戦死した。

3　計画と破綻

(1)「⑤《マルご》計画《けいかく》」

本節では、「⑤計画」(開戦前の一九四一年九月軍令部は海軍大臣に⑤計画を商議した)、「改⑤計画」(一九四三年三月)、「第三段作戦に応ずる燃料戦備」(一九四三年九月)、「一九年度燃料計画」、「二〇年度計画」から海軍の燃料政策の移り変りを跡づけ、あわせて計画の変更の背景に迫りたい。本書の課題である燃料に焦点を当てたので、具体的な軍戦備計画(艦隊編成、航空軍備など)については、『戦史叢書八八巻　海軍軍戦備(2)』『戦史叢書三一巻　海軍軍戦備(1)』を見られたい。[42] さて、「⑤計画」の位置づけおよび概略については、『海軍軍戦備』の草稿である『海軍軍戦備記録（第一次整理）』[43]（西村國五郎執筆）から引用することで示すことにする。また、図5-3に戦時中の軍備計画の変遷を掲げたので、参照されたい。

「海軍は⑤計画が一五年一杯費やしても決定に至らず、一六年五～六月漸く概案を得て一〇月商議されたわけであるが、当時③、④計画の最盛期であり、加えて㊕、㊍、㊣等の計画も実施するを要し、かつ出師準備計画の履行、臨戦準備の実施等工事山積し、確固たる見透しもないまま、⑤及び⑥計画は一応受諾されたわけで、当面実施に移すことは不可能であったのである。

この⑤計画は一五九隻六五万トン（内戦闘艦艇九四隻五四・一万トン）の増勢であり、⑥計画は一九七隻八〇数万屯（詳細不明）という膨大なもので、何れも開戦後の戦況変化により前者は改⑤計画に、後者は机上計画に終ったことは既に承知のことである。兎も角⑤計画が可能であるならば対米六六％にまで追付く建艦計画であったのは表示のとおりであった」。

「⑤計画」（燃料）は、「開戦以降ハ戦争遂行ト同時ニ消費量ヲ補フニ足ル生産施設ヲ確保スル要ニ迫ラレ非常ナル困難ニ遭遇セリ」、「燃料消費量ノ予定セラレシ量ヨリ大ナリシ為其ノ困難ハ更ニ一段ト増大セリ」という困難な状況に直面し、対米開戦を反映し「南方油田ヲ根幹」とする燃料の確保策であった[44]。「⑤計画」に対応する所謂《いわゆる》「燃料⑤計画」は、一九四二年七月に策定された。この燃料計画では、「⑤計画」よりも一年早く完了する予定であり、「昭和二一年度末」の確保目標は表5-3の通りであった。

海軍取得量だけで、「昭和二一年度」には、海軍担当地区から二〇〇万トン（原油一四〇、重油六〇）、陸軍担当地区（スマトラほか）から四七五万トン（原油二二〇、重油二四〇、航揮一五）の南方石油を獲得する計画であった。

図 5-3　軍備促進実行計画

計　画	既略称	整理番号	戦促実行区分
昭和14年度計画	④	④	戦備促進第1期実行計画 [戦促一] と略称す。
昭和16年度臨軍追加	(臨)	(戦1)	
昭和16年度戦建計画	(急)		
計画より繰上追加	(追)		
昭和17年度計画	⑤	(戦2)	戦備促進第2期実行計画 [戦促二] と略称す。
＋α	⑤の追加削除等		
－β			
			[戦促一] ＝ (戦Ⅰ) ＋④の残り＋⑤からの繰り上げ兵力 (注) (戦Ⅰ) ＝(急)＋(臨)＋(追) [戦促二] ＝ (戦Ⅱ) ＋④の中止中のもの (注) (戦Ⅱ) ＝⑤＋α＋－β

別　図

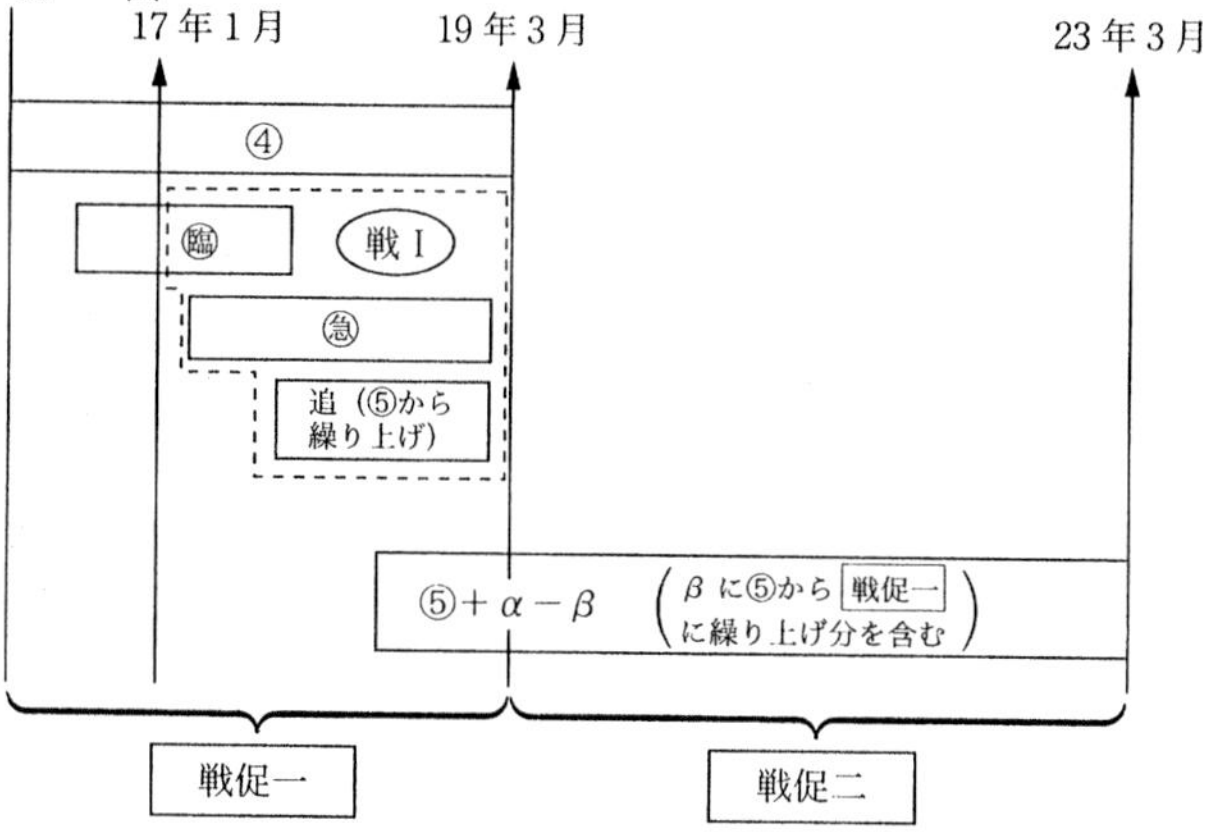

出所：吉田英三『回想——軍務局員時代——（その一）』28頁。

表5-3　⑤計画と石油

（単位：万キロリットルまたはトン）

	南方油		国内資源				合計
	原油 350	重油 300	航揮 25	イソオクタン	メタノール	オイルシェール	
缶用重油	240	260	0	0	0	0	500
二号重油	0	40	0	0	0	18	58
航揮	70	0	25	30	25	0	150

出所：第二復員大臣官房需品部『燃料戦備調査資料』11～12頁。

陸軍および民間の「期待スル量ヲ考量セバ二、〇〇〇万屯」もの燃料を確保する必要がある。「特ニ南方産油地帯ノ大半ヲ占ムル陸軍側ノ油田復旧及開発ヲ推進セシメザル可カラズ」とされ、陸軍担当地区に供給を期待している。内地における海軍の石油精製能力は第二海軍燃料廠（三重県四日市）・第三海軍燃料廠（山口県徳山）あわせて年間一四〇万～一五〇万キロリットル程度でしかなかったため、新たに処理能力約八〇万トンの第六海軍燃料廠[45]（台湾）を「急速整備」することとなった。また、イソオクタン・メタノールの生産設備の拡充により、航空機用揮発油の確保を図ろうとした。イソオクタン製造工場（新規・計画中）は一二工場で年産三〇万キロリットルであり、メタノール製造工場（新規）は九工場が予定され、生産能力は年産二五万キロリットルであった。四エチル鉛（テトラエチルフード）生産施設は四工場（新設）であり、四エチル鉛中間材の臭素生産のために三工場が新設されることになっていた。さらに液体燃料貯蔵関連施設は、(1)重油タンク六五万トン、(2)揮発油用タンク二〇万トン、(3)ドラム缶九〇万個が計画された。

しかし、この「⑤計画」は、ミッドウェー海戦における航空母艦四隻（加賀、赤城、蒼龍、飛龍）の炎上沈没をうけ、空母などの航空兵力増強に力点を置いた「改⑤計画」に改訂され引き継がれた。

(2)「改⑤計画」

ガダルカナル島撤退後、一九四三年三月新情勢に応ずるため「改⑤計画」が策定された。戦況の影響を受けたものであることは、「方針」で「昭和一八年度及昭和一九年度分ヲ第二期実行計画トシ之ヲ推進ス……航空燃料ハ如何ナル場合ニ於テモ之ヲ確保シ艦船用燃料ハ極力之ヲ確保スル如ク施策ス」と書かれていることから明らかである。現実の戦況に即応する意向が強かったことは、「極力既存設備ノ増強活用ニ努メ新設ヲ避けたことと、第一案と第二案の両建てであったことからもわかる。航空機燃料が最優先され、艦船用燃料は「極力之ヲ確保」と位置づけている。海軍は希望を排そうとした「第一案」と希望を盛込んだ「第二案」を併記した。「昭和二〇年度」(第一案)において、原油産油は陸軍担当地区で一三〇五万キロリットル、海軍担当地区で一四〇万キロリットル、国内で五五万キロリットルとされ、内地還送予定量は六四〇万キロリットルであった(表5-4、表5-5を参照)。第二案は一九四五年度に航空機用揮発油年産一八〇万キロリットル(航空機数一万四六〇〇に相当)製造する計画であり、第一案に比べて希望的数値が記されている。表5-6および表5-7に概要を掲げる。

改⑤計画は机上案のごとく進捗をみなかった。第一案を実行に移すには所要資材が十分配給を受けられなかった。例えば「昭和一八年度」の普通鋼材をみると、見積所要量が一八万五九二〇トンに対して割当は一一万三〇〇〇トンしかなかった。また特殊鋼は所要量が七四五〇トンに対して三〇%にも満たない二〇八九トンが割り当てられたにすぎなかった。物資欠乏のため進捗しなかった軍備とは裏腹に、ますます機動部隊中心の航空戦の様相を呈するに至り、航空兵力の増強それに伴う高オクタン価揮発油の製造は急を要する問題となっていた。

(3) 「第三段作戦ニ応ズル燃料戦備」および「昭和十九年度燃料計画」

「第三段作戦」の戦備計画について、吉田英三海軍省軍務局局員は「『改⑤計画の第二次修正、すなわち⑤計画の第三次修正』が第三段階戦備であると解する方がむしろ適当ではあるまいか」と指摘し、簡明に変更経過を説明すると

表 5-4　改⑤計画の第一案（1）

	1943年	1944年	1945年	1946年	1947年
航揮取得見込量（万 kl）	54	90	120	150	200
稼　動　機　数A	5,450	8,100	9,700	10,100	13,600
航本計画保有機数 B	7,500	13,100	18,700	—	—
A/B×100（%）	72.7	61.8	51.9	—	—

表 5-5　改⑤計画の第一案（2）

（単位：万キロリットル）

年　度	1944年度			1945年度		
品種/事項	所用量	生産量	充足率	所用量	生産量	充足率
航　　揮	145	90	62%	230	120	52.2%
メタノール	14.5	3.4	23%	23	11.4	49.6%
航　　潤	5.8	2.9	50%	9.2	6.1	66.3%
耐　爆　剤	0.3	0.2	66%	0.48	0.28	58.3%

出所：『燃料戦備調査資料』19～20頁より作成。

表 5-6　改⑤計画の第二案（1）

	1943年	1944年	1945年
航揮取得見込量（万 kl）	54	90	180
稼　動　機　数A	5,450	8,100	14,600
航本計画保有機数 B	7,500	13,100	18,700
A/B×100（%）	72.7	61.8	78.0

表 5-7　改⑤計画の第一案（2）

（単位：万キロリットル）

年　度	1944年度			1945年度		
品種/事項	所用量	生産量	充足率	所用量	生産量	充足率
航　　揮	145	90	62%	230	179	77.9%
メタノール	14.5	3.4	23%	23.9	16.4	71.3%
航　　潤	5.8	2.9	50%	9.2	7.1	77.1%
耐　爆　剤	0.3	0.2	66%	0.48	0.4	83.3%

出所：『燃料戦備調査資料』19～20頁より作成。

図 5-4　ソロモン方面連合軍進攻図

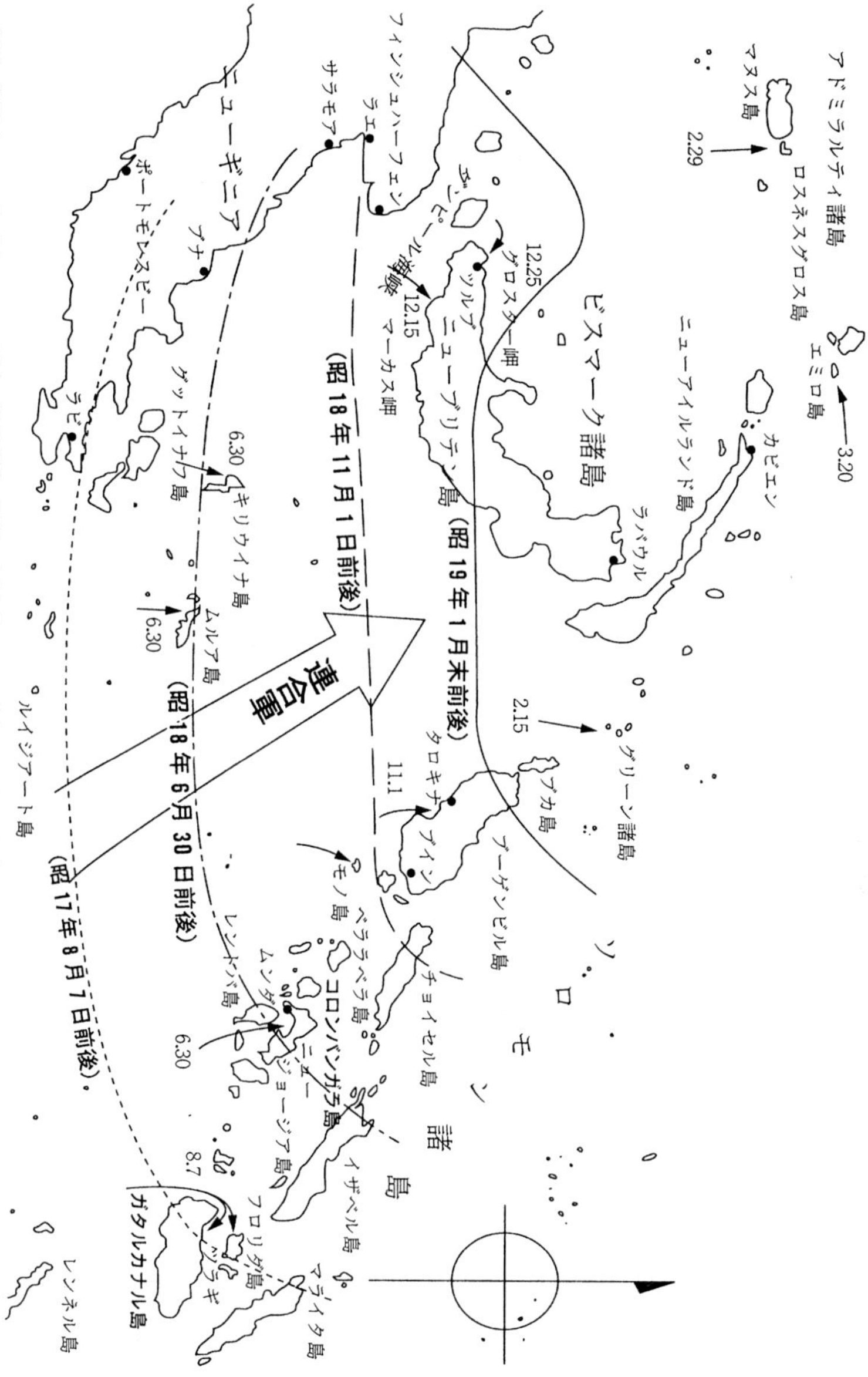

出所：海軍ソロモン会『ソロモンの死斗　第八艦隊の記録』(非売品、1985年) 64頁より作成。

図 5-5　マリアナ、西カロリン、西部ニューギニア、比島南部

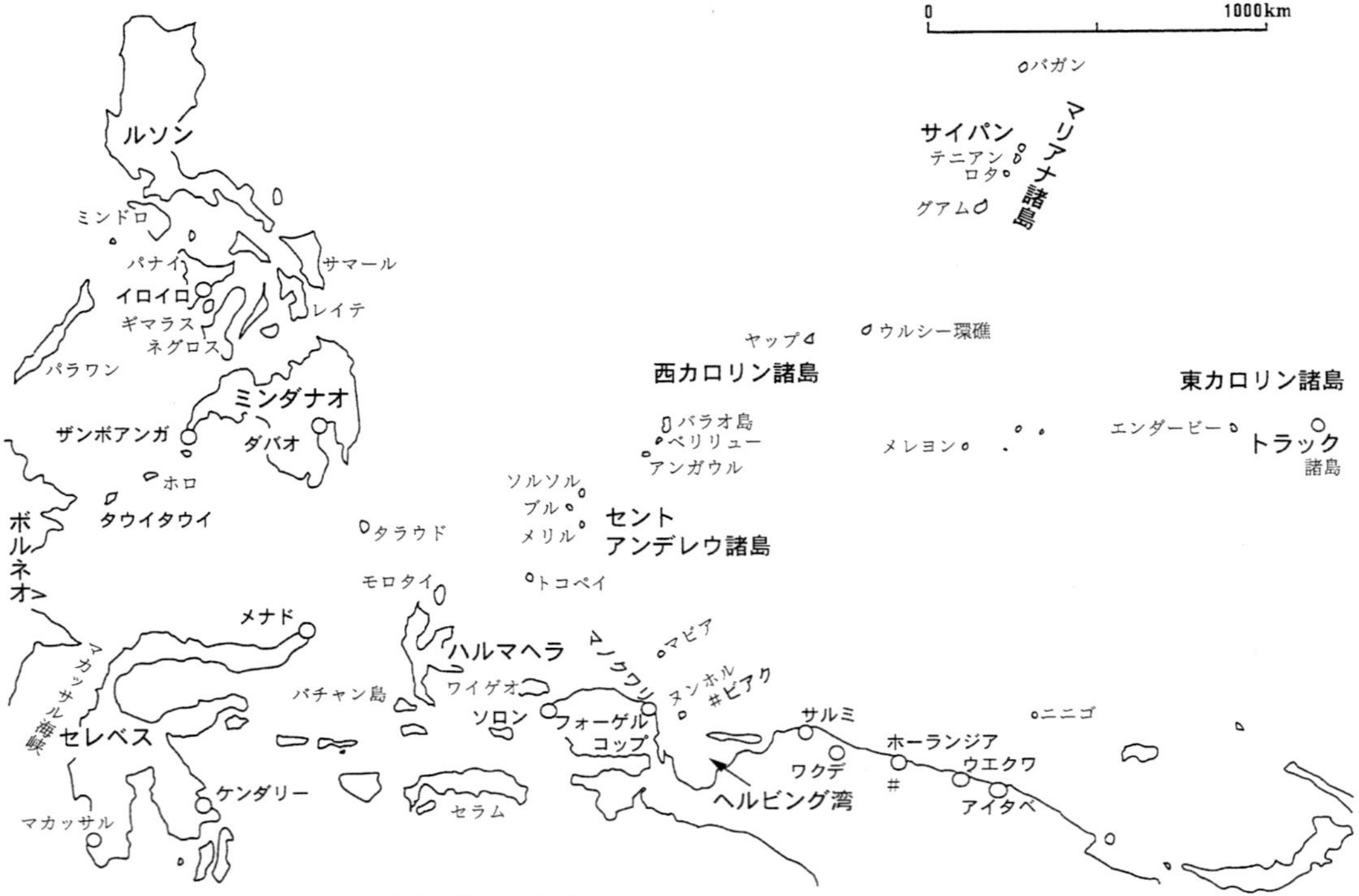

出所：『戦史叢書 12 巻　マリアナ沖海戦』付図より作成。

ともに、「第三段作戦」の軍備計画を位置づけている。[46]

一九四三年九月に作成された「第三段作戦ニ応ズル燃料戦備」は、「方針」の中で「航空燃料昭和二〇年度要確保量一八〇万竏ニシテ凡ユル方策ヲ講ジ之ガ確保ヲ計ルモノトス、而シテ之ガ為ニハ重油、普揮、灯軽油等ノ取得ハ減少スルモ已ムヲ得ザルモノトス」と書き、航空燃料の確保のために重油などが犠牲になってもやむをえないとの判断を下している。この計画の前提として、

(1)　昭和一八年度物動計画[47]に記された物資を取得する。

(2)　内地外地合せて一五〇〇万竏の原油を確保する（一八年一一〇〇、一九年一三〇〇、二〇年一五〇〇）

という二点の条件があった。「昭和二〇年度」において、南方から還送されてくる原油は六三〇万キロリットルであり、重油などの石油製品は三五五万キロリットルと見込まれていた。月額平均約八二万キロリットルの原油を運ぶには、タンカー約九〇万総トンが必要とされた（所要資材の普通鋼材は昭和一八年度約二八万五〇〇〇トン、昭和一九年度約三〇万一〇〇〇トンと見積もられていた）。

また、第二案では「最モ確実ナル新設拡充計画ヲ計リ二十年度航揮一五〇万竏ヲ確保セン」とし、一八〇万キロリットルが実現できないのなら、少なくとも一五〇万キロリットルは是が非でも確保したいという趣旨であった。しかし、一九四三年末から一九四四年度初頭にかけての南東太平洋方面の戦局は好転の兆しすらなく、一九四三年度の年間輸送実績は約二六〇万キロリットルとなり、計画見込量を大幅に下回った。この輸入量から航空機用揮発油を一五〇万キロリットル取るのは不可能であった。「第三段作戦ニ応ズル燃料戦備」さえも現実を目の前にしたとき、現実離れした架空なる計画にすぎず、猫の目のように、また新たな計画が作成された。「昭和十九年度燃料計画」である。

「昭和十九年度燃料計画」は「方針」で次の三点を明確にした。

(イ) 今日迄ノ国力ト□（判読不可）隔アル假空ナル数字ヲ基礎トセル計画ヲヤメ相当根拠アル国力相応ノ予想量ヲ策定シ之ヲ中核トシテ計画ス

(ロ) 南方油ハ燃料需給計画ノ根底ヲナスモノニツキ之ガ増産竝ニ内地還送ニハ最重点ヲ指向ス

(ハ) 施設ノ整備ニ関シテハ一応第三段作戦戦備計画時ノ生産施設計画（航揮一五〇万KL案）ヲ其ノ侭踏襲ス　但シ緩急順位ヲ決定シ重点整備ヲ行フ（傍点引用者）

現実に即して計画を立て、「希望的仮定ノ計画」に陥ることを排そうと謳っている。タンカーの被害月間三万トンと仮定したうえで、南方油還送量は年間三〇〇万キロリットル（航揮六〇、普揮二六、重油一二〇、原油九四）と予想し、特に原油輸入よりも効率のよい「成品」（石油製品）の持込みに力を入れることにした。また、還送油の配分に関しても「民需ノ最低限ヲ確保」した後、陸海軍の配分比率（内地）は、

(1) 毎四半期七五万キロリットル以下の場合は陸軍対海軍、一対一・二
(2) 毎四半期五〇万キロリットル以下の場合は別途協議
(3) 毎四半期七五万キロリットル以上の場合は超過量に対し陸軍対海軍、一対二
(4) 日満産油は、海軍に頁岩油（潜水艦用）年約一〇万キロリットル、民需約二四万キロリットルを確保した後、
　陸軍対海軍、二対一・三

と決められた。南方現地での配分は、供給力四〇四・六万キロリットルを陸軍、海軍、民間で一対二・六対一・一の比率と決められた。この配分だと、海軍は二二四万キロリットルを南方現地で補給できることになる。

海軍省軍需局長『月頭報告』によれば、南方油の還送実績は、一九四四年一月から一二月までみると、実績は次の通りである。(48)

一月二二・四万キロリットル、　二月三〇・二万キロリットル、　三月一四・八万キロリットル
四月二二・三万キロリットル、　五月一一・九万キロリットル、　六月一七・二万キロリットル、
七月　八・七万キロリットル、　八月二二・〇万キロリットル、　九月一二・二万キロリットル、
一〇月三・七万キロリットル、　一一月九・三万キロリットル、　一二月一二・六万キロリットル、
一九四五年
一月　〇万キロリットル、　二月　〇万キロリットル、　三月　八・九万キロリットル

トレンドが下降傾向であり、一年間を通してみると、計画の半分であった。一月から三月の三カ月間の合計が六七・三万キロリットルであるのに対して四～六月は五一・三万キロリットル、年末の三カ月間が二五・六万キロリットルであることからみても、還送が困難に直面していることが数字で読み取れる（表5-1の一九四四年の還送実績に比べるとかなり多い）。一九四三年一〇月に護衛艦隊が建制されたほか、一九四四年中ごろからは油槽船が最優先された。が、制空権を奪われた戦局の推移はいかんともできなかった。

ガダルカナル島撤退（ケ号作戦）、一九四三年九月二七日から一〇月一三日にかけてのコロンバンガラ島よりの撤収（セ号作戦）、一九四四年二月のトラック空襲大被害、五月のホーランジア・ビアクの喪失（ニューギニア方面の六つの飛行場を失う）、六月一九日のマリアナ沖海戦。その後七月六日に太平洋における戦略の中枢であったサイパン島失陥、八月三日にテニアン、八月一一日にグアムの完敗―絶対国防圏である中部太平洋方面防衛線は崩れ落ちた。[49]連合国は航空基地を確保し、増強し、島嶼に孤立する日本軍を追い込んでいった。ガダルカナル島、ムンダ（ニュージョージャ島）・コロンバンガラ島からの撤退を踏まえ、サイパン島は守らなければならない防衛線であった。マリアナ諸島を北上すれば日本本土に飛行でき、西進すればフィリピン、台湾に向かうという地理的戦略的重要性があっ

た。ジリジリと防衛線が後退すれば、シンガポールと日本本土を結ぶ海上航路も敵の攻撃にさらされることは自明である。

ここで本節のテーマから離れるがマリアナ沖海戦[50]について紙幅を割き、海軍の燃料事情がいかに逼迫していたのか一瞥しておこう。海軍は、マリアナ作戦に航空兵力のすべてをつぎこんだ。この海戦で大型空母三隻（大鳳、瑞鶴、飛鷹）・戦闘機など約一〇〇〇機（母艦部隊と基地航空部隊）を失い、悲運にも優秀なパイロットはほぼ全滅した。[51]この敗北は、機動部隊の崩壊と、サイパン島の陥落つまり日本本土が米軍機の爆撃圏内に入るという軍事的な意味を持っていた。東京大空襲（一九四五年三月九日、一〇日）、大阪空襲（三月一四日）、横浜空襲（五月二九日）など、サイパン島を離陸したB29爆撃機により大都市はもちろんのこと地方都市も戦災をうけた。

ガダルカナル島撤退（一九四三年二月七日、ケ号作戦）から一年後の一九四四年二月一日現在で、海軍の航空燃料保有量は内地においてわずかに九万一〇〇〇キロリットルにすぎなかった。マリアナ作戦の主力である第一航空艦隊（司令長官角田覚治中将）の出撃所要燃料は四万五〇〇〇キロリットルであり、これを補給すると残りは四万六〇〇〇キロリットルにすぎないと、海軍は見ていた。その後月々二万キロリットル消費すると仮定して、計算上は五月、六月には航空機用燃料の在庫はなし、という状況判断であった。海軍は、陸軍に航空揮発油三万キロリットルの譲渡を申し入れ、折衝を経て一九四四年三月初頭、陸軍省整備局長と海軍省兵備局長との間で以下のような申し合せが成立した。[52]

一、陸軍は航空揮発油一万五〇〇〇キロリットルを三月に海軍に融通する。

二、諸般の情勢により四月以降一万五〇〇〇キロリットル以内を融通することを考慮する。

しかし、陸軍から海軍への譲渡は行われなかった。理由は、①二月と三月の航空揮発油の還送が順調であったこと、

②消費規制の強化等により三月一日の内地揮発油保有量が六万四〇〇〇キロリットルであったこと、以上二点であった。

また三カ月後にも海軍は陸軍に燃料の割譲を申し出ている。度重なる海軍の申入れは、海軍の保有する燃料が底をつきはじめ、作戦に支障が出はじめたからである。一九四四（昭和一九）年六月の「海軍省兵備局長より陸軍省整備局長への要請」の文面から当時の燃料事情の窮状を窺っておこう。「海軍航揮内地在庫減少状況」は次の通りであった。二月から五月までの間に貯油を喰いつぶしてしまったことがわかる。なお六月一日は見通しである。

二月一日　九万一〇〇〇キロリットル　三月一日　六万四〇〇〇キロリットル
四月一日　三万一〇〇〇キロリットル　五月一日　一万八〇〇〇キロリットル　六月一日　在庫零。

「五月は南方油還送量極めて尠く特に航揮の海軍取得量零なりし為特に不安なり」、「大会《ママ》戦を目睫に控え艦隊へ引渡済の航揮は万難を排し作戦地へ輸送を要し斯くするときは内地在庫愈々払底するを以て差当り今月中（六月中）に一五、〇〇〇竏融通相願度」という骨子であった。だが、陸軍から海軍への航空機燃料の譲渡は行なわれなかった。このような要請を海軍が陸軍に申し入れるということ自体が、いかに航空機用燃料が、一九四四年はじめから、危機的状況に置かれていたかということを示している。またそのことは右に並べた数字から明白である。断末魔、日本海軍である。ここで再び吉田英三大佐の回想を引き、この節の結びとしたい。

「昭和一八年度及び一九年度において一〇〇数十万屯の要求に対し約一／一〇の二〇万屯内外の生産に過ぎなかった。（重油も年産三〇万屯）、したがって航空機動艦隊及びGFの展開も南方水域に移行して現地補給の余儀なからしめたのであって、これが術力訓練に至大の悪影響となったことが『あ』号作戦（『サイパン』戦）大敗

表 5-8　日満支液体燃料生産努力目標

（単位：1,000 キロリットル）

品　　名	1944 年度下半期	1945 年度
国産原油（原油）	150	310
人造石油（製品）	95	270
頁岩油（製品）	100	280
アルコール（日本）	200	530
アルコール（満州）	30	70
メタノール	20	50
松根油等低温乾溜製品	60	300
タール製品ピッチオイル	30	50
油脂類	40	100
計	725	1,960

出所：『敗戦の記録』209 頁。

の主因と認めざるを得ない」[53]（傍点引用者）。

海軍燃料廠で航空機用揮発油と重油が十分に生産できないために、南方に展開するしかなかったことが指摘されている。燃料不足のために訓練不十分のまま、戦争を継続しなければならなかった。吉田大佐は「訓練用燃料すら極度の抑制をうけねばならなかったことは宇垣纏提督の戦藻録を見ても余りにも明白である」[54]と結んでいる。

(4)　本土と南方の分断——南方資源入手不可——

一九四四年一〇月の比島（フィリピン）作戦の敗北は、日本本土と南方資源供給地との分断を意味した。この非常事態を受け、同年一〇月二八日の最高戦争指導会議が開催され「液体燃料確保対策ニ関スル件」[55]が決定された。「還送」と「日満支液体燃料生産」（表5-8を参照せよ）が二大課題であった。なお、捷一号作戦（レイテ）は一〇日前の一九四四年一〇月一八日に発令されている。

一　南方油還送量ハ本年度下半期七十五万竏ヲ努力目標トシ最小限第三四半期三十万竏、第四四半期二十万竏ヲ確保スルモノトシ之ガ為左ノ措置ヲ構ス

(イ)　十一月以降ニ於ケル艦艇ヲ以テスル直接護衛ハ油還送ニ徹底的重点ヲ指向スルモノトシ逐次護衛艦艇及油

槽船団ノ建制的運航ニ移行スルト共ニ護衛用艦艇及航空兵力ヲ更ニ徹底増強ス　右ニ伴ヒ十一月以降ニ於ケル陸海民ノ南方向配船（油ヲ除ク）ハ極力之ヲ圧縮ス

……中略……

三　日満支液体燃料十九年度下半期及二十年度生産努力目標ヲ別表第二ノ通定ム……（傍点引用者）

南方と本土との海路遮断のため、日本は日満支で自給自活態勢をとるしかない状況にまで追い込まれた。この状況において海軍は松根油・アルコールの生産に賭け、航空機燃料を少しでも確保せんと努力した。さらに一九四四年後半になると、空襲に備えて海軍燃料廠設備の疎開に取りかからねばならなかった。

時代が遡って、一九四四年八月一一日に最高戦争指導会議で報告された「帝国国力ノ現状」[56]から「物的国力」について述べられたところを引用し、当時の実情を浮彫りにするとともに、南方との分断が何を意味したのか考えたい。

一　帝国ノ物的国力ハ輸送力ノ激減、在庫物資ノ涸渇、民需圧縮ノ略々限度ニ達セルコト等ノ為昭和十九年度初頭ヲ頂点トシテ爾後低下ノ傾向ニ在リ。

二　昭和二十年度ノ物的国力ハ空襲ニヨル影響ヲ考慮外トスルモ十九年度ニ比シ更ニ相当低下スヘシ。

三　若シ南方資源ノ輸送杜絶セハ国力ノ低下ハ加速度的ニ進行スヘク特ニ液体燃料ノ不足ハ爾後ノ戦争遂行ニ重大ナル影響ヲ及ホスヘシ。（傍点引用者）

南方占領地との連絡確保は、「物的国力」の面から絶対確保しなければ「南方資源特ニ石油ヲ放棄セハ爾後ノ戦争遂行ニ重大ナル影響ヲ與フヘシ」と明記されている。しかし先にみたように一九四四年一〇月には分断され、当然

「帝国国力ノ現状」は危機的な状況に陥った。添付された「開戦以降物的国力ノ推移並今後ニ於ケル見透説明資料」の「判決」[57]の中で「開戦直前ノ見透ニ対シ主トシテ敵潜水艦ニ依ル船舶ノ損害予想外ニ増大シ造船量ヲ遙ニ突破シテ保有船腹ハ大幅ニ逓減セル」（傍点引用者）と書き、「徹底的ニ重点ヲ形成セル軍需生産ニ於テモ十九年度初頭ヲ頂点トシテ爾後ハ低下ノ傾向ニアルヲ否定シ得ス」と認め、「十九年末ニハ国力ノ弾撥性ハ概ネ喪失スルモノト認メラル」と判断をくだしている。憚ることなく「昭和一九年度」に国力が急低下する可能性を示唆している。「特ニ万一南方資源ノ還送杜絶スルカ如キ事態生起センカ液体燃料ノ供給不足ハ輸送生産部門ニ対シ正ニ致命的打撃ヲ与」えると、先見の明ある洞察を加え、さらに「南方占領地トノ連絡確保ハ物的国力ノ維持培養ノ為絶対要件ト謂フヘク南方資源特ニ石油ヲ放棄セハ爾後ノ戦争遂行ニ重大ナル影響ヲ与フヘシ」（傍点引用者）と的確に述べている。ここに引用した「最高戦争指導会議報告」は、比島陥落つまり南北分断を予言しているかのようである。石油だけでない。スズ、生ゴム、キニーネも日満支に転換することはできない軍需物資であった。

比島（フィリピン）がアメリカにとられた時点で勝負の大勢はすでに決したといえる。なぜなら、一九四四年九月以降の米軍の比島反攻開始直後から南方油の還送はまったく期待できない苦境に追い込まれ、近代戦争のエネルギー源である石油のストックを食いつぶすだけだからである。航空機・戦艦・油槽船・輸送用トラックは石油という動力源なくして、動くことはできないのである。これに関連して、海軍省軍需局刊行の「月頭報告」（一九四四年一二月八日付）の中で「燃料戦備ノ成立スルト否トハ懸リテ南方油ニ還送増強ニ在リ」と指摘し、海軍としては「最低限度毎月重油四万屯、航揮三万竏ノ還送油ヲ必要トスル」と述べている。[58]しかし同年一一月には還送量は九万三四一四キロリットルであり、そのうち海軍取得分は五万キロリットルにすぎなかった。

ところで、小沢治三郎中将は戦後米国戦略爆撃調査団の質問に答えて「我々が燃料不足を痛感しはじめたのは、マリアナ作戦の二～三カ月前からでした」と、語っている。[59]レイテ作戦のとき燃料事情のためリンガ泊地から出撃し、ブルネイ湾にて石油を補給したことは記憶に新しい。一九四四年三月に編成された第一機動艦隊は、訓練用燃料を十分補給するため、シンガポール南方一三〇浬のリンガ泊地で待機し訓練を行なった。リンガ泊地はスマトラ東側であり、陸軍のパレンバン製油所から重油の補給が可能であった(60)。栗田艦隊の参謀長小柳冨次少将は「ここでは油は無制限、海軍に入って始めて湯水の如く油を使う成金気分を味った」と回顧している(61)。実際、フィリピン作戦直前に陸軍南方総軍の協力があり、初めて全艦隊に重油を補給することができた。

表5-9　1945年度の改訂努力目標

（単位：1,000キロリットル）

<table>
<tr><th>品　　名</th><th>1945年度改訂目標</th><th>軍令部案</th></tr>
<tr><td>国産原油</td><td>375</td><td>600</td></tr>
<tr><td>人造石油（製品）</td><td>370</td><td>270</td></tr>
<tr><td>頁岩油（製品）</td><td>280</td><td>280</td></tr>
<tr><td>アルコール（日本）</td><td>530</td><td rowspan="2">800</td></tr>
<tr><td>アルコール（満州）</td><td>170</td></tr>
<tr><td>メタノール</td><td>50</td><td>50</td></tr>
<tr><td>松根油等低温乾溜製品</td><td>1,000以上</td><td>1,600</td></tr>
<tr><td>タール製品ピッチオイル</td><td>50</td><td>50</td></tr>
<tr><td>油脂類</td><td>200</td><td>200</td></tr>
<tr><td>計</td><td>3,025</td><td>3,850</td></tr>
</table>

出所：『日本海軍燃料史　下』1050～1051頁より作成。

また、松田千秋少将は「台湾作戦の前には、われわれには十分な指導者もあり、相当量の油の準備もありました。それが台湾沖の大損害以後は、油と指導者の不足はどんどん悪化の一途をたどりました。燃料事情の逼迫はとくにひどいものでした(62)」と、述べている。台湾沖航空戦（一九四四年一〇月一二～一五日）、比島失陥後、石油ストックは、アリ地獄に落ちたアリのように動けば動くほど底に向かうだけであった。

(5)「日満支自給自戦態勢」確立せず

一九四四年一〇月二八日の最高戦争会議の「日満支液体燃料生産努力目標」は、軍令部から見れば、今後の戦争を継続できるとみなせる数字ではなかった。そこで、海軍では一九四四年一〇月から「昭和二〇年度の改訂努力目標」の検討に着手した。次の表5-9のような海軍案を作成し、陸軍および軍需省との折衝に入った。軍令部案では、国産原油が六〇万キロリットル、アルコール八〇万キロリットル、松根油と低温乾

表5-10　1945年度液体燃料供給力

（単位：1,000キロリットル）

品名	努力目標	確保目標
国産原油	375	330
人造石油（製品）	230	200
頁岩油（製品）	250	230
アルコール（日本）	300	300
アルコール（満支）	100	100
メタノール	60	50
簡易低温乾溜	15	10
タール製品	50	50
松根油	331.5	226
計	1,711.5	1,496

出所：表5-9と同じ。

留で一六〇万キロリットルと、過大な希望的な数字が並んでいた。今日からみれば、数字を弄《いじ》り改訂したところで一体何の役にたつのか、との思いを抱くであろう。逆から言えば、統帥部の焦りが隠れているとみることもできようし、願望にあふれた計画を作成したにすぎないとみることができる。

実際、軍令部案は提案にすら至らなかった。紆余曲折を経て、一九四五年三月下旬に「堅実主義」の「二〇年度液体燃料供給力」が表5-10のように決まった[63]。軍令部案と比較すると、相当抑えられている。しかし、この供給見込ですら達成不可能であったことは、今日からみれば明らかである。

一九四五年三月末、海軍軍令部次長小沢治三郎と陸軍参謀次長秦彦三郎の間で「戦備」に関する申し合せが行なわれた。これは、一九四五年上半期に内地において、航空機燃料三〇万キロリットル、重油三〇万キロリットルの確保をはかったものである。

一　航空機用並ニ特攻兵器用燃料ヲ最重点トシ其ノ他ノ燃料ハ右燃料確保ニヨリ支障ヲ来スモ之ヲ忍ブ
二　速ニ日満支ノ自給自足態勢ノ確立ヲ計ル
三　支那大陸及台湾ハ内地ニ依存セズ自活ヲ計ル
四　九月以降ハ地上施設ハ殆ンド空襲ニヨリ完全ニ破壊セラル可キヲ想像シ空襲ニ対シ最モ強靭性アル施設ノ完

成ヲ期ス(64)(傍点引用者)

南方資源取得が困難に陥るや、「日満支自給自戦態勢確立」のため大陸と内地の間の「重要輸送ノ確保ヲ圖ルコト喫緊ノ要請」となった(65)(最高戦争指導会議、決定第一三号、一九四五年一月一一日、「大陸重要輸送確保施策」)。しかし燃料の場合「国内生産ハ概ネ計画ニ近キ成績ヲ得タルモ全体的ニ見テ殆ンド取ルニ足ラザル実状ニシテ燃料需給ハ依然トシテ真ニ深刻ナリ」というあり様で、南方からの還送油が「実績真ニ意ノ如クナラズ」であれば、国内の主要補給基地では航空機用揮発油はもちろんのこと、重油にまでも「支障ヲ来サントシツツアル」のは当然のなりゆきであった(66)。

一九四五(昭和二〇)年六月八日の御前会議で採択された「今後採ルベキ戦争指導ノ基本大綱」のなかで、「国力ノ現状」は以下のように捉えられていた(67)。

「戦局ノ急迫ニ伴ヒ陸海交通並ニ重要生産ハ益々阻害セラレ食糧ノ逼迫ハ深刻ヲ加ヘ近代的物的戦力ノ総合発揮ハ極メテ至難トナルベク民心ノ動向亦深ク注意ヲ要スルモノアリ従ツテ之等ニ対スル諸施設ハ真ニ一瞬ヲ争フベキ情勢ニ在リ」(傍点引用者)。

敗戦二カ月前になると、食糧までもが逼迫していることが読み取れ、「液体燃料ノ供給」は「日満支ノ自給ニ俟ツ」ほかなく、「貯油ノ拂底」、「増産計画ノ進行遅延」によって、「航空燃料等ノ逼迫」は「中期以降」の「戦争遂行ニ重大ナル影響ヲ及ボス」情勢であった。航空機の生産は空襲や原材料不足により「量産遂行ハ遠カラズ至難トナルベシ」というような惨状であった。

戦争末期の燃料状況は悲惨であった。海軍は沖縄特攻作戦を最後に石油を使いきった。本土決戦に備えていた陸軍に、海軍はまたしても航空機揮発油二万キロリットルの譲渡を申し込んだ。海軍が望みを託した液体燃料は以下の通り。(68)

① 撫順のオイルシェール。オイルシェールに二〇年四月以降も月産五〇〇〇キロリットルを期待。
② 海軍燃料廠や各軍需部のタンクに残っている油泥の処理。
③ 松根油および大豆油。
④ 航空揮発油としては、朝鮮興南のイソオクタン月産一〇〇〇キロリットル（日本窒素）と国産原油八〇〇キロリットル（海軍分）。
⑤ 全国の酒造工場が総動員され、台湾の砂糖・甘藷（さつまいも）・馬鈴薯・満州雑穀の発酵からのアルコール。（因みに一九四五年秋には甘藷六億トンの生産が見込まれていた）。なお、アルコールで航空機用揮発油の不足分を補うという計画は一九四四年一二月に策定され、先ず台湾の砂糖を原料にして月額約三万トンを見込んだ。南方との補給路がたたれた後、力が注がれたが、敵潜水艦の跳梁のため輸送には困難がともなった。それにつれて満州からの雑穀がアルコール燃料増産の観点から見直された。終戦後の食糧難のとき、これらのストックは国民の食糧として役立った。(69) その他、亜炭の乾溜・魚油から潤滑油の増産も計画実行された。(70)

敗戦前の海軍省軍需局作成の『月頭報告』(71)（一九四五年六月八日付）から一九四五年五月の「戦備状況」を引用しておく。

「五月ニ於ケル生産取得ハ重油ニ於テハ約五、六〇〇『トン』ノ外『セール』油及油泥処理ニヨリ五月消費量ノ約八〇%程度ヲ充足シ得タルモ航揮ニ於テハ殆ンド生産量ナク五月生産取得僅カニ約一、四〇〇竏ニシテ全消費量ノ約七%程度ヲ充足セルニ過ギズ殆ンド貯油ヲ以テ需要ヲ満シタル実状ナリ……中略……六月月頭主要燃料保有量

航揮　約三二、二五〇竏
重油　約一三、〇〇〇竏
『アルコール』　約　六、〇〇〇竏

ナリ今後ニ於ケル生産力並ニ需要量ヲ考慮スル場合航揮、重油、特ニ航揮ニ於ケル需要供給甚ダシク其ノ均衡ヲ失シツツ有ル実状ナルヲ以テ特ニ多量ノ貯油ナキ今日或ル程度ノ消費規制ヲナシ燃料戦力ノ持続ニ努ムル要有ル事態ニ至レリ」。（傍点引用者）

一日に一万キロリットル使うと仮定して計算するなら、わずか五日分の貯油量である。航空機用揮発油が三万トンで重油が一万トンしか保有していないのは、あまりにも悲惨である。しかも航空機用揮発油は「殆ンド生産量」はなく貯油を食いつぶすだけであった。一九四五年五月一〇日の徳山第三海軍燃料廠空襲[72]により、「大半ヲ焼失」し、国内で航空機揮発油をいかに製造しろというのであろうか。このような空襲を受け、しかも原油が枯渇状態で戦争を継続できるはずがない。油泥の量はタンク底からかき集めたとしてもしょせんしれている。松根油から航空機用揮発油および重油を取るという計画そのものが敗戦を意味していた。

4　補給の重要性——見えざる敗因——

(1)　船舶の喪失

敗戦後の一九四五年一一月八日、野村吉三郎海軍大将は米国戦略爆撃調査団（ＵＳＳＢＳ）[73]の尋問「軍事力方面で、日本の崩壊をもたらしたアメリカの大きな影響は何だったと思われますか」に対して、次のように答えた。[74]

「はじめのうちは潜水艦によって、われわれの商船隊が大きな損害を与えられ、後期は空軍と協同した潜水艦が日本の船舶を減少させました。われわれの補給路は切断され、その生命線を維持することはできませんでした。次に日本の飛行機工場は破壊され、われわれは前線に消耗機の補充が十分できなかったが、一般の人々は船舶喪失の重大性の認識が欠けていて、一番大切なのは飛行機の問題だとばかり思いこんでいた。われわれ専門家は国民の生活にだけでも少なくとも三百万トンの船腹が絶対必要であることを知っていました」（傍点引用者）。

同じく米国戦略爆撃調査団が一一月一三日に豊田副武海軍大将に対して「アメリカの対日兵力のうち、どの兵力が、日本の戦力を枯渇させるのに一番有効だったと思いますか」という質問を行なったが、豊田は以下のように陳述した。[75]

「南方の資源からの補給が断たれたことでした。それは主として、船腹の喪失と、輸送手段一般が何も無くなったことからきたものでした」。

「本年〔一九四五年〕に入るまでは日本の船舶被害は主に潜水艦の攻撃によるものでした。今年になってから、特に四月、五月以降は飛行機からの攻撃が船舶喪失の主な原因となりました」。

野村大将、豊田大将の証言は、補給が続かずに戦力・国力を低下させていったことを述べている。日本の補給路に有効な打撃を与えたのが、潜水艦であったことがわかるが、米国を中心とする連合軍の潜水艦は、シドニー（トラック、ソロモン、ニューギニア方面）、ホノルル（南洋）、ダッチハーバー（北洋）、パース（昭南、南西諸島方面）を基地にして、海上航行中の船舶の攻撃を行なった。オーストラリアの地政学的位置を巧みに生かした。

この点を眞田穣一郎陸軍少将自身による日記抜粋から拾い、問題の深刻さというものを明らかにしていこう。一九四三年三月の時点で、沈没が一一五万トン、損傷が一六一万トンであり、合わせると二七七《(六?)》万トンに達していた。このうち「沈没ノ三分の二ハS《潜水艦》ニヤラレ　三分の一ハ航空ニ依リヤラレタ」のであった。「今後消耗ノ予想」では「S《潜水艦》ニ依ルモノ年六十二万屯ノ予想　然ラハ航空機ニ依ルモノヲ実績比率デ加ヘルナラハ全沈一〇〇万屯トナル」としたうえで、「一〇〇万屯沈メラル、時ハ三四〇〇〇人ノ人ト四九万屯ノ資材カ海没スル計算トナル」との見通しであった。「極メテ戦争並作戦指導上重大ナルヲ以テ現状ヲ如何ニ政策スヘキヤニツキ両総長両次長ヨリモ報告アリ部長以下ニ於テ速ニ策案ヲ練ルコト、ナル」と、眞田少将は日記から抜粋している。(76) 陸軍軍人眞田穣一郎にとって、敗戦を振り返ったとき、補給の問題は青史に刻まねばならぬ問題であった。当然、戦時中も日夜眞田少将の脳裏から離れなかった問題であったに違いない。

眞田少将は「敵ハ『ハワイ』『シドニー』『パース』ヲSノ基地トナス　『ラボール』ガ敵ノ基地トナルト途中カ距《(ママ)》離半減ス　即チ現在米ノS一〇〇隻活動スト観レバ今ノ二〇〇隻二倍ノ活動ヲ意味シ対策ヲ講シテモ今ヨリ五割ハ増加スルモノト覚悟セサルヘカラズ　目下米ノSハ全部ニテ一二〇隻中此方面ニ常時活動シアルハ一／三至一／四即チ

図 5-6 日本の輸送船団航路

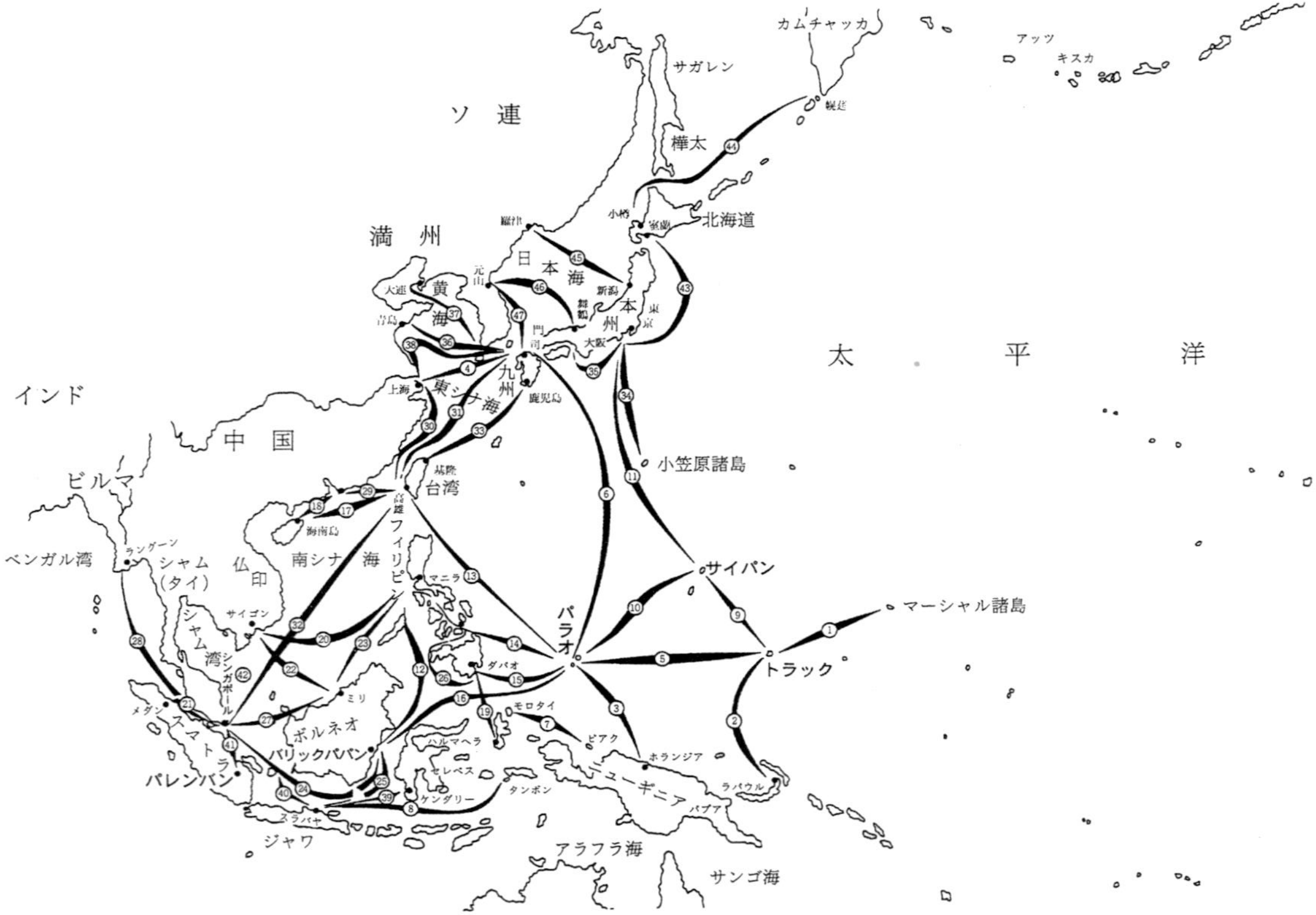

出所：『現代史資料 39』みすず書房、1975年、47頁より作成。

四〇至三〇隻ナルカ如シ」と指摘し、連合軍の基地が前進するにつれて、敵潜水艦の跳梁がますます活発になると予見している。[77]

本書の課題からすれば、潜水艦の悪戯によって、一般船舶の総トン数が減少し、これが国力の低下につながったという事実を確認しておけばよい。概括的な表を提示し、船舶喪失の重大さを喚起しておこう。まず、表5-11に何の攻撃で船舶が沈められたかを示した。[78] この表を一瞥すれば、潜水艦の攻撃によって、船舶が沈められていったことが明白である。開戦より一九四二年一〇月までの被害の七一・六%を占め、一九四三年一〇月までの間は七四・一%であり、一九四四年八月までの間には七〇・六%であった。比島陥落から敗戦までの間に航空機の攻撃による被害は四九・七%を占めたが、戦争全体を通して言えば、「潜水艦にやられた」といって差し支えない。海軍からみるなら、潜水艦の跳梁に有効なカウンターはなかったのか。反対に日本が、米軍の補給路を潜水艦を使って、妨害になぜ行けなかったのかという、後知恵的な疑問・研究課題を提示しておこう。日米の技術力の差（水中聴音機、電波探信機、対潜用航空機）があったことは、明白である。第一次世界大戦でドイツUボートと対峙したアメリカと異なり、ドイツの弱みにつけ込み青島に進出した日本の差がここにでている。

表 5-11　連合軍による船舶撃沈数比率

期　　間	潜水艦	航空機	機　雷
1941年12月～1942年10月	71.6%	18.3%	10.1%
1942年11月～1943年10月	74.1%	23.3%	2.6%
1943年11月～1944年 8月	70.6%	27.7%	1.7%
1944年 9月～1945年 8月	37.6%	49.5%	12.7%

出所：『日本戦争経済の崩壊』89頁より作成。

表5-12には、一〇〇トン以上の鋼船の総トン数を掲げた。この表から船舶が壊滅的なダメージを被っていた事実が明らかであろう。一九四三年度以降急速に総トン数が低下していくことが読み取れる。建造した船舶と喪失した船舶の月ごとの推移を表5-13に示した。喪失トン数でみると、一九四二年一〇月と一一月に急増加し一〇万トン台に乗せ、一九四三年は一〇万トンから二〇万トンの間の数字を毎月海中に沈められていったことがわかる。一九

表5-12　100トン以上の鋼船の総トン数

（単位：1,000トン）

年　度	新造その他増	喪失量その他減	差引増減	年末保有量	指　数
開戦時	—	—	—	6,384	100
1941年度	44	52	−7	6,377	99
1942年度	662	1,096	−434	5,943	93
1943年度	1,067	2,066	−999	4,944	77
1944年度	1,735	4,115	−2,380	2,564	40
1945年度	465	1,562	−1,037	1,527	24

出所：海軍省軍務局『大東亜戦争中ニ於ケル我物的国力ト海軍戦備推移ニ関スル説明資料』より作成。
註：(1)　1945年度は8月までである。1945年度は計算と数値が一致しないが、そのまま掲示した。
(2)　1941年度は12月中だけ計上。
(3)　タンカー等一切を含む。
(4)　海軍省軍務局三課作成（1945年9月28日）。

四三年一一月に三一万トンもの鋼船を喪失し、以降一九四四年度は一〇万トン台が四月と一二月であり、二〇万トン台が三月、五月、六月、七月、八月の五カ月もあり、三〇万トン台が一月、四〇万トン台が九月、五〇万トン台が二月と一〇月である。一九四四年に叩きのめされたことがわかる。連合軍がソロモン群島を北上するにしたがって、南方と本土をつなぐ海上ルートが敵の攻撃圏内に入っていったということである。

建造総トン数をみると、一九四四年は毎月一〇万トンは建造しているが、これが日本の国力の限界であり、喪失トン数を補えなかったことが一目瞭然である。一九四一年から一九四五年の各月を通してみても、建造が上回ったのが、一九四四年三月と一九四五年二月のわずか二回だけである。ボディーブローのように総トン数の減少は効いていった。

ここで戦況と照らし合わせて、もう一度表5-13を見直そう。一九四二年一〇月と一一月に船舶の喪失が増加したのは、ガダルカナル島争奪戦での物資補給に伴うものであった。ガダルカナル撤退以降、一九四三年度はニューギニアとソロモン群島をめぐる「南太平洋の戦い」に消耗戦を繰り返したのであった。島嶼をめぐる陣地争奪戦ひいては制空権の確保が勝負の行方を左右した。海上に拠点を築き、防備するには陸軍の協力は必要不可欠であった。しかし兵隊への糧食などの補給時に船舶を喪失していったことは、先に引用した眞田日誌抜粋が抉り出している。

一九四四年二月には、トラック島に錨を下ろしていた船舶一八万六〇〇〇トンが、わずか二日間に壊滅的打撃を受け、この中には艦隊付の高速タンカーがふくまれていた[79]。一九四四年五~六月にはマリアナ沖海戦で船舶を失い、八月から一一月までの間、フィリッピン・台湾への補給時に敵潜水艦の待伏せ攻撃にさらされた。九月に四二万トン、一〇月に五一万トン、一一月に三九万トンずつ消耗し、これは当時の総船舶トン数の一割以上を毎月失っていったということである。実際に可動していた船舶の喪失割合は、この割合より大きくなる。アメリカ空母機動部隊は一九四

表 5-13　船舶推移（建造と喪失）

（単位：トン）

年　月	建　造	喪　失	総トン数の増減
1941年12月	5,904	56,060	− 50,156
1942年 1月	23,894	78,795	− 54,901
2	16,638	38,248	− 21,610
3	21,250	78,149	− 56,899
4	7,082	36,684	− 29,602
5	16,242	96,566	− 80,324
6	23,081	82,879	− 59,798
7	12,894	67,528	− 54,634
8	40,374	92,881	− 52,507
9	22,879	46,579	− 23,700
10	22,351	**164,827**	−142,476
11	7,754	**158,992**	−151,238
12	45,620	71,787	− 26,167
1943年 1月	12,549	122,590	−110,041
2	42,954	93,175	− 50,221
3	108,444	150,573	− 42,129
4	16,838	131,782	−114,944
5	31,315	131,440	−100,125
6	48,000	109,155	− 61,155
7	63,966	90,507	− 26,541
8	62,483	98,828	− 36,345
9	88,805	197,906	−109,101
10	80,412	145,594	− 65,182
11	87,278	314,790	−227,512
12	126,041	207,129	− 81,088
1944年 1月	108,216	**339,651**	−231,435
2	124,902	**519,559**	−394,657
3	256,450	225,766	30,684
4	83,183	129,846	− 46,663
5	162,239	277,222	−114,983
6	142,382	225,204	− 82,822
7	106,602	241,652	−135,050
8	101,888	294,099	−192,211
9	185,221	**424,149**	−238,928
10	144,675	**514,945**	−370,270
11	149,831	**391,408**	−241,577
12	133,604	191,876	− 58,272
1945年 1月	113,419	**425,505**	−312,086
2	140,372	87,464	52,908
3	126,729	186,118	− 59,389
4	33,707	101,702	− 67,995
5	66,454	211,536	−145,082
6	22,481	196,180	−173,699
7	44,337	235,830	−191,493
8	12,064	59,425	− 47,361

出所：『現代史資料　39』みすず書房，1975年、466、477、826頁より作成。
註：500トン以上の大型のものを集計した。

五年一月中旬に南シナ海で大規模な集中掃蕩を行なったが、それが四三万トンという数字に化けた。一九四五年三月からの沖縄での海戦で、船舶の数は少しずつ確実に減っていった。三月二七日、B29重爆撃機による機雷敷設が開始された。関門海峡はじめ主な港湾に機雷の敷設が行なわれ、その結果、船舶の行動は制約を受け、無力化していかざるをえなかった。潜水艦攻撃から守られていた港湾も安全ではなくなり、修理のための帰港すら覚束なくなるという危機的状況に瀕していた。疑う余地なく、B29重爆撃機による組織的な機雷敷設が港湾に行なわれていたら、戦時日本経済ははやく麻痺していっただろう。(80)

またアメリカ海軍が開戦初期よりタンカー(81)をねらい撃ちしていたら一体どうなっていたのだろうか。幸いにもタンカーは一九四三年一〇月までの間は船腹は減っていない。しかし、一九四四年二月トラック島で一〇指にあまる優良タンカーを失ったのをはじめ、例えば同年九月には一万トン級タンカー四隻をふくめ多数の油送船が雷撃・空爆・座礁により沈没した。このように一九四三年末から終戦にかけてタンカーの総トン数は急減した。(82)

(2) ガダルカナル島撤退に内包していた本質的問題——補給とは、防衛線とは、海上兵力とは——

陸軍はガダルカナルとニューギニアに兵を送り込んだが、その補給は海軍の協力なくしてありえなかった。(83) ここで、一九四二年一二月一〇日に作成された「開戦以来陸軍船舶損害状況」から、ガダルカナル島への輸送が船舶の消耗を招いた事実を再確認しておきたい。一九四一年一二月から翌年一一月までの沈没総量は、約三六万七〇〇〇トン（月平均三万一〇〇〇トン）であり、大破総量は約四〇万一〇〇〇トン（月平均三万三〇〇〇トン）であった。特に一九四二年一〇月には沈没五万六〇〇トン、大破三万四六〇〇トンにのぼり、さらに一一月には沈没一〇万六三〇〇トン、大破四万六一〇〇トンにまで増加した。(84)

眞田穣一郎大佐（当時陸軍省軍務局軍務課長）は日記摘録の中で、「某大佐」の漏らした発言を記している。

「イクラ考ヘテモ正直ナ所十分ナル確信ハ無イ　船ノ関係モアリ抜キ差シナラス　実際打開ケタ所船ヲ統帥部申出通リ政府ヨリ貰フ方カ苦痛ナリ　三万ヲ見殺シニハ出来ス　又不確信ナコトヲヤッテ物動ヲ壊シ国ノ前途ヲ目茶苦茶ニモ出来ス」（傍点引用者）。

現地で行われた「現地陸海軍共同図演ノ結論」では「A、Bトモニ現地ノ要求スルダケノ航空ヲ出シテ或程度自信ノアル敵ノ□□《判読不可》制空カ出来タトシテモ毎回出発シタモノ、二一・六六割（4／15）シカ揚陸不可能　而カモ船舶ハ殆ント皆潰シテ了フコトカ明ニセラレタ　之カ結論ナリ」[85]であった。この結論は航空兵力の護衛・援護があっても一五隻中四隻しか成功しないということである。換言すれば、一五隻中一一隻は沈没、大破もしくは中破するということである。当然船舶をつぎ込めばつぎ込むほどそれだけ沈められ、総トン数は低下することになる。

『機密戦争日誌』[86]は、ガ島撤退後の一九四三年二月八日、「斯クシテ『ガ』島ノ消耗戦ハ茲ニ終了シ船舶ノ消耗モ次第ニ減少スヘク予想セラレ大東亜戦争ハ再ヒ常道ニ乗リタル感アリ」と記している。しかし、白熱した議論はガダルカナルだけでは終らず、常道には乗ることはなかった。アッツ玉砕に関して眞田は「『アッツ』ヘノ弾薬糧秣□生材料の送込ミサヘモ実現ヲ見サリシコトハ洵ニ遺憾ニ堪エサリキ」[87]と記している。この現実に直面し、一体どの線で防衛するのが最善なのであろうかという問題は避けては通れない問題であった。

眞田穣一郎大佐（この時点で参謀本部作戦課長）にとって大切な問題はもう一点あった。ナウル、ギルバート、ムンダ、コロンバンガラ等の先端基地に「敵ノ来攻アリタル時ハ復タ『ガ』島ノ如ク『キスカ』ノ如ク『ケ』号作戦ヲ某時期以降実施スルヤ　『アッツ』ノ如ク死守玉砕セシムルヤ」という問題である。眞田は日記抜粋のなかで本心を以下のように吐露する。

「『ムンダ、コロンバンガラ』ニ来襲セハ□《判読不可》地ノ守兵ハ最后迄真面目ノ抵抗ヲナシ既ニ組織アル抵抗不可能トナレハ組織ヲ解キテ『ジャングル』内ニ入リ之ヲ根拠トシテ飽ク迄遊撃ニ出テ敵ノ基地ヲ終始不安動揺ニ陥レ最后ノ一兵迄闘フヘク某時期ヲ画シテ後方要線ニ後退セシムルハ採ラサル所ナリ」(88)。

眞田大佐はガダルカナル撤退に際して、今村均方面軍司令官に意見具申したが「切ナル御考ニテ翻」したが、「『アッツ』カ昨今敵ニ与ヘツツアル打撃ト『ガ』島ノ成果トヲ勘考シ益、予ノ信念ハ固マレリ(89)」と書いている。

ガダルカナル島で鋭角に突き刺さった難題は、再びソロモン諸島のコロンバンガラ島でも顕在化した。カダルカナルに拠点を得た米軍は、半年後鉾先をムンダ、コロンバンガラ島に向けてきた。六月二四日、二五日、二六日、二七日の四日間ムンダ、コロンガンバラ島にある♯〔飛行場〕に猛烈なる爆撃をかけ、使用不可能にしたうえで、六月三〇日に攻撃を開始した(90)。途中の経過は省き、補給についてのみ紙幅を割く。

「一万四千ノ補給ハ如何ナル手段ニテ可能ナリヤ　糧秣ハアト十七日分アルノミ　飯盒炊サンハ不可能　米ハナマノマ、喰ヘテヰル

クラ湾ノ制海権ハ斯クノ如シ、如何ニシテ補給カ出来ルカ？　〃時間ノ問題ナリ〃ト云フコトハ潰レルカ退ケルカノ問題ナリ

見透シナクシテ上級統帥カ潰スト言フコトハ陸軍ノ統帥トシテハ出来ナイ」。

瀬島龍三部員は以下のように述べ、海軍に迫った。

「航空作戦デ『ムンダ』『コロンバンガラ』ヲ喰ハスコト　即チイクサヲ続ケサスコトカ出来ルカ？　其ノ確算カナケレバ潰スカ退ケルカヲ決メナケレバナラヌ」。

海軍、軍令部との間で白熱した応酬が約一時間続けられたと眞田作戦課長は記している。ある軍令部部員の発言の骨子は「一言ニシテ尽セハ『退ケタラ持テル確算アリヤ　勝タナケレバナラヌ　補給ノ道ガ立タナケレハ其場テ斬り死ニスル迄ダ』ト云フ」にあった。陸軍参謀本部の多数の意見は、以下の通りである。

「海軍ハ制空制海ニ尽スベキヲ尽サズ　ガダル、アッツ、キスカ等常ニ陸兵ヲ置キザリニシテ愧ヂズ而カモ陸兵ニ期待スル所ノミ多ク陸兵ノ為ニ尽ス所ナキハ何事ゾヤ」。

これ以上筆を走らすのは、本稿の課題を逸脱するので、擱くことにする。補給の重要さを読み取ればいい。いや、戦争のきびしさそのものである。筆者は眞田少将の問いかけに、答えねばならぬと考えている。

5　石油の戦時需給――数量からの考察――

(1)　石油需給の推移

従来米国戦略爆撃調査団（USSBS）の資料に依拠して、戦時中の石油補給量が提示されてきた。本稿では異な

表5-14　海軍重油保有量・消費量・生産取得量

(海軍省軍務局第三課、1945年9月28日作成)　　(単位：1,000キロリットル)

	国内生産量	還送量	取得合計	国内消費量	国外消費量	消費合計	在庫量
1941年度	80	0	80	520	0	520	3,184 (1942年4月1日)
1942年度	400	230	630	1,510	2,150	3,660	1,804 (1943年4月1日)
1943年度	94	350	444	1,350	2,160	3,510	798 (1944年4月1日)
1944年度	80	200	280	1,000	1,740	2,740	78 (1945年4月1日)
1945年度	40	0	40	114	136	250	4 (1945年8月15日)
計	694	780	1,474	4,494	6,186	10,680	

出所：海軍省軍務局『大東亜戦争中ニ於ケル我物的国力ト海軍戦備推移ニ関スル説明資料』より作成。
註：(1)　1941年度は1941年12月6日から1942年3月31日まで。
(2)　1945年度は1945年4月1日から1945年8月15日まで。
(3)　還送量には還送原油から取得した航空機揮発油を含む。
(4)　開戦時在庫量362万4,000キロリットル(1941年12月8日)。
(5)　国内生産は海軍燃料廠。

る資料で戦時中の石油統計を示すことにする。陸海軍委員会のメンバーであった原道男大佐は、米国戦略爆撃調査団に提出した資料に関して、「しかしこれも勿論そのもとになる資料が不正確であるから、最終的のものともいえない。多分につじつまを合せるためのメーキングがふくんでいるのである」と指摘し、正確なデータでないことを示唆している。(91)

全体を総括できる、年次別の表5-14、表5-15から、重油および航空機用揮発油の戦時中の推移を把握しておく。(92)「国内消費量」は文字通り国内(内地)で供給した石油と考え、「国外消費量」とあるのは、「南方」で補給した石油であるとみなそう。この表で留意しておかねばいけないのは、「還送量」の数字の中には、南方原油を用いて、海軍燃料廠で精製した重油・揮発油も含まれている点である。その結果、国内生産量は実際に国内で生産された量よりも低い値になっている。以上を踏まえ、数字をみると、航空揮発油に関しては国内で供給された方が三割弱ほど多いが、重油は南方で補給された方が四割弱多い(一九四一年度分を除き、一九四二年度以降で計算するなら南方補給の割合はさらに高くなる)。換言すれば、艦隊はボルネオやシンガポールで現地補給したが、機動部隊は内地でも補給せざるをえず、兵力分断させられたということである。(93)国内の航空揮発油および重油の在

表5-15　海軍航空揮発油保有量・消費量・生産取得量

（海軍省軍務局第三課、1945年9月28日作成）　　（単位：1,000キロリットル）

	国内生産量	還送量	取得合計	国内消費量	国外消費量	消費合計	在庫量
1941年度	40	0	40	72	15	87	468（1942年4月1日）
1942年度	110	49	159	290	185	475	337（1943年4月1日）
1943年度	36	105	141	320	320	640	158（1944年4月1日）
1944年度	10	185	195	275	280	555	78（1945年4月1日）
1945年度	15	0	15	76	10	86	17（1945年8月15日）
計	211	339	550	1,033	810	1,843	

出所：海軍省軍務局『大東亜戦争中ニ於ケル我物的国力ト海軍戦備推移ニ関スル説明資料』より作成。
註：(1)　1941年度は1941年12月6日から1942年3月31日まで。
(2)　1945年度は1945年4月1日から1945年8月15日まで。
(3)　還送量には還送原油から取得した航空機揮発油を含む。
(4)　在庫量500にはイソオクタンなど約27を含む。
(5)　開戦時在庫量500（1941年12月8日）。

庫量の推移をみれば、毎年減少を続け、一九四五年四月一日には完全に破綻していることが明白である。

表5-14、表5-15から計算したのが、表5-16である。海軍は、重油を国内で、一九四一（昭和一六）年に月平均約一三万（キロリットル、以下略す）、一九四二年に月平均約一二・六万、一九四三年に一一・三万、一九四四年に八・三四万、一九四五年に二・四四万それぞれ補給している。一方南方では、一九四二年に月平均になおすと一七・九万、一九四三年に一八・〇万、一九四四年に一四・五万、一九四五年に三・〇二万供給している。また海軍は航空機用揮発油については「昭和一六年度」国内で月平均一・八万（キロリットル、以下略す）、南方で〇・三七万、「昭和一七年度」は国内二・三七万、南方一・五四万、「昭和一八年度」は国内二・六七万、南方二・六七万、「昭和一九年度」は国内二・三万、南方二・三万、「昭和二〇年度」は国内一・七万、南方〇・二万である。月平均で数字を並べてみると、一九四四年に低下し、一九四五年に大きく下がっていることがわかる。航空機用揮発油よりも重油の減少率のほうが大きい。戦時中五カ年間の月平均消費量をみると、重油が二六・四万キロリットルであり、揮発油が四・五万キロリットルである。この数字だけから判断すれば、海軍は潤沢すぎるほど石油を消費したといえよう。ただ「昭和二〇年

表 5-16　1カ月平均重油・揮発油消費量（海軍）

（単位：万キロリットル）

	重油国内消費量	重油南方消費量	重油消費合計	揮発油国内消費量	揮発油南方消費量	揮発油消費合計
1941年度月平均	13.00	0.00	13.00	1.80	0.37	2.17
1942年度月平均	12.60	17.90	30.50	2.37	1.54	3.91
1943年度月平均	11.30	18.00	29.30	2.67	2.67	5.34
1944年度月平均	8.34	14.50	22.84	2.30	2.30	4.60
1945年度月平均	2.44	3.02	5.46	1.70	0.20	1.90
5カ年間月平均	11.11	15.27	26.38	2.54	1.99	4.53

出所：海軍省軍務局『大東亜戦争中ニ於ケル我物的国力ト海軍戦備推移ニ関スル説明資料』より作成。
註：(1)　1941年度は1941年12月6日から1942年3月31日まで。
　　(2)　1945年度は1945年4月1日から1945年8月15日まで。

度」の四カ月半の間は一カ月後の見通しも立たないほどの危機に瀕していたといえる。

ここで嶋田繁太郎大将備忘録(94)にある開戦前の一九四一（昭和一六）年一〇月二九日の「軍需局長ヨリ燃料ノ説明ヲ聴ク」の数字と比較しよう。「航空油」の開戦前の現有保有高が、海軍七〇万キロリットル、陸軍四二万キロリットルであり、生産は第一年目五万キロリットルで、第二年目に二〇万キロリットルと予想し、消費量は第一年目に海軍三五万キロリットル、陸軍三〇万キロリットル、被害九万キロリットルとされ、第二年目に海軍三〇万キロリットル、陸軍二五万キロリットル、被害五万キロリットルと想定された。表5-15に示したように、実際に海軍が消費した航空揮発油は、「昭和一七年度」が四七・五万キロリットルであり、「昭和一八年度」が六四万キロリットルであったことから判断すると、航空燃料は十二分に補給されたと言える。

以上の概括表を確認したうえで、海軍省軍需局が配付した『月頭報告』から一九四四・四五年の数字を拾い、敗戦直前の惨めな姿を浮き彫りにしていく。残念ながら一九四二・四三年の『月頭報告』は未発掘である。残存する『月頭報告』から敗戦前のトレンドだけでも描きたい。表5-17をみよう。この表5-17と表5-16とを比較すると、数字がよく一致している。二つの表ともフィリピン陥落の結果、南方と杜絶した影響が消費量の急激な低下という形ではっきり出ている。重油の内地供給量はフィリピン陥落前後から低下し

表 5-17　海軍重油・揮発油供給量

（単位：万トン、万キロリットル）

	1944年6月	7月	8月	9月	10月	11月	12月	1945年1月	2月	3月	4月
重油内地供給	—	12.0	—	—	12.9	9.7	7.0	—	3.0	—	3.0
（同上実供給）	—	9.0	—	—	11.5	8.2	5.7	4.4	2.8	4.3	2.9
重油南方供給	—	19.9	—	—	13.3	16.7	—	—	—	—	—
（同上実供給）	—	17.6	—	—	13.3	10.8	—	2.2	—	—	—
重油実供給合計	17.7	26.6	*	19.1	24.8	19.0	*	6.6	*	—	—
重油内地補給率%	*	34%	*	*	46%	43%	*	67%	*	*	*
揮発油内地供給	—	3.5	—	—	4.1	3.5	3.9	—	—	—	—
（同上実供給）	—	3.2	—	—	3.7	3.2	3.6	—	1.9	2.8	3.2
揮発油南方供給	—	2.1	—	—	1.9	1.5	—	—	—	—	—
（同上実供給）	—	1.1	—	—	1.9	0.8	—	—	—	—	—
揮発油実供給合計	4.5	4.3	*	5.8	5.6	4	*	*	*	*	*
揮発油内地補給率	*	74%	*	*	66%	80%	*	*	*	*	*

出所：海軍省軍需局長『月頭報告』より作成。
註：(1)　実供給は艦隊・部隊などに供給された量である。
　(2)　実供給が減るのは減耗・組替などのためである。
　(3)　1944年6月、9月、1945年1月の数値は前月との増減率から計算した。
　(4)　—はデータなし。＊は計算不可。

ていることがわかる。一九四四年七月に南方で一七・六万キロリットル補給したものが、一九四五年一月には二・二万トンにまで下がっている。内地・外地あわせて考えても、重油の補給は一九四五年一月に入るやいなや、一月に六・六万トン、二月に二・八万トン（内地のみ）要するに月額一〇万トンの供給ができなかったということである。すでに本章第2節でみたように、一九四二年八月、九月、一〇月に三〇～三四万キロリットルの重油消費[95]であったことを想起すれば、五分の一の供給量である。

　これでは作戦などできる状態ではなかった。ミッドウェー海戦で六〇万キロリットル、マリアナ沖海戦で三五万キロリットル、レイテ沖海戦で二〇万キロリットル消費[96]したことを考え合わせると、組織的な作戦はもはや不可能であった。航空機用燃料は、①陸軍から割譲を受ける、②重油を犠牲にして還送・生産する、などの対策を講じたため「内地供給」は重油に比べると落ち込みは軽微である。

表 5-18　海軍南方月頭在庫額

（単位：原油，重油トン、ほかはキロリットル）

	1944年7月	8　月	9　月	10　月	11　月	12　月
原　油　（トン）	112,726	129,056	—	152,800	166.916	72,370
缶　用　重　油	191,012	105,295	—	83,529	108,341	27,262
1　号　重　油	24,345	16,455	—	7,221	7,267	12,250
2　号　重　油	21,976	14,542	—	26,210	20,717	22,369
重油合計	237,333	136,292	—	116,960	136,325	61,681
航空揮発油	93,125	90,228	—	83,837	70,135	64,037
航空潤滑油	2,736	3,042	—	2,740	2,241	1,953
エチルフルード	32.21	75.54	—	215.02	212.02	180.02
普通潤滑油	4,839	3,138	—	3,435	2,829	2,683

出所：海軍省軍需局長『月頭報告』より作成。
註：(1)　缶用重油には3号重油を含む。
　　(2)　一はデータなし。

(2)　月頭の石油在庫推移——敗戦前の惨状——

一九四四年七月以降、毎月一日の在庫量の推移をみていこう。表5-18を一瞥されたい。なお、一九四五年一月以降の報告は未着のため、南方の統計は『月頭報告』に記録されていない。一九四四年七月と八月を比べると、重油が減少しているのに対して、航空揮発油が減っていないことが読み取れる。これは艦隊の南下、リンガ泊地における訓練を反映している。艦隊への補給のために一九四四年七月から一〇月にかけて重油が消費された。前述した捷一号作戦の準備はこの時期である。一九四四年八月半ばからバリックパパン方面は空襲を受けはじめ、一九四四年九月三〇日から一〇月一四日の間にバリックパパンは数次の空襲を受けた[97]。その結果、航空機揮発油一二%取れる良質の原油が採取できるサンガサンガから第一〇二海軍燃料廠のあるバリックパパン製油所への送油は一一月一日までの間中止された[98]。一〇月そして一一月と原油在庫量が増えているのは、空襲被害により製油能力が低下した反映であって、原油が増産された結果ではない。サンガサンガは一二月中に数回の攻撃を受けて、油槽四基（容量三万キロリットル）が大中破した[99]。またタラカンは一二月はじめの敵空襲により壊滅的な打撃を受けた。一九四四

表 5-19　南方原油産出量

Ⅰ：サンガサンガ(Sanga Sanga)油田開発状況　（単位：キロリットル）

年　月　日	抗井敷	前月採油量	1944 年度採油量累計	開戦後採油量累計
1944 年　9 月 1 日	297	64,550	308,860	1,396,945
1944 年 12 月 1 日	309	247	388,492	1,476,637
1945 年　1 月 1 日	309	12,982	401,474	1,489,619
1945 年　2 月 1 日	295	20,050	421,524	1,509,669
1945 年　4 月 1 日	295	2,920	432,824	1,520,969

註：(1)　9 月 30～10 月 14 日空襲。
　　(2)　12 月に数回空襲。油槽 4 基大中破。
　　(3)　航空揮発油が 12% 取れる原油。
　　(4)　通常原油は単位にトンを用いるが、キロリットルで表記されている。

Ⅱ：タンジョン(Tanjung)での油田開発状況　（単位：キロリットル）

年　月　日	抗井敷	前月採油量	1944 年度採油量累計	開戦後採油量累計
1944 年　9 月 1 日	8	1,308	7,431	8,488
1944 年 12 月 1 日	8	0	8,228	9,285
1945 年　1 月 1 日	8	0	8,228	9,285
1945 年　2 月 1 日	8	0	8,228	9,285
1945 年　4 月 1 日	8	0	8,228	9,285

Ⅲ：タラカン(Tarakan)での油田開発状況　（単位：キロリットル）

年　月　日	抗井敷	前月採油量	1944 年度採油量累計	開戦後採油量累計
1944 年　9 月 1 日	588	44,440	222,030	1,135,901
1944 年 12 月 1 日	593	220	230,920	1,144,796
1945 年　1 月 1 日	553	230	231,150	1,145,026
1945 年　2 月 1 日	593	0	231,150	1,145,026
1945 年　4 月 1 日	593	0	231,150	1,145,026

出所：前掲『月頭報告』より作成。
註：11 月 18 日空襲。

年一二月一日の重油・原油在庫が急減したのはこの空襲の結果である。フィリピンが取られ本土と遮断されなくとも、敵空襲によって、南方原油生産地帯は壊滅状態に遠からず陥り、石油在庫量は減りつづけたであろう。表5-19、表5-20からも空襲によって生産減少・中止に追い込まれたことが読み取れる。

陸軍の南スマトラ燃料工廠の空襲は、一九四四年八月一一日にプラジュー（Pladjoe）第一製油所（月産二〇万キロリットル）、第二製油所（一二万キロリットル）に一回目の空襲があり、二回目の空襲は一九四五年一月二四日であった。同年一月二九日にはスンゲイゲロン（Sg. Gerong）製油所に

表 5-20　バリックパパン(Balikpapan)での製油高

(単位：キロリットル)

	1944年8月	1944年12月	1945年1月	1945年4月	1945年4月の製品在庫高
重油1号	4,258	2,523	2,990	0	4,987
重油新2号	4,361	0	0	0	4,397
重油3号	15,717	2,937	7,596	0	72,857
航空揮発油91	8,913	1,680	1,263	42	1,436
航空揮発油87	1,487	478	305	220	230
原揮	16,121	1,678	1,408	—	13,740
航空潤滑油	387	182	98	0	142
普通潤滑油	2,870	563	8,155	0	1,283

出所：海軍省軍需局長『月頭報告』より作成。
註：(1)　—はデータなし。
(2)　1944年8月はジャワ、スマトラから原油搬入は少なく、操業率60％であった。

初空襲があった。一月の空襲後復旧に努め「五〇日ニシテ大体被爆前ノ能力」の八〇％まで復旧したが、「油槽船ニ依ル製品搬出困難トナリ貯油槽満量トナリ生産量ヲ制限スルノ止ムナキ状態」に至った[100]。また南方燃料廠に隷属した北スマトラ燃料工廠は一九四四年三月から終戦までに一四三・六万キロリットル採油し、製油量は六六・六万キロリットル行なった。一九四四年七月にブランダン製油所が爆撃を受けたが被害はなく、高オクタン価航空燃料の生産を継続した。しかし、同年一一月四日空襲で製油施設が一部破壊され、一二月一八日の空襲でベラワンとパンカランススにある貯油タンクがそれぞれ一基破壊され、翌年一月四日の攻撃で製油所は「施設ノ概ネ三分ノ一ヲ破壊」されるなどの大きな被害を受け、同日パンカランススのタンク四基が破壊された[101]。

さて、次に表5-21を瞥見しよう。台湾沖航空戦が一〇月一二日から一五日までであり、フィリピン作戦、レイテは一〇月一八日であった。一〇月一日および一一月一日の重油在庫量は大幅な低下である。つまり供給量が大きかったことの裏返しである。一一月一日の航空揮発油在庫も前月比六二％にまで減少している。在庫減少量だけで二万二〇〇〇キロリットルにものぼり、生産・還送を加味すれば消費量はさらに大きくなる。原油は一九四四年一二月、翌年二月、三月、四月と減りつづけている（一九四五年一月は記録なし）。南方から原油が入らなくなり、徳山

表 5-21 海軍内地月頭在庫額

(単位:原油、重油トン、ほかはキロリットル)

	1944年7月	8月	9月	10月	11月	12月	1945年1月	2月	3月	4月	5月
原油(トン)	22,749	15,985	—	26,428	24,048	18,714	18,435	5,127	3,827	1,285	1,285
缶用重油	40,409	42,401	—	9,514	20,690	31,826	29,579	24,370	26,533	26,413	27,767
1号重油	99,295	93,022	—	73,182	28,086	13,448	5,528	22,668	9,764	15,561	10,568
2号重油	47,240	30,400	—	25,018	18,698	9,843	10,906	4,437	1,763	7,187	7,910
重油合計	186,944	165,823	—	107,714	67,474	55,117	46,013	51,475	38,060	49,162	46,245
航空揮発油	68,655	50,542	—	57,704	35,841	35,868	385,521	32,659	21,272	36,491	27,727
航空潤滑油	12,048	10,696	—	7,635	5,819	4,068	3,319	2,942	2,918	6,291	6,801
エチルフルード	411.66	333.06	—	204.73	224.07	243.99	273.24	332.24	332.96	347.48	344.87
普通潤滑油	32,677	32,377	—	31,518	30,430	28,235	26,733	26,215	25,835	25,576	24,812
イソオクタン	14,638	14,878	—	15,549	15,319	13,859	11,679	12,247	9,936	7,963	8,096

出所:海軍省軍需局長『月頭報告』より作成。
註:(1) —はデータなし。
(2) 缶用重油には3号重油を含む。

第三海軍燃料廠で在庫原油を精油して食い潰していったということである。一九四四年八月には徳山地区に燃料の八〇%近くが保有されていた(102)。これは地理的に少しでも近い徳山で原油をすべて陸揚げし、可能な限り潜水艦からの被害を緩和せんとするものであった。四日市第二海軍燃料廠では備蓄原油の処理および油泥から原油を回収する作業を行なった(103)。第二海軍燃料廠には一九四五年六月一八日夜、三〇機のB29により焼夷弾九〇〇個が投下された(104)。

一九四五年の燃料の緊迫状況を示す「北号作戦」と「天号作戦」についてふれておく。北号作戦とは、第四航空戦隊の日向、伊勢、連合艦隊の大淀などにドラム缶(それぞれ四九九四、五二〇〇、一〇〇缶)を積み込み、またタンク(一〇〇、一〇〇、七七キロリットル)に航空機揮発油をシンガポールで一九四五年二月八日から三日間で満載にして、二月二〇日、呉に帰還した作戦である。日向には油田開発関係者四四〇名が乗船した。この「北号作戦」は海軍省軍需局が軍令部に申し入れた作戦であったが、内地帰還を利用して少しでも燃料や物資を確保せんと意図したものであった(105)。

「天号作戦」つまり大和が沖縄に突入した際、軍令部は片道しか燃料を供給できないとの強硬意見を述べ、連合艦隊首脳部も是認し、作戦が決行された。実際にはタンク底の重油在庫五万キロリットル

表 5-22　海軍内地・南方月頭在庫額および消費累計

（単位：原油、重油トン、ほかはキロリットル）

	1944年 7月	8月	9月	10月	11月	12月	1944年12月1日の消費累計	1945年5月1日の消費累計
原油（トン）	135,475	145,041	—	179,228	190,964	91,064	5,054,648	5,072,432
缶用重油	231,421	147,696	—	93,043	179,336	58,888	7,585,781	7,667,786
1号重油	123,640	109,477	—	80,403	35,353	25,698	2,124,315	2,239,553
2号重油	69,216	44,942	—	51,228	39,415	32,212	581,148	611,595
重油合計	424,277	302,115	—	224,674	254,104	116,798	10,291,244	10,518,934
航空揮発油	161,780	140,771	—	141,541	105,976	99,905	1,567,938	1,711,437
航空潤滑油	14,784	13,738	—	10,375	8,060	6,021	58,472	64,177
エチルフルード	444	409	—	420	436	424	3,378	3,688
普通潤滑油	37,516	35,515	—	34,953	33,259	30,918	65,184	71,052
イソオクタン	14,638	14,878	—	15,549	15,319	13,859	19,623	29,546

出所：海軍省軍需局長『月頭報告』より作成。
註：(1)　消費累計は開戦以降の消費量（1945年は内地のみ）。
(2)　—はデータなし。
(3)　缶用重油には3号重油を含む。

をあつめ、「補給命令では片道分の重油搭載」の発令であったが「緊急搭載で積み過ぎた余分を油バージに吸い取ろうとしたが出撃に間に合わずその儘にした」とする妙案で、大和四〇〇〇キロリットルなど合計一万五〇〇キロリットルが給油され、[106]大和は重油を満載して出撃した。重油は「月頭在庫僅カ二一・三万屯ナリ」という窮状に陥った。片道補給が議論され、しかも決裁までされたことが燃料の破綻状態を示している。

総じて一九四五（昭和二〇）年の在庫額をみれば、特攻で単発的な反撃は行なえても、連合軍の進撃を止めることは不可能であった。重油の内地月頭在庫が五万キロリットル以下で、また航空揮発油が四万キロリットルを割ったのでは、燃料が枯渇したのも同然である。一九四五年三月八日の海軍省軍需局の需給打合せにおいて、山川貞市局員のメモ[107]によれば、重油在庫が五月からマイナス、航空揮発油在庫が六月からマイナスであるという見通しが提示された、と記録されている。降伏するしかない。

内地と南方の在庫額を合算したのが、表5-22である。同表には海軍の石油消費累計も掲げた。

おわりに

戦時中の石油補給を概観した。海軍が多量の石油を使ったのか理解していただけよう。船舶が、島に孤立する兵隊への糧秣補給時に、潜水艦攻撃で沈められ、総トン数が逐次低下していく状況もわかる。制空権・制海権を取らなければ、太平洋に孤立する兵士は敵の兵力集中の攻撃にさらされ、玉砕していくしかなかった。艦隊決戦で勝負がついたのではなく、補給という点で日米戦争は長期にわたる日々の闘いの中で、漸次敗北していったことが理解できる。米軍の兵力集中と潜水艦を使った作戦は見事であった。逆から言えば、日本は対潜能力が劣っていた。ミッドウェー海戦で勝利し、一時的に制空権を取れたと仮定しても、海軍の対潜能力の欠如は時を経て表面化し、物資を南方勢力圏内より獲得できなくなり、敗戦に至ったであろう。情報戦の完敗は明らかで、米側に暗号を解読されていることにまったく気づかなかった。

一九四五年に石油の補給が急激に萎えることも、提示した表から明白である。フィリピンが陥落しなくとも、南方採油地帯および製油所を空襲すれば、それでも日本は動けなくなったであろう。本章第3節で屡述したが、計画が何度も練り直されたが、いずれも希望的数値に満ちたものであった。

すでに多くの先行研究で指摘されているが、南方との遮断が加速度的に国力の低下を招いた事実を本章第3節(4)、第3節(5)で確認した。本章の表5-16と表5-17を直視すれば、一九四四年末から軍事的石油供給量の破綻そのものである。

（1）　松尾祐一中佐（軍令部二部四課、一九三八年一二月〜一九四〇年一二月）は、一九三九年末から一九四〇年夏にかけて「南方占領計画案」の一応の骨子を作成した。後任の市村忠逸郎中佐は「出師準備計画の中に『南方油田占領計画案』なるものがあって、之によれば、米国よりの油の供給が止れば蘭領と英領油田地帯を占領して採油するという、詳細な計画があった」と、回顧している。（市村談、一九八五年六月一六日）。土井美二部員の一九四〇年七月九、一〇、一一日付の日誌に、軍令部次長は海軍省次官に「石油開発資材・要員準備ノ件」の協議を申し込んだことが記されている。この直後の八月八日には「重油ノ全面的禁輸ニ迄発展シ相ナリ……速ニ決心シテ石油ノ自給自足（東洋内ニ於ケル）ヲ確立スル要アリ」とあり、時機を得た申込みになった。支那事変以降の対米関係の悪化――予想される経済制裁と日本の弱点――に対応せんとした動きであった（『土井美二日記』防衛研究所戦史部図書館所蔵）。

一九四一年九月六日の御前会議の決定を受けて、燃料関係者の人事異動が行なわれた。このことが示すように、九月六日以降急速かつ具体的に南方占領準備が進展した。他面あまりにも遅すぎる占領計画であるとも捉えることができる。陸軍関係者の回想を読むと、日本石油技師大村一蔵氏の協力をえて、海軍よりも早く立ちあげているようである。陸軍は、一九四一年三月頃から鑿井機・パイプの手配および徴用人名簿の作成に取り組んだ。陸軍が本格的に南方油田地帯占領準備に入ったのは、一九四一年九月六日以降である。詳しいことは『パレンバンの石油部隊』を見ていただきたい（同刊行会『パレンバンの石油部隊』非売品、一九七三年、例えば九七一頁など）。

(2) 参謀本部編『杉山メモ　上』（原書房、一九六七年）四二四～四二五頁。この点に関しては第1章と第2章を参照されたい。

(3) 『機密戦争日誌』（防衛研究所戦史部図書館所蔵）。筆者が閲覧したのは防衛研究所戦史部図書館所蔵の複写であるが、錦正社から一九九八年に軍事史学会編で刊行された。

(4) 高橋健夫『油断の幻影』（時事通信社、一九八五年）一七六～一七八頁参照。燃料懇話会『日本海軍燃料史　上』（原書房、非売品、一九八二年、九五頁）には「海軍省軍需局長に対し何等事前の協議が行われなかった事であり真に奇怪千万な事と言わざるを得ない」と指摘されている。

(5) 市村忠逸郎談（海機三二期）、西村國五郎氏（海機四五期）のインタビュー記録参照（以下『西村メモ』と略記する）。西村氏は、この貴重な記録をみせて下さったばかりか、筆者に多々教示して下さった。『戦史叢書三一巻　海軍軍戦備(1)』（朝雲新聞社、一九六九年）の草稿も閲覧に供し、当時大学院生であった筆者にとって多大に示唆するのもがあったほか、西村メモに基づきインタビューをすることができた。

（6）　市村忠逸郎談（一九八五年六月一六日）。

（7）　吉田英三「回想――軍務局時代――（その二）」（『海幹校評論』九巻一号、一九七一年一月、三〇頁）。吉田英三海将は海上自衛隊の建て直しに貢献し、氏の人格を慕い、敗戦後の反軍的な雰囲気にもかかわらず、優秀な部下を入隊させた。吉田海将の回想は戦争を深く洞察した内容であり、熟読吟味されることを望みたい。真剣に戦争と向かい合った軍人である。

（8）　『機密戦争日誌』一九四二年四月一六日（防衛研究所戦史部図書館所蔵）。『高松宮日記』（一九四二年四月一三日）には「陸軍担当ノ軍政ヲ広クセント申シ込」みがあったほか、「今油ガ足ラヌカラトテ海軍貯油ヲ出サセテ『スマトラ』『ジャバ』『英ボルネオ』『ビルマ』等ノ油田ヲ陸軍デ押ヘテ、之デ将来、海軍、民間ヲ『ハンド』ツテヤラウトスル所ナリ」とある（『高松宮日記　第四巻』中央公論社、一九九六年、二一八頁）。

（9）　『機密戦争日誌』一九四二年四月二四日、五月四日、五月七日、五月一一日。例えば五月四日には「海軍側『タンカー』吐出シ不可能（FSノ為）ヲ称ヘテ遂ニマトマラス」とあり、海軍が作戦という錦の御旗を掲げ、頑強に抵抗したことが窺える。

（10）　前掲『日本海軍燃料史　上』九七頁。

（11）　中筋大佐（海機三三期）は「帰国後、海軍省と軍令部の雰囲気は一変していた」、「精製能力等を調べたが、地形は調査しなかった」と筆者に語った。突如難病に罹かされ一〇年以上寝たきりであったにもかかわらず、死力を振るって回顧して下さった中筋氏に私は感銘を受けた。中筋藤一談（一九八四年九月一三日）。

（12）　前掲『日本海軍燃料史　下』九三四～九三七頁。中筋藤一「中島文男君の死を悼む」（『ジャバの思い出』非売品、一九六四年、一〇頁）。北樺太石油㈱の矢島可薫氏は、一九四一年秋、海軍省に出頭し「掘削機、採油機、坑用鉄管、原動機、移動用小型発電機等々に分類して数量型式寸法等」の一覧表を作成した。矢島氏は北樺太での採油準備の掘削採油機器類が、内地の港に在庫している状況についても二人の少佐に説明したと回顧している（白樺会『北樺太に石油を求めて』非売品、一九八三年、一四六～一四七頁）。

（13）　前掲『日本海軍燃料史　上』七五一～七五二頁。蝦原中佐は、消化用器材、無線、機銃、真水の缶詰等を集めたほか、国内の油田を視察した。

(14) 鑿井機について記しておきたいことは、一九四一年はじめ軍令部より海軍省に一〇〇台の鑿井機を準備するという命令が出され、これを受けて新潟鉄工が一九四一年二月ごろアメリカから輸入したポータブル(可搬式)鑿井機を分解し、模倣品の作成に取り組んだということである。すでに企画院の「昭和一五年度生産力拡充方策要領」の中に「鑿井機械の供給を確保するため新潟鉄工所、大阪機械製作所、太原鉄工所、日本重工業、塚本商事等製作業者の生産設備の拡充を図ると共に生産能率を増進せしむる為之等当業者の生産分野を定め製作工場の転化を図る」と、記されている。また、企画院が一九四〇年八月二日付で作成した「応急物動計画試案説明資料」によれば、原油一〇〇万キロリットルを取得するために「占拠地域を国家総力にて油田の状態復旧に努むることを条件」として

移動鑿井機(一五〇馬力) 一〇〇基 単価三〇万 米国より輸入

採油ポンプ 二〇〇基 単価一〇万 等

を手配する計画であった(『現代史資料43 国家総動員1』(みすず書房、一九七〇年)五九〇頁、石川準吉編『国家総動員史 下』同刊行会、一六四二頁)。

(15) 和住篤太郎談(一九六〇年二月二三日、前掲『西村メモ』海機二一期)。前掲『日本海軍燃料史 上』七三七〜七四〇頁。

(16) 渡辺伊三郎談(海機二六期)、森田貫一談(海機二三期)。筆者は何度も渡辺氏、森田氏から話を伺った。

(17) 渡辺伊三郎『思い出の記』(非売品、一九七六年)四二二頁。『日本海軍燃料廠史 上』七四〇頁。なぜ占領計画の段階で製油所の復興が盛り込まれなかったのか、疑問である。サンガサンガなどのボルネオ油田から軽質油分が採れないと想定しているが、なぜこのような想定をしたのか理解できない。一斑をあげておく。大村一蔵『科学物語――世界の石油』(東晃社、一九四一年、三七九頁)には「航空ガソリンが、平均して五・二%も原油の中にあると云ふことは、蘭印産石油が此の点に於ても相当優秀なものだと云へる」と書かれている。

(18) 和住談(前掲『西村メモ』)。前掲『日本海軍燃料史 上』七六一頁参照。製油関係者に相談なく、採油関係者が南方占領準備をすすめたことがわかる。注(22)を参照せよ。

(19) 軍務局長「秘密会ニ於ケル説明案」(一九四三年一月二九日)筆者コピー所蔵。『三菱石油五十年史』によれば、一九

四三年はじめに「原油を月間一二万屯年間約一五〇万屯処理し、戦前どおり運転している」と記されている。

(20) 前掲『日本海軍燃料史 下』二三六〜二四三頁。三菱石油㈱『三菱石油五十年史』(非売品、一九八一年)八四〜八五頁。前掲『思い出の記』四二二〜四二三、四二八頁。

(21) 前掲『日本海軍燃料史 上』七七〇〜七七一頁。

(22) 海軍燃料廠精油部では蘭印の原油は揮発油分が多いことは既知の事実であったので、なぜこのような見通しをもったのか不可解である。海軍燃料廠技師に相談することなく、南方占領計画がすすめられたためであろうか。

(23) 和住談(前掲『西村メモ』)。

(24) 前掲『思い出の記』四四六〜四四七頁。陸軍の山田清一南方燃料廠長も人格者であり、陸海軍の協力が捗った。渡辺伊三郎談。

(25) 岡田菊三郎談(日時不詳、前掲『西村メモ』)

(26) 中村國盛「日本海軍燃料と共に二〇年」(前掲『日本海軍燃料史 下』九八四頁)。

(27) 前掲『西村メモ』。「中村メモ」を西村氏が写したもの。中村氏(海機三一期)は一九四一年九月に呉軍需部から海軍省に移った。

(28) 『佐薙毅日誌』(佐薙毅氏所蔵)。

(29) 『嶋田繁太郎大将備志録 第五』(防衛研究所戦史部図書館蔵、①日誌回想-八三一)。

(30) 『機密戦争日誌』(一九四二年四月二〇日)。

(31) 前掲『杉山メモ 下』五六頁。

(32) 『機密戦争日誌』一九四二年五月一一日。前掲『油断の幻影』一八四〜一八五頁参照。

(33) 『日本海軍燃料史 下』九五六頁。『日本海軍燃料史 上』六五七頁。重油は月間三〇万キロリットルで平時の四倍に相当し、航空揮発油は五〜六万キロリットルで平時の七〜八倍になる。

(34) 『五峯録』(山本五十六GF長官発 古賀峯一二F長官宛書簡、防衛研究所戦史部図書館所蔵)。なお山本五十六の書簡は、写しが東京裁判に提出されたものであり、実物の書簡は確認されていない。筆者は東京裁判で不利にならないように書換えが行なわれたと考えている。

(35)『日本海軍燃料史　下』九五八～九五九頁。表5-2の出典は明記されていないが、原道男「第二次大戦におけるわが国貯油問題」(防衛研修所『重要物資備蓄対策研修資料』、研修資料別冊一七四号、一九五七年、二一～六二頁)と同じである。海軍の実績の数字は「海軍資料」としか記されておらず、特定できなかった。海軍の一九四二年の消費実績は一九四一年分も含まれていると思われる。一方、陸軍は戦略爆撃調査団に提出した資料であるが、過少な数字であろう。原道男大佐は終戦時海軍省軍需局二部三課長であった。

(36)『日本海軍燃料史　下』九五〇頁、九六〇～九六一頁参照。御宿好軍需局長は一九四二年七月頃民需に月二〇万キロリットル援助していたのを打ち切った。『日本海軍燃料史　下』九五七頁。前掲『高松宮日記　第四巻』三八三頁。

(37)中村菊男『昭和海軍秘史』(番町書房、一九六九年)一七〇～一七一頁。同書のインタビューの中で、秋重少将は「ミッドウェー海戦のときあまりに使ったので、その後は燃料の使用を締めていたのです」と指摘している。また戦時中には巡航タービンをつけずに運行していたことも指摘している。

(38)「軍極秘　機関要覧　軍艦金剛」(一九三七年一二月、故松本総雄氏ご遺族所蔵、筆者コピー所蔵)によれば、金剛の場合、巡航タービン運転と主四軸運転では約一対二の消費量の差がある。金剛の重油満載量は六二七九トンである。

(39)斎藤昇「大東亜戦争中の石油物動」(前掲『日本海軍燃料史　下』九四六頁)。

(40)前掲『杉山メモ　下』一九九～二〇〇頁。

(41)栗原談(一九八五年九月八日)、市村談(一九八五年六月一六日)。前掲『日本海軍燃料史　下』九四九頁。宇垣纏『戦藻録』はこの時期欠落しており、一次資料で確認できなかった。栗原氏、市村氏の記憶は正確であった。

(42)『戦史叢書八八巻　海軍軍戦備(2)』(朝雲新聞社、一九七五年)二五九～二七九頁。『戦史叢書三一巻　海軍軍戦備(1)』(朝雲新聞社、一九六九年)四七五～六〇七頁。『日本海軍航空史　第二巻』(時事通信社、一九六九年)には航空機の軍備計画が詳記され、「⑤計画」などの軍備計画については個々紙幅がさかれている。

戦時中の航空機工業については山崎志郎の研究を見られたい。例えば「太平洋戦争期における航空機増産政策」(『土地制度史学』一三〇号、一九九一年)など。他に原朗・山崎志郎編『軍需省関係資料(一～八巻)』(現代史料出版、一九九七年)が刊行されたが、燃料に関する記述はきわめて少ない。

(43)西村國五郎『海軍軍戦備記録(第一次整理)』(防衛研究所戦史部図書館所蔵)、筆者は西村氏からコピーを取らせていただいた。『戦史叢書三一巻　海軍軍戦備(1)』では表記できないような、冷徹な分析が加えられ、空母主体に切替えが遅れたという見方も記されている。

(44)　第二復員大臣官房需品部『燃料戦備調査資料』(防衛研究所戦史部図書館所蔵、請求記号①軍備軍縮-二三八)一一～一二頁。一九四六年三月一〇日付で作成された『燃料戦備調査資料』が多くの著書の底本になっているが、戦後作成されたものである。本稿も『燃料戦備調査資料』に依拠して記述した。残念ながら、これしか資料が残っていないので、一次資料でデータや内容のチェックはできなかった。

(45)　第六海軍燃料廠史編集委員会『第六海軍燃料廠史』(非売品、一九八六年)参照。『燃料戦備調査資料』に準拠し、海軍の軍備計画がコンパクトに纏められている。前掲『日本海軍燃料史　上』七二七～七三六頁参照。

(46)　前掲吉田英三「回想」二二頁。岡敬純海軍省軍務局長のもとで軍備を担当しており、戦争と軍備に対して優れた洞察が展開されている。

(47)　物動計画に関しては、次の本を参照されたい。田中申一『日本戦争経済秘史』(コンピューター・エージ社、一九七五年)。「昭和一八年度」の物動計画に関して中村隆英は鋼材について「もはや計画は希望的な数字を基礎にして運営されるほかなかった」と指摘しているが、海軍の軍備計画全般にもこの指摘はあてはまる。中村隆英「戦争経済とその崩壊」(『岩波講座　日本歴史21　近代8』岩波書店、一九七七年、一三一頁)。山崎広明「日本戦争経済の崩壊とその特質」(東京大学社会科学研究所編『ファシズム期の国家と社会　2　戦時日本経済』東京大学出版会、一九七九年、二四～三四頁)。船舶の喪失については中村論文・山崎論文が詳しい。

(48)　海軍省軍需局長『月頭報告』(一九四四年九月二一日、一二月八日、一九四五年一月八日など。『軍備(七/九)』防衛研究所戦史部図書館所蔵、請求番号①軍備軍縮-一九〇)。前掲『燃料戦備調査資料』五八頁。「南方油還送」の定義が明示されていないので、その点を留意する必要がある。トレンドを把握するためにデータを並べた。

(49)　前掲『日本海軍航空史　第二巻』六三八頁。林三郎『太平洋戦争陸戦概史』(岩波書店、一九五一年)一六四～一六七頁。安藤良雄『太平洋戦争の経済史的研究』(東京大学出版会、一九八七年)三三三頁。同書には原朗によって丁寧な「解題」が付されているが、「解題」の中で研究経緯および学会の研究動向が仔細に纏められている。ところで、安藤良雄は終戦時北海道・青森で市村忠逸郎大佐の部下であった。市村氏は筆者に有能な部下であったと話されたことがあった（市村談、一九八五年六月一六日）。

(50) 前掲『日本海軍燃料史　上』一〇二頁。『戦史叢書一二巻　マリアナ沖海戦』（朝雲新聞社、一九六八年）四七二〜六二〇頁。

(51) 高田種利連合艦隊参謀、古賀峯一GF長官が中心になり、立案した作戦であるが、古賀長官戦死のため、小沢治三郎三F長官により実施された。拙論「海軍関係の史料紹介（その一）」（『九州共立大学経済学部紀要』六五号、一九九六年九月、一〜三頁）を参照されたい。

(52) 前掲『日本海軍燃料史　上』一〇四〜一〇七頁。

(53) 前掲吉田英三「回想」三〇頁。吉田氏は南方で約四〇〇万キロリットルは補給したと見積もっている。南方でどの程度補給したのかについては正確な統計はなかったが、残存した海軍省軍需局長『月頭報告』（一九四五年一月八日、一九四四年一二月八日、一九四四年九月二日）から簡略に数字を拾っておく。①一九四四年一一月の重油供給額は内地九・七万トン、南方一六・七万トン、航空機揮発油内地三・五万キロリットル、南方一・五万キロリットル。②同年一〇月の重油供給は内地一二・九万トン、南方一三・三万トン。航空機揮発油内地四・一万キロリットル、南方一・九万キロリットル。③同年七月の重油供給額は内地一二万トン、南方一九・九万トン、航空機揮発油内地三・五万キロリットル、南方二・一万キロリットル。この数字を眺めると、重油に関しては南方で給油するほうがおおよそ五〇％ほど多く、航空揮発油は内地のほうが約二倍の供給であることがわかる。海軍省軍需局『月頭報告』は一九四四年と四五年の一部しか残存していないため、海軍の戦時中の詳細な燃料消費の実態が明らかにできない。

(54) 前掲吉田英三「回想」三一頁。宇垣纏『戦藻録』（原書房、一九六八年）四三九、四八八、五二七頁参照。

陸軍のパイロットの飛行訓練についても燃料事情と関係づけて付言しておく。陸軍の航空機燃料の実態を左記の表に掲げる。この表は戦略爆撃調査団（USSBS）が陸海軍石油委員会の関係者の証言と資料を突き合わせ作成したものである。全体の流れを把握したい（米国戦略爆撃調査団『日本陸軍兵站に対する航空作戦の効果』航空自衛隊訳、非売品、一七六頁〜一七七頁、原文は『太平洋戦争白書』二八巻、日本図書センター、一九九二年、にある）。

陸軍航空ガソリン入手状況（単位、万キロリットル）

要求量	入手量	入手量÷要求量

一九四一年	一八	二三	一二八％
一九四二年	二二	三六	一七二％
一九四三年	三六	四三	一一九％
一九四四年	四八	三六	七五％
一九四五年	四八	四	八％

航空機燃料不足は一九四四年以降顕在化してきたことが表から読み取れる。パイロットの訓練用燃料は、一九四三年後期から節約に気をつかうようになり、一九四五年四月には一カ月二四時間に制限され、実際には一カ月約七～八時間の飛行訓練しかできなかった。ほかにも潤滑油不足が機体の故障に繋がっていった。陸軍にとっても「補給ガ作戦デアリ輸送ガ決戦デアル」（眞田穣一郎少将）ということである。

(55) 参謀本部所蔵『敗戦の記録』（原書房、明治百年史叢書三八巻、一九七九年）二〇七～二〇八頁。

(56) 同右『敗戦の記録』五七～五八頁。前掲中村隆英「戦争経済とその崩壊」一三四頁参照。

(57) 同右『敗戦の記録』五八～五九頁。前掲『太平洋戦争の経済史的研究』三三九頁。

(58) 海軍省軍需局長『月頭報告』（一九四四年一二月八日。『軍備（七／九）』防衛研究所戦史部図書館所蔵、請求番号①軍備軍縮-二九〇）。

(59) 航空自衛隊訳『証言記録太平洋戦争史（艦隊作戦篇）』（非売品、一九五五年）三一二頁。『太平洋戦争白書』二七巻（日本図書センター、一九九二年）二二六頁。

(60) 前掲『戦史叢書八八巻 海軍軍戦備(2)』二四〇頁。一九四四年二月中旬から昭南、リンガ泊地方面に移動した。

(61) 小柳冨次『栗田艦隊――レイテ沖海戦秘録』（潮書房、一九五六年）一八～二〇、五一頁。航空兵力を持たない第二艦隊は呉で機銃の増備工事と電探の装備を行い、七月八日に呉を出発してリンガ泊地に回航した。同地で三カ月間にわたる猛訓練が実施された。

(62) 前掲『証言記録太平洋戦争史（艦隊作戦篇）』三五三頁。前掲『太平洋戦争白書』二七巻、二八二頁。

(63) 前掲『日本海軍燃料史 下』一〇四九～一〇五一頁。

(64) 前掲『燃料戦備調査資料』六二～六四頁。

(65) 前掲『敗戦の記録』二一八頁。

(66) 海軍省軍需局長『月頭報告』(一九四五年一月八日)五頁。

(67) 前掲『敗戦の記録』二六五～二七〇頁。前掲『太平洋戦争の経済史的研究』三六五～三六九頁。鉄鋼生産は原料炭・鉱石の「輸送入手難ニ因リ現在概ネ前年同期ニ比シ四分ノ一程度ニ陥」っていた。ほかに、石炭・工業用塩の不足は工業生産の下落をもたらした。

(68) 前掲『日本海軍燃料史　上』六七三頁。前掲『日本海軍燃料史　下』九七四頁。「いやしくも澱粉質のあるものすべてをアルコールにしようというあがきがでてきた。……アルコール増産のために清酒工場や麦酒工場の動員が計画された」(前掲『日本戦争経済秘史』五五二頁)という評価もある。

(69) 前掲『日本海軍燃料史　下』九五五頁。

(70) 前掲『日本海軍燃料史　下』一〇六七～一〇八六頁によれば、ほかに、特攻兵器「秋水」に使われる予定であった過酸化水素・ヒドラジンなどのいわゆる「特薬」は、生産態勢に入ったが実用の域には到達しなかった。

(71) 海軍省軍需局長『月頭報告』を読んで思うことは、本気で松根油やアルコールに期待をかけていたことである。

(72) 前掲『日本海軍燃料史　上』一一一二頁。脇英夫・大西昭生・兼重宗和・冨吉繁貴『徳山海軍燃料廠史』(徳山大学叢書七号、一九八九年)三三五～三四三頁。

(73) 日本図書センターが一九九二年に『太平洋白書』と題して最終報告書を復刻し、戦略爆撃調査団の報告原文が手軽に利用できるようになった。貴重な文献を復刻した同社に感謝したい。第一巻に収められた山田朗「解説」を読まれたい。野村の事情聴取原文は前掲『太平洋戦争白書』二八巻におさめられている。United States Strategic Bombing Survey [PACIFIC], NAVAL ANALYSIS DIVISION "Interrogations of Japanese Officials", pp. 384-395.

戦略爆撃調査団の太平洋戦争報告の全体像を知るには、藤田誠久編『米国戦略爆撃調査団（ＵＳＳＢＳ）日本関係調査報告書　オリジナルドラフト　日本語目録』(極東書店、一九九九年)が有益である。

(74) 『現代史資料5』(みすず書房、一九七五年)七二八頁。大井篤・冨永謙吾訳『証言記録太平洋戦争史Ｉ　戦争指導篇』(日本出版協同、一九五四年)一二五頁。

(75) 同前『現代史資料5』七〇一～七〇二頁。"Interrogations of Japanese Officials", pp. 313-326.(前掲『太平洋戦争白書』二八巻)。

(76)『眞田穣一郎少将日記摘録　其の一』八二～八三頁（防衛研究所戦史部図書館蔵）。筆者は学術雑誌で公刊を準備中である。

(77)『眞田穣一郎少将日記摘録　其の二』一九～二〇頁。他の個所で「自分ナラハ少シテモ敵ノ補給線切断ニ用ヒ度シ　現状ハアマリニ消極的ナリ　専守防衛ニ陥ツテハ困ル」と東條英機陸軍大臣が述べたと眞田は抜粋している。これは眞田自身の思いであろう。

(78)アメリカ合衆国戦略爆撃調査団『日本戦争経済の崩壊』（正木千冬訳、日本評論社、一九五〇年）八九頁。潜水艦の活動状況に関しては、『現代史資料39』五四七頁を参照せよ。また山本親雄『大本営海軍部――回想の大東亜戦争』（白金書房、一九七四年、一九八～二〇九頁）も詳しい。C・W・ニミッツは「最高統帥部の側における戦略的無定見」であるときびしく潜水艦の用兵を批判している。筆者はその通りであると考える。C・W・ニミッツ／E・B・ポーター『ニミッツの太平洋海戦史』（実松譲・冨永謙吾訳、恒文社、一九九二年）三八四、三五三～三九四頁参照。

(79)前掲『現代史資料39』四二四、四二八頁。海軍は高速航行可能タンカーを艦隊配属にまわし、南方油還送には優秀タンカーを割当てなかった。高速の空母に付随して石油を補給するには優秀なタンカーを艦隊に割当てざるをえない。トラック島陥落に関しては『太平洋戦争白書』（三二巻、一九九二年）が詳しい。タンカーの配船状況・被害状況は、誤植もあるが、松井邦夫『日本・油槽船列伝』（成山堂書店、一九九五年）が要領よくまとめている。

(80)前掲『現代史資料39』四二四～四二五、四三二頁。

(81)一九四四年一〇月二八日、最高戦争指導会議が開催され、「液体燃料確保対策ニ関スル件」が決定された。「十一月以降ニ於ケル艦艇ヲ以テスル直接護衛ハ油還送ニ徹底的重点ヲ指向スルモノトシ逐次護衛艦艇及油槽船団ノ建制的運航ニ移行スルト共ニ護衛用艦艇及航空兵力ヲ更ニ徹底増強ス」（前掲『敗戦の記録』二〇七頁）という文面から、タンカーの護衛ひいては油の確保が最重要課題になっていたことがわかる。一九四四年一〇月二八日の決定はタンカー急減に対応したものである。米軍が油送船を攻撃するようにという指令を潜水艦に出したのは、一九四四年に入ってからのことであった（前掲『現代史資料39』四三〇頁）。

(82)海上労働協会『日本商船隊戦時遭難史』（一九六二年）九五～一一七頁。前掲『現代史資料39』四二八、四三〇頁。

(83)ソロモン作戦の参謀長であった宮崎周一中将は左記のように回想している。

「我が軍は島内に三〇、〇〇〇の将兵を擁していたが食糧、弾薬共に不充分であった。東京とラバウルとに状況を報告し、食糧補給が無ければ餓死の外なきを告げた。一〇月及び一一月に二船団が派遣された、何れも大型輸送船五隻ないし六隻編成され、空海部隊の護衛が付された。米軍航空部隊及び海上部隊が之を攻撃し、軍需品八〇％を亡失する結果となった。ここに於いて我等は米の配給を一合（普通六合）に制限し、陸蟹、椰子実、トカゲ類を食うのやむなきに至った。この事態は戦闘力を低下すること少なくとも五〇％であった」。

「快速駆逐艦を以て、軍需品を輸送した。駆逐艦は海浜に到着したが、米軍哨艇に発見されて、米機と哨艇に夾撃せられ、我が軍の損害は甚大であって遂にこの方法を取止めた。ついで米・食塩を五五ガロンドラム缶に入れ、五〇ないし六〇連結して筏（イカダ）に組み、快速駆逐艦でガダルカナルに輸送して海浜近くに投下したが、筏の大部分はガ島周辺の珊瑚礁に漂着した。この種のドラム缶二〇万個を使用したが、部隊の収容し得たものは僅か二五％に過ぎず、結局この方法も断念した。そのつぎに潜水艦を利用した。濃縮食糧をゴム袋に入れた、一袋には六〇食分詰めてあった。この袋を水面下で放ち、浮上後兵が泳いで回収するのである。この方法もうまくいかなかった。我が軍は米空海部隊の攻撃を受け、輸送任務中の潜水艦二〇、〇〇〇トン失った。

ガダルカナル島の将兵三〇、〇〇〇名うち一〇、〇〇〇余名が栄養失調のため戦闘できる状態でなかった。四カ月間もの間補給はとだえた」。

敵制空権下の補給がいかに困難であったのか、余すことなく語っている（前掲『日本陸軍兵站に対する航空作戦の効果』二六四〜二六五頁。なお訳語一部訂正した）。

（84）　前掲『杉山メモ　下』二〇七〜二〇八頁。

東京では、船舶徴傭をめぐって陸軍省（佐藤賢了軍務局長・東条英機首相）と統帥部（田中新一参謀本部第一部長）の間で激論がかわされたのは、一一月から一二月にかけてのことであった。①船舶の消耗が将来の生産能力に悪影響をおよぼすということ、②ガ島は確保しなければならない、そのためにも作戦用船舶の増徴はやむをえない、という点が見解の相違の背後に横たわる問題であった。一九四二年一二月一〇日、参謀総長は御前会議において「統帥部ト致シマシテハ現下国力維持培養ノ源泉タル船舶ヲ作戦上ノ要求ノミニヨリ無制限ニ之ヲ徴傭シテ国力ヲ疲弊セシムルコトハ国家ノ為採ルトコロテハ御座ヰマセヌ」と述べている。だがあわせて「今日迄ノ作戦ノ様相ヲ考ヘマシテ今後ノ損耗ヲ過小視シ之ヲ基礎トシテ作戦ヲ律スルコトハ甚タ危険テアリマス」と指摘し、後日の船舶消耗によっては「機ヲ失セス損耗補塡量ノ増加ニ関シ大本営政府間ニ協議シ以テ極力該方面作戦ノ完遂ヲ期シタイト存スル次第テアリマス」と留保条件も暗に示した（前掲『杉山メモ　下』一九七～一九八、二〇七～二〇八頁）。すでに多くの先行研究や著書でふれられているが、同様な議論も紹介しておく。一九四三年六月二九日に「船舶ノ徴傭並ニ補塡ニ関スル件」が、第一四九回連絡会議で決定され、この席上杉山参謀総長は「目下陸軍ノ保有スル船舶ハ僅二万屯ノ増徴ヲ真剣ニ検討セサルヘカサル程逼迫シアリ其ノ二、三ノ例ヲ挙ケンカ支那ハアノ大兵力ニ対シ僅カ一万屯ヲ配当シアルニ過キス」と意見を開陳したのに対し、東条首相は「作戦ハ両統帥部ノ言ハルル如ク困難ト思フモ長期戦遂行ノ為本年ノ物動ニ支障ヲ来サハ来年ニ影響ヲ及ホスニ至ル此ノ点十分覚悟ノ上オ互ニ無理ヲスルコトヲ承知ノ上ヤツテ貰ヒタシ」と述べ、「戦争指導上の要請」と「国家の生産能力」の二律排反を指摘している。その後、八月一一日の第一五三回連絡会議で再び杉山参謀総長は「今月ノ損耗補塡各一万屯ニツキテハ何トモ云ハヌ然シコノ侭推移セバ陸海軍保有船舶ハ逐次減少ノ一途ヲ辿ルノミデアル作戦不能ニ陥ルデアロウ従テ今後ハ六、二九決定如何ニ拘ラズ新タニ考ヘ直シテ貰ハネバナラヌ」と所見を披露した（前掲『杉山メモ　下』四三八、四四八頁）。

(85)　前掲『眞田穣一郎少将日記摘録　其の一』四六、五三～五四頁。

(86)　前掲『機密戦争日誌』（昭和一八年二月八日）。

(87)　前掲『眞田穣一郎少将日記摘録　其の一』一一五頁。

(88)　同前、一一九～一二〇頁。

(89)　同前、一二〇頁。

(90)　前掲『眞田穣一郎少将日記摘録　其の二』六九～七〇、一〇二～一〇四頁。

(91)　海軍省軍需局長『月頭報告』と米国戦略爆撃調査団の報告書との数字には違いがある。『月頭報告』の中にも矛盾する数字が並んでいることも断っておきたい。前掲原道男「第二次大戦時におけるわが国貯油問題」四〇頁。

(92)　海軍省軍務局第三課『大東亜戦争中ニ於ケル我物的国力ト海軍戦備推移ニ関スル説明資料』（一九四五年九月二八日、防衛研究所戦史部図書館所蔵、請求番号①-全般-四七）。従来米国戦略爆撃調査団に提出された資料に準拠し、戦後の刊行物のデータは作成されている。それゆえ、海軍省軍務局が一九四五年九月に作成したという点に、データの貴重さがある。「国外消費量」は従来推測で記述されていたから、海軍だけの「国外消費量」であるが、貴重な記録である。おそらく海軍省軍需局長『月頭報告』に基づき作成したのではないかと思われる。同じデータがトンとキロリットル双方で表記されているところがあるが、筆者の判断でキロリットルとした。

(93) 岡崎文勲「日本の死命を制する石油」(防衛研修所『研修資料 経済計画及経済動員研究資料――其の七――』別冊第一〇八号、一九五六年)三九頁。前掲原道男「第二次大戦時におけるわが国貯油問題」五〇頁。

(94) 『嶋田繁太郎大将備忘録 第五』(防衛研究所戦史部図書館所蔵、①日誌回想-八三二)。一〇月二九日の陸海軍共同研究のデータでは、航空機用揮発油は、第一年目が七五〇〇〇(蘭印〇、イソオクタン一万五〇〇〇、水添六万)であり、第二年目が三三万キロリットル(蘭印一四万、イソオクタン四万、水添一五万)とされ、第三年目が五四万キロリットル(蘭印二九万、イソオクタン六万、水添一九万)とされた。水添は石炭液化による航空揮発油のことで、まったく生産されなかった。貯油量は一〇月一日現在で一一一万キロリットルであった。

(95) 前掲『杉山メモ 下』一九九頁。「昭和一七年度下半期」の物動計画では毎月重油二五・六万キロリットルを見込んでいた。

(96) 秋重実恵『太平洋戦争と国防燃料』(防衛研究所戦史部図書館蔵、依託執筆史料二八八)八一頁。秋重局長はミッドウェー海戦で七〇万キロリットル消費したと述べている(前掲『昭和海軍秘史』一七〇頁参照)。

(97) 前掲『戦藻録』三八一~三八二、四〇五頁。

(98) 海軍省軍需局長『月頭報告』(一九四四年一二月八日、軍需機密第二〇号ノ一二)一二頁。

(99) 海軍省軍需局長『月頭報告』(一九四五年一月八日、軍需機密第八号)八~九頁。

(100) 「富参電第七七七号要旨報告」(一九四六年七月二七日起案、防衛研究所戦史部図書館所蔵、請求記号 南西マレージャワ三一五「製油所被害ニ関スル綴」所収)。

(101) 「昭和一九、三一一〇、八 北スマトラ燃料工廠戦史資料」(防衛研究所戦史部図書館所蔵、請求記号 南西マレージャワ三三〇)。

(102) 海軍省軍需局長『月頭報告』(一九四四年九月二一日、軍需機密第二〇号ノ九)一二頁。耐爆剤四エチル鉛に必要な臭素の六〇%は徳山の東洋曹達が生産していた。

(103)　並河孝『一海軍化学技術者——八十年の歩み』（非売品、一九八〇年）一〇〇頁。四日市特産の菜種油を鹼化して油泥に加えて加熱し、原油の回収に成功した。第三海軍燃料廠、軍需部などでも油泥処理が行なわれた（前掲『日本海軍燃料史　下』八五九頁）。

(104)　同前『一海軍化学技術者——八十年の歩み』一〇七～一〇八頁。

(105)　木山正義「最後の南方油還送物語（北号作戦）」（前掲『日本海軍燃料史　下』九七五～九七九頁）。タングステン、ゴム、錫、亜鉛、水銀などの南方重要物資も搭載された。燃料は航空揮発油に重点をおいた。

(106)　小林儀作「沖縄特攻艦隊の燃料」（前掲『日本海軍燃料史　下』九八八～九八九頁）。海軍省軍需局長『月頭報告』（一九四四年四月八日）三頁。

(107)　山川貞一大佐（海機三三期）が西村国五郎氏に送付した「軍需局員ノート」抜粋より（前掲『西村メモ』）。『山川貞市雑記帳』（筆者写し所蔵）にも同じ記録がある。

第6章　軍需から民需への転換──第二海軍燃料廠の肥料工場への転換──

はじめに

敗戦直後、企業は軍需産業から民需産業への転換を図った。食糧事情逼迫下、肥料増産は衆目の一致する国民的関心事であり、加えてポツダム宣言第一一項の中で「日本国ハ其ノ経済ヲ支持シ且公正ナル実物賠償ノ取立ヲ可能ナラシムルガ如キ産業ヲ維持スルコトヲ許サルベシ　但シ日本国ヲシテ戦争ノ為再軍備ヲ為スコトヲ得シムルガ如キ産業ハ此ノ限ニ在ラズ(1)」という連合国の基本方針が示されていた。航空機用ガソリン・カーバイド・アルミニウムの生産に従事した企業は、既存設備の転用による硫安・石灰窒素への転換を計画し、とりわけ旧肥料メーカーの対応は迅速だった(2)。海軍・農林省・商工省・化学工業統制会も積極的に取り組み、連合国総司令部（以下総司令部と略称）や在横浜第八軍・在京都第一軍団・各地方軍政部も肥料増産には熱意を持ち協力的であった(3)。

本章の課題は、軍需生産（戦争中）から民需生産（戦後）に移行した第二海軍燃料廠の硫安工場への転換過程を、一次資料を用いて実証的にあとづけることにある。主に対象とする時期は、一九四五（昭和二〇）年八月から翌四六年六月までとした。戦時中ハイオクタン価ガソリンを製造していた旧海軍燃料廠の設備の転用による硫安製造は、占領政策の揺籃期には、非軍事化というその基本政策に抵触するとみられやすい問題であった。農業と軍事の双方にかかわるがゆえに、見解の相違が生じやすかったからである。また、視点を転ずると、この種の軍事産業から平和産業への転換は、古くて新しい課題である戦前と戦後の連続・非連続という問題[4]にもかかわってくる。化学工業・石油化学工業において、何が戦後に受け継がれ、また何が新しく海外から持ち込まれたのか、という点に関する実証的研究は、技術導入一覧表を除けば、質量ともに乏しい。加えて東京大学社会科学研究所のシリーズ『戦後改革』で実証的研究の地味な蓄積の重要性が指摘され、多角的研究が進められたにもかかわらず、その後見るべき成果はあがっていない。このような現状に鑑み、筆者は、海軍燃料廠の戦後初期の転換経過を跡づけることによって、平和産業への転換というドラスティックな変貌にもかかわらず、この過程で戦前戦中の資本ストックや人材が再活用され、このことがこのすばやい転換を可能にしたことを浮彫りにしたいと考えた。企業が既存の資本ストック[5]を生産活動に結びつけたことの重要性を見すごしてはならない。

また本章は、敗戦直後、日本の企業は敗戦ショックのもとで、まともな生産活動を行なっていなかったとする通説的イメージに反証を提起することも目指している。日本経済史・個別産業史・技術史の著作の記述の書き出しがほとんど「傾斜生産方式」もしくは「爆撃被害状況・損失」から始まり、一九四五年から四六年前半の企業活動を等閑に付している。例えば著名な『戦後日本化学工業史』[6]では生産実績が上がっていないため、この時期の企業活動にきわめて低い評価しか下していない。また、一方、連合国の権力や権限を絶対的であるととらえ、企業活動に自由裁量の余地がまったくなかったかのような印象を与える歴史像が流布している。しかし、後段で詳述するように、化学肥料企業は一九四五年八月から「今後」の経営方針を模索し、旧軍設備・資材の確保を図るなど活発な企業活動を展開していた。日本軽金属工業は肥料製造による生き残り戦略を真剣に考えていたし[7]、軍も企業への資材の移転に積極的であった。敗戦直後一時的に企業家は虚脱感に陥ったかもしれないが、肥料企業に限らず、企業は、「今後」の対応策に追われ、従業員の最低限の賃金を支払えるような仕事を捜し、企業の存続を図ったはずである。本章が対象とする第二海軍燃料廠の場合、日産化学工業㈱の技術支援を得て、日本肥料㈱によって硫安転換工事が進められ、後日東海硫安工業㈱の誕生につながった。

先行研究についていえば、硫安肥料製造と旧海軍燃料廠転用に言及した網羅的通史として有用なものに『日本硫安工業史』(2)がある。賠償問題とその関係で記述した研究に仙波恒徳の「対日賠償政策の推移」(8)があるが、海軍燃料廠の転換に関しては、『日本硫安工業史』に依拠しているところが多い。第三海軍燃料廠の転換経過については、神崎清氏の綿密な回想「徳山工場の回想」(9)が残されている。本章は、石川一郎文書（東京大学経済学部図書館蔵）、陸海軍終戦処理・引渡関連資料（防衛研究所戦史部図書館蔵）、GHQ文書（国立国会図書館憲政資料室蔵）を利用することによって、従来の研究で跡づけられていなかった海軍の敗戦後の対応および農林省の傘下の日本肥料㈱の対応を明らかにし、あわせて日産化学工業㈱はじめ敗戦直後の企業活動を跡づけることを目指している。海軍・日本肥料㈱・日産化学工業㈱の敗戦直後における「企業」活動を、相互に関連させながら、実証的に明らかにする作業は、戦後経営史研究の進展の一助ともなりうるだろう。

1　敗戦直後の対応――設備と資材をめぐって――

(1)　民間企業と肥料増産

敗戦から一七日目にあたる一九四五（昭和二〇）年九月一日、帝国ホテルにおいて、農林省・硫安肥料製造業組合・企業が会合し、第二回「硫安肥料工業ニ関スル官民懇談会」が開かれた。出席した企業は次の通りである。

日本窒素　三菱化成　日産化学　日東化学　日本製鉄　東洋高圧　宇部興産　日窒化学
昭和電工　住友化学　住友多木　東亜合成　東北肥料

各企業が爆撃被害状況・復旧工事について報告を行い、これを受け最後の総括にたった硫安組合理事長井野碩哉は、業界の先行き不安を代弁して以下のように語った。

「業者ノ内ニハポツダム宣言ノ実行ニ当リ硫安工業ガ認メラレハシ（ママ）マイカトノ危惧ノ念ヲ懐キ手控エ勝トナル向モアルヤニ懸念セラル、ヲ以テ此点ニ関シ政府ガ補償ヲスル態度ヲ決定サレ度ク農林大臣ニ進言シタル処大蔵大臣トモ相談シ閣議ニモ懸ケル旨返答ヲ得タリ」。

この発言を受け、同席した農林省肥料統制課長柿手操六は、肥料増産への協力を明言した。

「硫安一六二萬瓲石窒三八萬瓲過燐酸一五〇萬瓲ヲ最後迄残スベク頑張ル覚悟デアリ、業者ノ将来ニ対スル不安ヲ除去スル為メノ措置ニ附テハ資材局長モ充分考慮スベシトノ意向」。

「復旧ニ要スル資材ハ早急ニ調査シ最近種々ノ資材ガ入手シ得ラル、情勢ニ在ルヲ以テ当局並ニ組合ト密接ナル連絡ヲ願度(10)」。

物資欠乏の著しかった戦時中に資材の配給を後回しにされ、肥料生産量が低下した化学肥料会社にしてみれば(11)、資材確保に関する政府保証は、増産計画立案に欠かせない前提であった。ポツダム宣言受諾の報を新聞で知った軍需関

表6-1　戦時中から戦後にかけての化学肥料・アルミニウム生産量

（単位：トン）

年　度	化学肥料工業				軽金属工業
	硫　安（全国）	硫　安（昭和電工）	硫　安（日産化学）	石灰窒素（昭和電工）	アルミニウム（昭和電工）
1940	1,111,155	171,048	100,778	42,600	9,874
41	1,240,295	184,776	90,284	60,346	14,730
42	1,146,087	167,060	98,939	45,055	18,491
43	966,456	176,017	85,434	34,163	22,779
44	712,311	120,995	77,714	35,392	28,276
45	243,021	25,257	70,364	16,882	6,035
46	469,376	55,761	81,494	39,867	1,207
47	720,225	70,584	77,803	46,058	1,242
48	915,363	93,492	73,288	67,665	1,700
49	1,185,451	109,122	96,973	107,149	4,729
50	1,501,210	162,525	—	124,797	4,281

出所：『昭和電工五十年史』264～265頁、日産化学『八十年史』321頁および『日本硫安工業史』775頁より作成。

連企業が平和産業への方向転換を図るのは当然の対応である。賃金支払い・予想される賠償問題・時下の食糧難に鑑み、農作物増産に必要な肥料製造は、占領下の企業活動を円滑ならしめる、という判断も当然働いたであろう。井野理事長・柿手課長の発言は企業側の将来見通しに対する不安や動揺を受けたものであるが、政府側の並々ならぬ決意がつたわってくる。

戦時中、原材料の確保困難・人手不足・交通網の麻痺・爆撃による破壊およびその結果生じた隘路によって、生産能力が大幅に低下した（表6-1を参照せよ）。だが、まだまだ復旧・修繕可能な機械や無傷の設備は残っていた。[12] 社史を繙けば枚挙にいとまなしであるが、二、三の肥料関連企業の活動を挙げれば、日本カーバイド奥村政雄社長は八月一九日に石炭窒素三倍増産計画を立て、しかも島田俊雄農林大臣に資材面での協力を取り付けた。[13] 昭和電工川崎工場は、八月一六日、復旧方針を決定し、電解設備・合成設備等の比較的被害の軽微のものから工事に着手した。また昭和電工鹿瀬工場では、老旧化してはいたが、残存設備ではやくも九月六日に、石灰窒素肥料生産を再開した。[14]

ここで、電気化学工業㈱取締役社長近藤銕次が一九四五年八月七日付で化学工業統制会会長石川一郎宛に出状した書簡を揚げ、終戦直後のすばやい企業活動を読み取りたい。

「拝啓　去ル廿五日開催（ママ）セラレタル懇談会ノ御指示ニ基キ弊青海工場、大牟田工場竝ニ傍系会社タル北海電化伏木工場及ビ東北電気製鉄和賀川工場ノ四工場ニ於テ至急石灰窒素肥料生産増加ノ計画ヲ樹立致候　就而此際右計画ニ要スル窒素瓦斯製造機ヲ青梅、大牟田、伏木ノ三工場ニ毎時一、〇〇〇立方米装置各一台設置スル必要有之候ニ付何卒御斡旋被下度願上候　敬具[15]」（傍点引用者）。

この書簡から読み取れることは、化学工業統制会も懇談会を開催し、企業に肥料増産・設備拡張を慫慂していたことである。また、電気化学工業がこの機会をとらえ全国で石灰窒素増産を図るとともに、隘路になっていた窒素分離機の手配斡旋まで依頼するという意欲的態度を示していることである。なお、石川会長は当時硫安肥料製造業組合相談役も兼務していた。

以上のように、終戦の年の八月から九月にかけて、企業・農林省・化学工業統制会・硫安肥料製造業組合が相互に情報交換を行ないながら、敗戦後への不安や問題点を少しでも取り除き、肥料増産を軌道に乗せようと努力していたことがわかる。

(2) 連合国と日本の戦闘能力破壊

占領開始前後の米軍の最大関心事かつ主任務は、日本の戦闘能力を無に帰すことであった。GHQ／SCAPが一九四五年九月二日に日本大本営に命じた「陸海軍一般命令第一號」(SCAP Dir No. 1)[16]の第一項で「完全ニ武装ヲ解除シ且上記ノ聯合国指揮官ニ依リ指定セラルル時期及ヒ場所ニ於テ、總テノ武器及ヒ装備ヲ現在ノ侭完全且良好ナル状態ニ於テ譲渡スルコトヲ命ス」と記され、具体的には第六項で輸送施設・通信施設・軍用物資製造工場などの維持が揚げられ、「総テノ兵器、弾薬、爆発物、装備、軍貯蔵品、補給品其他有ユル種類ノ戦用品並ニ戦用資材」を「毀損セス且良好ナル状態ニオクヘシ」と記述されている。この件に関連して、米国の求めで九月二二日にH・イーストウッド大佐（のちのG-Ⅳ部長、H. Eastwood）を往訪した岡崎勝男終戦連絡事務局長官は、左記の通知「陸海軍ノ軍需品引渡シニ関スル件[17]」を受けた。

「米側ハ大体十月末迄ニ日本陸海軍ノ武器、弾薬、軍需品等ノ引渡ヲ受ケル筈ナルガ、今般其ノ大部分ヲ日本政府ニ引渡スコトトセリ。右ノ中食糧、医薬品、寝具等ハ之ヲ救済事業ニ使用セラレ度、其ノ他ノ物資（『スクラップ』等ヲモ含ム）ハ之ヲ有効ニ使用セラレ差支ナシ」（傍点引用者）。

占領計画を立てたのがG-Ⅱ（参謀第二部）であり、武器処分担当はG-Ⅳであった。停戦後の喫緊の課題が陸海軍戦力の潰滅つまり対日軍事処理にあったことは、交戦終結直後の状況下では当然のことである。のちに米国陸軍省が刊行した『マッカーサー・レポート』（*Reports of MacArthur*, 1966[18]）には、急速な兵器破壊状況が記され、陸海軍の協力も賞賛されている。海軍の場合、海軍大臣米内光政の名で各部隊に占領軍に協力するよう通達が発せられ、すでに接収準備がすすめられていた[19]。

軍需品を陸海軍から受け渡され、保管することになった内務省は九月二七日に「警保局警務発甲第一二四号[20]」つまり「連合軍ヨリ帝国政府ニ対シ交附サルベキ武器其ノ他軍需品及軍需施設等ノ警備措置ニ関スル件」を府県長官に通牒した。「一部ヲ除キ」、「引渡ト同時ニ民間救済ノ為使用スルコトヲ条件」にして、連合国より日本政府に「十月末日迄ニ之ガ引渡交附ヲ完了セラルル予定」であった。しかし、実際の内務省の対応は遅れて、物資が円滑に民間セクターに移転されず、占領軍すらいらだちを感じるほどであった。一斑を示せば、第八軍経済部長バラード大佐は、一九四六年一月一五日、「従来の経験に徴するに内務省の措置は概ね敏速を欠き居れり」と述べている。また一月一九日には「問題は表の上に於て引渡され居るや否やにあらず現実にかかる物資が動かされ日本の適当なる産業の需要を満し居れりやの点なり」と指摘している。(21) 占領の主力実施部隊の第八軍が民生維持にも腐心していたことがうかがえる。対日軍事処理に対して峻厳であることと民生維持とは区別して考えていた事実がわかる。

(3) 海軍と陸軍

ポツダム宣言で非武装化が明記された陸海軍は、敗戦に伴う指揮命令系統の乱れがごく一部でみられたが、概ね堅実に終戦処理任務を遂行したといえる。軍は次々と指令や命令を発し、新事態に即応すべく努力を重ねた。戦闘停止・引き揚げ・武器処理・書類焼却等さまざまな任務があったが、本節では陸海軍の平和産業転換に果たした役割を残された資料から明らかにしたい。軍から民間への権限委譲が各地で行なわれたが、通達に関する書類は、用済み後ただちに焼却された。

一九四五年八月一五日、海軍次官名で「関係各局部長」に官房軍機密第七四八号「戦争状態終結ニ伴フ緊急措置ノ件申進首題ノ件左記ノ通措置相成度」(22)が出令された。なお、この「処分法」は「了解セバ直ニ焼却」と指示されている。本文「二」は次の通りである。

「軍需生産体制ヲ速ニ国民生活安定並ニ民力涵養ニ転換スル為左ノ通処理ヲ進メ軍民ノ親善増進ヲ期ス

(イ) 軍管理工場ノ管理ヲ解除シ製品半製品及原材料ノ保管流用ハ差当リ生産責任者ニ一任ス

(ロ) 軍需生産ハ速ニ之ヲ停止スルモ（主食糧ヲ原料トスルモノヲ含マズ）、交通機関、農機具、藍、鉄、石炭

表 6-2　旧軍施設の校舎への転用（三重県）

○軍用施設の一部建物を資材としてまたは移築して利用した学校

学校名	旧軍用施設
桑名中学、桑名高女 桑名市内国民学校 桑名郡城南国民学校	香良洲三重航空隊の一部
四日市商工学校	鈴鹿市高塚町東海第 581 部隊の一部
四日市市内中等及国民学校 大矢知村国民学校	鈴鹿市石薬師東海第 555 部隊の一部
津市内中等及国民学校	香良洲三重航空隊の一部 多気郡斎宮第 7 航空通信連隊の一部 鈴鹿市高塚市東海第 581 部隊の一部
宇治山田市内中等及国民学校	明野陸軍飛行部隊湯田教育隊の一部

○軍用施設の一部を現地でそのまま仮校舎とした学校

学校名	旧軍用施設
四日市商業学校	旧第二海燃料廠庁舎
四日市市立商工学校	日永追分旧海軍燃料廠男子寄宿舎
津中学校 津工業学校	久居第 33 連隊兵舎
津市立高等女学校	津高茶屋海軍工廠庁舎
宇治山田中学校 宇治山田工業学校	斎宮航空通信隊兵舎
三重師範学校男子部	香良洲三重航空隊兵舎

出所：『三重県教育史』第 3 巻、12 章。

其ノ他原材料等ノ平和産業向ハ生産ハ之ヲ続行ス

(ハ) 兵器（平和的使用可能ノモノヲ含マズ）以外ノ軍需品、物品殊ニ燃料、自動車、（一ヶ月分以外ノ）衣糧及薬品、木材其ノ資材ヲ陸、海、軍需省以外の各省地方機関又ハ民間ニ無償保転（払下）ス」（傍点引用者）。

八月一七日、東久邇宮稔彦内閣は同趣旨の閣議決定「戦争状態終結ニ伴フ国民生活安定ニ関スル緊急措置」(23)を行った。「方針」で「国家ハ直チニ一切ノ軍需生産体制ヲ切捨テ先ヅ国民生活ノ安定確保並ニ民力涵養ニ全力ヲ傾倒スルコト」と記されている。この閣議決定は官房軍事機密第七四八号を受けて、用意周到のもと最初の閣議でなされたものであったと筆者は思う。端的に言うなら、非武装化を余儀なくされた陸海軍が「軍需生産体制ヲ切捨テ」、物資や設備を払い下げることで、国民生活の負担を少しでも減じようとした試みであった。

ほかにも例えば、一九四五年九月一七日に開かれた「第三分科会」（担当不詳）は「海軍工場処理要領」[24]を検討作成した。この要領は「厳秘」取扱いであったが、化学工業統制会には写しが送付された。海軍工廠・海軍火薬廠・海軍燃料廠を擁する海軍が、いち早く密かに民間企業への施設受渡しを真剣に考えかつ取り組んでいたことを示すものである。「方針」には「民需工業ニ転換シ得ベキ工場ハ速ニ之ヲ転用シ以テ平和産業ニ寄与セシム」と明記されている。軍事産業から平和産業への大転換に対して海軍がすでにこの時期からイニシアティブを取っていたことが鮮明に浮び上がってくる。他方、陸軍も板橋造兵廠[25]・陸軍燃料研究所・陸軍燃料廠[26]の民間への引渡しに手を尽くしている。広範な旧軍関係設備が民間企業や地方公共団体に移され、新たな生産設備・施設として時には仮の学校校舎として再出発した[27]。一例として、三重県での旧軍用施設利用状況を表6-2に示した[28]。

2　第二海軍燃料廠の硫安肥料工場への転換――海軍・農林省・日本肥料・日産化学工業間の国内調整――

(1)　海軍の転換許可申請とGHQの許可

海軍省は一九四五（昭和二〇）年一〇月一日付で「第二、第三海軍燃料廠ヲ日本肥料株式会社ニ払下ゲ硫安肥料ヲ生産スル件」(Disposal of Facilities belonging to the 2nd and 3rd naval Fuel Depots to the Japan Fertilizer Co. Ltd. for the Production of Sulphate of Ammonia)［ND. NO. 48, CLO NO. 128］を「連合国最高指令部」（SCAP）に申請した[29]。

「日本国内食糧ノ需給事情ハ極メテ逼迫シアリテ主食料ノ増産ニ努ムル要アル処之ガ生産増加ノ為ニハ硫安肥料ノ多量供給ヲ必要トス

然ルニ一方硫安需要量ノ年間約二百万瓲ニ対シ生産見込ハ戦災ニ依ル工場被害及工場施設ノ衰朽等ニ依リ六〇万瓲ヲ出テズ

第二第三海軍燃料廠施設中主トシテ高圧水素添加装置関係施設ヲ使用スレバ第二海軍燃料廠ニテ年産約十五万瓲、第三海軍燃料廠ニテ年産約五万瓲ノ硫安肥料ヲ生産シ得ベキ見込ニ付日本政府ヨリ別紙要領……ニ依リ第二第三海軍燃料廠施設ヲ日本肥料株式会社ニ払下ノ上生産ヲ転換ノコトト致度ニ付御承認ヲ得度」（傍点引用者、提出書類は英文）。

この海軍省の申請を受けて、総司令部は一〇月一〇日に転換許可（AG 091. 33, ESS）[30]を出した。当時はまだＳＣＡＰＩＮ番号は記されていなかったため、後日遡って加記されたが、本指令は実質的に取り消されたので番号は追記されずに終わった。正確を期すため、原文で認可箇所を記す。

The request of the Japanese Navy for authority to transfer facilities of the 2nd and 3rd Naval Fuel Depots to the Japan Fertilizer Co. Ltd. is approved for the following plants：（以下略）

この許可を受け、一〇月一二日、海軍省軍需局長森田貫一中将に「高圧水添装置等ヲ硫安工場ニ転換準備ノ件照会」[31]が行なわれ、「目下中央ニ於テ関係各部ト協議ノ上計画中ノ処概ネ別紙要領ニ依リ実施致度ニ付貴廠ニ於テモ左記事項ニ就キ予メ準備シ置カレ度」と指示が発せられ、次の四項目が命ぜられた。

一、使用予定装置ノ整備ニ必要ナル機品ノ現状調査
二、本転換工事ニ必要ナル人員ノ確保
三、使用予定装置ノ整備
四、所要資材ノ調査並ニ確保

特に「一」の中で、民間企業に関する調査が下達された。

イ　民間会社ニテ新製、改造、修理中ノ機器ノ現状
ロ　疎開或ハ民間ニ払下又ハ貸与セル機器ノ現状ニ之ガ復旧計画

同様に一〇月一二日に農林次官重政誠之から日本肥料㈱理事長井野碩哉（元農相）に「第二、第三海軍燃料廠ヲ硫安工場ニ転換許可ニ関スル件」[32]が通達された。なお、日本肥料㈱は、一九四〇年七月に政府が五〇％出資し、ほかに全購連・大手肥料企業などが出資した肥料配給統制機関であった[33]。海軍省と農林省との打ち合せの結果、第二・第三海軍燃料廠は、公的性格の強い日本肥料㈱にとりあえず一括して払い下げられた[34]。

(2)　海軍（現地四日市と中央東京）と日本肥料㈱

本節では、四日市で残務整理にあたった山川貞市大佐の『雑記帳』[35]（以下『山川雑記帳』と記す）に準拠して、第二海軍燃料廠の生々しい転換過程を追っていきたい。この『山川雑記帳』は一次資料として唯一の貴重な記録であり、敗戦直後の海軍の残務処理にかかわる国内の動きを伝えている。

一九四五年一〇月二三日、海軍省軍需局において、上京した並河第二海軍燃料廠廠長は、次の諸点について質した。[35]

一、硫安許可ノ件 □《判読不可》司令部ヨリ六軍ニ指示方取計リシ度。
二、硫安工場陣容一部希望シアルモ中央ノ意向不明ナルタメ（中央ノ人入ルカ）決定ニ致ラズ。陣容決定セザレバ仕事進マズ。
三、資本ハ如何ニナルヤ。作業ノ基礎ナルタメ納得セズ　関係者不安アリ。
四、技術的ニ方式（二燃装置ニ適スル）ヲ決定ノ要アリ。資材、器材　待タズ進メ。
五、日本肥料ガヤルノカ↓或会社（ガ）ヤルカ不明、農相ト交渉中（大臣次官カワル）

質問「一」は、第二海軍燃料廠の所管がＳＣＡＰの経済科学局（ＥＳＳ）から一時的に第六軍・第八軍に変更されたことに起因する依頼である。[30] 質問「二」「三」「五」は、転換工事推進をだれが行うのか、ということに関する問い合せである。日本肥料は肥料の配給は行なっていたが、肥料製造実績はまったくなかった。それゆえ、いったん日本肥料に払い下げられた後、実際に製造を依頼する払下げ企業にも注意が向けられている。質問「四」はどの合成方法を選ぶのかという技術問題である。企業によって、採用している技術が異なるので、工場建設担当企業の決定にもかかわってくる。さて、この質疑を受け、海軍省軍需局はとりあえず以下のように答えた。[35]

一、近ク出ス
二、相手判然セズ　決定シ難シ　一応出セ
三、資本不明。日肥↓会社□□《判読不可》自力。不明

四、方式不明ニ付片渕案ニテ大体ノ資材ヲ集メルコト
五、各工場ハ分轄ノ予定ナル□《判読不可》独立ハ考ヘル　三燃調査ノ結果得ル

翌日の一〇月二三日に行なわれた「東京打合」において、検討調査を踏まえ左記のことが申し合わされた。(35)

一、硫安許可ノ件　□《判読不可》司令部ヨリ六軍ニ指令方申込済
二、硫安工場陣容ニ関シテハ農林大臣次官交更（ママ）タメ未ダ確定セズ　日本肥料直接ヤルカ日窒等ニヤラセルカモ不明ナリ　従ッテ相手不明ナルタメ陣容判然トセズ　可成速ニ決定スル様努力中ナルモ廠側トシテハ Best Member ヲ以テ案ヲ作リ（工場長、作業主任ハ中央ニテ決定ス）送付アリ度シ。其者ハ残ッテ準備ニ着手アリ度シ　要スレバ嘱託トシテ　但シ他ニ就職ヲ防《妨》ゲズ
三、名古屋工場ハ三燃所要機材ノ状況ニヨリ分轄スルカ否カヲ決ス
四、資材ハ硫安用ニ必要ナルモノヲ明□トシテ内務省ニ引渡ス如ク準備□□《判読不可》

(イ)第六軍の内諾、(ロ)陣容の決定、(ハ)資材と設備の調査、(ニ)技術方法等が討議検討されたことがわかる。海軍は引渡準備をすすめるとともに、将来への青写真まで描いたうえで払い下げる意向であった。ところで、周知のように、二転三転した後、一九五五年八月二六日の閣議で、四日市旧海軍燃料廠は三菱グループとシェルグループに、徳山旧海軍燃料廠は昭和石油と出光興産に、岩国旧陸軍燃料廠は三井グループと日本鉱業にそれぞれ払い下げることが正式決定された。(36) しかし一九四五年末の時点では一括して日本肥料㈱が払下げを受けた。次の問題として日本肥料が自ら経営するのか、民間企業に委託するのかということがもちあがったが、第二海軍燃料廠は日本肥料が直営し、第三海軍

燃料廠は日本窒素が受け持ち、岩国陸軍燃料廠は三菱化成が担うことになった。

前述したように技術を持ち合せていない日本肥料には工場を建設・運営していく経営能力はなかった。そこで委託が検討されたのであるが、四日市第二海軍燃料廠の場合は日本肥料が直営するということになり、日産化学工業の多数の技術者が工場建設・操業にたずさわった。そこで次に、日産化学工業が転換工事を管掌するに至る経緯に一瞥を加えたい。一〇月三一日の海軍との打合せの席で日本肥料の代表は「人ノ和ハモットモナリ」と述べ、海軍復員者の受入れに牽制を入れ、「直営デヤルカ　業者ヘタノムカ　連合シテヤルカ未決ナリ」、「外ニ人員組織何トモ云ヘヌ」と釘をさした[35]。この日本肥料の発言は当時転換工事の進め方・担当企業が検討中であったことを物語っている。当時日本肥料の内部では、技術に定評のある日本窒素に第二海軍燃料廠を任せたいという意見も根強かった[37]。しかし日本窒素は日産化学工業に比べて、創業者野口遵の死去および外地事業の喪失のために積極的に働きかける環境になかった[38]。さて、ようやく一一月に入ってから生産方法が具体化してきた。たまたま日本肥料に入社した片渕智中佐が、以下のように技術説明を行なった[35]（日付不詳）。

「反応筒内部構造ハ『一、ファウザー』トスルヲ可トス。五〇〇℃三〇〇気圧　検討スルノ要アリ。一、ファウザー（日肥）ニテ　特許ノ件処理スルコト。一、触媒ハ日産ヨリモラウコトトス。一、硫安工場ノ指揮案　日産ハ協力工場トスルヲ可トス」。

ここで初めて「ファウザー」式硫安製造方法が登場する。当時日本の大企業で、ファウザー法を採用していたのは日産化学工業である[39]。それゆえ、生産方法の決定は、即、提携先の決定につながってくる。ここで想起されるのは、当時日本肥料理事の要職にあった織田研一（元日産化学工業富山工場長）の果たした役割である。民間企業から日本

表 6-3　東海硫安工業(株)職制（1948 年 11 月）

- 社　長　織田　研一〔日肥、日産〕
- 四日市工場長　越田　覚造〔日肥〕
  - 事務部長　岡本　寛人〔満洲〕
  - 次　長　岡田　竜雄〔日肥〕
    - 総務課長　（岡田　竜雄）〔日肥〕
    - 勤労課長　陶山　勇〔？〕
    - 倉庫課長　岩村　俊彦〔日肥〕
    - 業務課長　荒木東洋彦〔日肥〕
    - 経理課長　北谷　巌〔日肥〕
    - 出納課長　加藤　勝〔日肥〕
  - 製造部長　三井　啓策〔海軍〕
    - 管理課長　福田　騰〔朝鮮総督府〕
    - 窒素課長　益田　信雄〔大蔵省技官〕
    - 電解課長　内海　碩夫〔日産化学〕
    - 合成課長　（三井　啓策）〔海軍〕
    - 硫安課長　渡辺　泰綱〔陸軍〕
    - 動力課長　木下　利貞〔陸軍〕
    - 工作課長　川崎　猛雄〔日産化学〕
    - 分析課長　川崎　種繁〔満州化学〕
    - 研究課長　臼井　良吉〔住友化学〕

出所：東海瓦斯化成（株）『工場 15 年の歩み』13 頁より作成。
註：(1)　内海碩夫氏（元工場長）ほかの教示による。
　　(2)　注（42）をみよ。

肥料に出向している人の中では、織田氏ほど技術に通じている人はいなかった。実際片渕智中佐の談話[40]では「織田研一氏に教えを受け、硫安転換計画を立てた」とのことである。『山川雑記帳』にも「日産化学」が技術面で多岐にわたり人材を送り出していることが記されている。一二月上旬に行なわれた「東京打合事項」から人員配置に関する記述を抜粋する。

一、織田工場長ハ極力日産等ヲ入レ勢力ヲ主体〔ト〕セントス（日産化学　日産液体燃料）○日産化学研究科次長井上《井上辰雄所長か》・小名浜日本水素、東北肥料ヨリ　フィアグ発生炉技〔術〕者　○日産化学富山工場ヨリ一〇名位ウィンクラー〃〔発生炉技〔術〕者〕・合成ハ三井中佐課長《三井啓策技術中佐》　日産化学ヨリ補助ヲ出ス[41]　○日産化学ヨリ電解技術者ヲ出ス　○日産液燃ヨリ電気〃〔技術者ヲ出ス〕（一級免状持）○工作課長モ日産等ヲ考ヘアリ

二、四日市配員希望　○海、日肥、日産ノ Balance　○日肥本社ニテ Balance 取ルトノコト故中央ニテ打

合ハサレ度

三、名古屋ノ配員　従来方針未定ノタメ中央ノ申合ナキニ付　別表ノ通申合サレ度　Balance ノ件四日市ニ同ジ

四、理事長へ　藤尾《哲》　並河《孝》　山川《貞一》　ロボットニスルナ

五、織田氏本社建設局長、片渕交更《ママ》ノ予定

海軍、特に現地四日市残務処理員の関心が、海軍・日本肥料・日産化学工業の三者間の割り振りバランスに向けられている。日本水素㈱・東北肥料㈱からヒィヤグガス発生炉の専門家が派遣されることになったほか、大船第一海軍燃料廠から三井啓策技術中佐が「合成」担当者として名をつらねている。「ロボットニスルナ」という一行の中に海軍（現地四日市）の焦躁や不安があらわれている。ところで、表6-3に組織一覧表(42)を掲示する。また表6-4に海軍「硫安工場建設準備員」として四日市に残った者を掲げる。

一九四五年一二月一二日、第二復員室で開かれた「需品部長打合」の結果、「人事均衡ノ件諒承　十七日一三〇〇　日肥本社ト打合ノ事トス」となり、中央で話を進展させることになった。またこの席上、第二復員省事務官木山正義中佐は「一、二、三燃ノ資材ハ一括シテ処理ス（肥料優先）ルニ付必要数ヲ早ク出スコト」と述べ、旧海軍燃料廠の所有資材を優先して肥料工場に割り当てるという海軍中央の立場を伝達している。(35) 付言しておきたいことは、大船第一海軍燃料廠は全国農業会に引き継がれ、昭和二一年四月に全国農業科学研究所となっ

表6-4　硫安工場建設準備員として四日市に残留した者（1945年10月）

山川貞市
森田彰久
松本忠太
田中忠男
小川重郎
藤田鹿次郎
秋山義武
中村政任
内田　桂
末光敏文
澤　　正

出所：日本肥料（株）「旧二燃廠ヨリ日肥ニ転換経過概要」より作成。

た。しかし一九四八年八月一五日、GHQからの解散命令に基づき、全国農業会はすべての活動を中止した。[43]

以上、敗戦後の海軍の四日市での残務処理と日本肥料との調整について述べた。

(3) 日本肥料㈱と日産化学工業㈱――転換工事をどう進めるか、主か従か――

経営権を持つ日本肥料と技術を有する日産化学工業の対応の相違に留意しつつ、両社の旧第二海軍燃料廠転換に対する方針・戦略の一端を明らかにしていきたい。すでに述べたが、一九五五年までに政官民の間で駆け引きが繰り広げられた「旧陸海軍燃料廠跡地払い下げ問題」の先駆けとなった企業活動ととらえることもできる。跡地が工業用地としていかに有用であったかは、大コンビナートが四日市、徳山、岩国に形成されたことで証明できる。[36]

一九四五年九月に日産化学工業の社長に就任した苦米地義三は、肥料増産・肥料への転換に精力的に取り組み、各工場に「全能力を挙げて硫安、その他名種肥料の生産に着手するよう」[44]に指示を出した。日本窒素とともに日本を代表する肥料会社であった日産化学工業は、自社の生産増強にとどまらず、他企業の肥料製造にも協力を惜しまなかった。一例をあげておこう。戦時中航空機用潤滑油の生産を行なった花王石鹼㈱和歌山工場[45]には、転換作業のための技術者を派遣した。その他、宇部興産・日東化学・全国農業会にも助言および技術協力を行なった。[43][46]さて、本論にもどり、日産化学工業は第二海軍燃料廠の転換に参加したが、取り組み方針は一体どのようなものであり、また日本肥料との間で何が争点になったのであろうか。この点に関して、化学工業統制会が入手した関連資料（石川一郎文書、東京大学経済学部図書館蔵）から輪郭を描きたい。日産化学工業の苦米地第一案、第二案、それに日本肥料の重政誠之理事長案である。第一案は、化学工業統制会が一九四五年一一月二一日に落手したものであり、第二案は三日後の二四日である。[47]なお、重政理事長は一九四五年一〇月に井野碩哉前理事長より引き継ぎ、一九四七年五月まで職責を務めた。

苫米地第一案

「今回日本肥料ハ海軍燃料廠四日市工場ヲ硫安工場ニ転用スル目的ヲ以テ払下ヲ受ケタルニ付之ガ急速実現ヲ期スル為メ其建設施行ニ関スル一切ノ件ヲ日産化学工業ニ委任シ之ニ関スル両社ノ協定左ノ如シ

一、日本肥料ハ所用資金ヲ供給スル事

一、建設用資材、機械類ノ入手ハ両社協力スル事

一、建設ニ関スル設計、技術、施行方法等工事完遂ニ至ル期間ノ事業及ビ人事ニ関スル件ハ一切日産化学ニ於テ之ヲ担当スル事　但シ製造法、設備並ニ施行予定等重要ナル事項ハ予メ両社間ニ協議スル事

一、日産化学ハ其経験、人材及ビ所有特許権等ヲ提供シ之ガ建設ニ最善ノ努力ヲ払フ事

一、建設工事完了シ予定ノ製造成績ヲ挙ゲル確認ヲ得タル時ハ之ヲ日本肥料ニ引渡スモノトス　但シ日産化学ハ其ノ製造方法、設備ガ自社ト共通シ之ガ連係運営ガ相互ノ利便ナルニ鑑ミ引続キ委任経営ヲ希望スルモノトス

一、日産化学ノ建設請負ニ対スル報償並ニ前項但シ書ニ就テハ引渡当時ニ於ケル諸事情ニ基キ之ガ裁定ヲ農林、商工大臣ニ一任スルモノトス（傍点引用者）

苫米地第一案を要約すると、資金は日本肥料が出し、工場建設は日産化学工業が受け持つ。工事終了後、新工場は日本肥料に引き渡すが、「引続キ委任経営ヲ希望スル」ということである。では、次に、日本肥料㈱重政理事長（前農林次官）の提案を掲げる。

重政氏の提案

一、日産化学ハ人材及所有特許権等ヲ日本肥料ニ提供シ工場建設ニ最善ノ努力ヲ払フコト
二、日本肥料ハ日産化学ニ対シ正当ナル報償金ヲ払フコト
三、日産化学ノ社長ハ工場建設ニ付日本肥料ノ顧問トシテ意見ヲ徴スルコト

重政日本肥料案は、端的に言えば日産化学工業の「人材及所有特許等」の総合的技術力を工場建設に投入してほしい。それに見合う「正当ナル報償金」は支払うという内容である。苫米地第一案と比べると、そっけない印象を受ける。この重政案を受け、日産化学工業は第二案を作成する。

苫米地第二案

一、日産化学工業会社ハ日本肥料会社ガ今般払下ゲヲ受ケタル元海軍燃料廠四日市工場ヲ硫安製造工場ニ転換スルニツキ之ガ建設事業ニ対シ全面的協力ヲ為スモノトス
二、日産化学工業会社ハ其経験、技術及ビ所有スル特許権ヲ提供シテ之ガ建設並ニ其経営ヲ援助スルモノトス
三、日産化学工業会社ハ同時期ニ於テ自社ノ増設、拡張工事ヲ施行スルニ付両社ノ建設事業ガ緊密ナル連繫ノ下ニ進捗スル様両社間ニ充分ナル連絡ヲ採ルコト
四、右建設ニ関係スル両社ノ職員〔ニ〕対シテハ協議ノ上相互ニ嘱託ト為スコト
五、日産化学工業会社ノ社長ヲ日本肥料会社ノ理事ニ選任スルコト

六、日本肥料会社ハ日産化学工業会社ノ提供セル特許権使用ニ対シ該特許有効期間中適当ノ使用料ヲ支払フコト

七、日本肥料会社ハ日産化学工業会社ノ技術、経験、製造方法、特許装置等ノ伝授並ニ建設ニ対シ適当ノ報償ヲ為スコト

八、日本肥料会社ハ其建設竣成シタル以後ノ経営形態ニ就テハ日産化学工業会社ノ特殊関係並ニ製造様式ノ共通性ニ鑑ミ適当ノ好意的考慮ヲ払フコト（共同出資ニヨル独立会社ノ設立ニハ委託経営等ノ如キ）（傍点引用者）

苫米地第二案の「二」の中で「建設並ニ其経営ヲ援助スル」とあり、「八」には「経営形態」については「適当ノ好意的考慮ヲ払フコト」とが記され、例として「共同出資ニヨル独立会社」の「委託経営」をあげている。日産化学工業の見地からすれば、単なる建設工事担当者に終わるのではなく、何らかの形態で経営参加したかったことは、明らかである。日本肥料が経営についてはいっさい触れないのとは、対照的である。また「六」において特許使用料が明記されているが、第一案にはない事項である。以上のことから窺えることは、日産化学工業は技術・建設協力を背景に経営参加にまですすめたい意向があったということである。正式の契約書は見ることができなかったので、現在のところこれ以上詳しく筆をすすめることができない。

さて、一九四六年三月四日、日本肥料は第六三回理事会[48]を開催し、「第一号議案、旧第二海軍燃料廠（四日市本廠及名古屋分工場）ヲ硫安製造工場ニ転換シ之ヲ直営スルノ件」「第二号議案、旧第三海軍燃料廠（徳山市所在）ヲ硫安製造工場ニ転換ノ上其ノ経営ヲ日本窒素肥料株式会社ニ委託スルノ件」他を審議し議決した。結局、第二海軍燃料廠は日本肥料の「直営」となり、第三海軍燃料廠は日本窒素が経営を「委託」されることに決定された。なお、岩国陸軍燃料廠はGHQ-SCAPとの交渉が捗らなかったため、議案にのぼっていない。

本章の課題ではないが、その後の経過を記すと、一九四七年七月一〇日に日本肥料は閉鎖機関に指定され解散した。

日本肥料の三部門「肥料配給部面」、「融資部面」、「生産部面」はそれぞれ別途の道を歩むこととなり、肥料配給公団、農林中央金庫に移管、新会社東海硫安工業㈱となり再出発した。(34) 東海硫安工業の社長には、織田研一工場長が昇格着任し、一九五八年四月四日まで務めた。(49) 同社は一九六一年八月二九日に東海瓦斯化成㈱と改称したが、一九六七年六月には三菱油化㈱に合併された。合併の経緯は複雑なので、詳しいことは『三菱油化三十年史』(50)をみていただきたい。

おわりに

以上、第二海軍燃料廠の硫安工場転換をとりまく社会状況、軍および企業の活動を実証的に述べた。化学肥料の敗戦後の生産量は開戦前の年度と比べると低い生産量である。しかし、肥料関連企業は早急に設備拡充を図り、年々実績を上げている。いわゆる傾斜生産方式決定以前に、肥料メーカー・農林省・海軍・化学工業統制会によって肥料増産が検討され、肥料の増産が図られていた。肥料メーカーは敗戦の月の八月から生産計画・増産計画の立案に入っていた。農林省や化学工業統制会も協力した。加えて軍工廠を擁する陸海軍も「国民生活安定並ニ民力涵養」のために設備・資材の民間への払下げを企図した。さらに占領実施部隊主力の第八軍は、円滑な物資の転用に協力的であった。このような環境下、肥料関連企業は、他産業に比べて容易に資材を調達し、生産活動に向け始動した。この事実は、敗戦後企業は虚脱感に浸っていて何もまともな生産活動をしていなかったという見方に対して、疑問を提起せざるをえない。爆撃被害の大きかった昭和電工は、復旧を急ぎ、一九四五、四六、四七年と年々生産量が増えている。一方被害の少なかった日産化学工業は第二海軍燃料廠転換はじめ他企業に技術供与を通じて協力するとともに事業の拡大を試みた。このような肥料メーカーの企業活動は注目されてしかるべきである。

本章で取り上げた第二海軍燃料廠の硫安工場への転換過程——軍需から民需への転用および民間への払下げ——は、

具体的に本章第2節で述べた通りである。日本肥料㈱の解散後おもに日産化学工業・日本肥料・海軍という異なる構成からなる東海硫安工業㈱が一九四八年一一月に誕生した。この海軍燃料廠の転換過程は広く他の軍工廠にもあてはめて考えることのできる一般的特徴も有するであろう。今後の課題として、他の軍工廠の転換との比較を試みることや、のちの技術革新・経済成長を視座にいれた中で軍工廠の設備・資材・用地・人材がどのような役割を果たしたのかということの検討が残っている。

（1）　例えば、鹿島平和研究所編『現代国際政治の基本文書』（原書房、一九八七年）六四～六五頁。

（2）　日本硫安工業協会『日本硫安工業史』（非売品、一九六八年）二二二～二二三、二五四～二五八頁。イビデン㈱社史編集室『イビデン七〇年史』（非売品、一九八二年）、一二〇～一二四頁。鐵興社社史編纂委員会『鐵興社三五年史』（非売品、一九六一年）、一三三～一三五頁。日本軽金属㈱『日本軽金属二十年史』（非売品、一九五九年）、一一五～一二一頁。

（3）　参考に連合国の本件に関する政策・指令として記しておきたいことは次のことである。総司令部は、一九四五年一〇月一〇日、第二、第三海軍燃料廠の硫安工場への転換許可を出した。しかし後日出された、SCAPIN六二九「日本航空機工場、軍工廠及び研究所の管理保全に関する覚書」（一月二〇日）、SCAPIN九六二「肥料の生産、配給及び消費に関する覚書」（五月一七日）、SCAPIN九八七「日本航空機工場、軍工廠及び研究所の管理保全に関する覚書」（五月二八日）という一連の覚書きによって、海軍燃料廠・陸軍燃料廠・一部の民間企業（東亜燃料工業ほか）の硫安転換工事は中止に至った。ただ、四日市第二海軍燃料廠は、SCAPIN一〇三一「第二、第三海軍燃料廠の硫安転換に関する覚書」（六月二二日）に基づき、計画の六分の一の生産量にあたる電解法年産二万トンの製造が許されたが、ガス法年産一〇万トン計画は許可されなかった。第三海軍燃料廠の転換はいっさい認可されなかった。なお、この総司令部の政策「認可取り下ゲ」に関する詳細は第7章で論じた。

（4）　戦前戦後の連続と非連続に関する論文に例えば、次のものがある。大内力「戦後改革と国家独占資本主義」、大石嘉一郎「戦後改革と日本資本主義の構造変化――その連続説と断絶説――」（以上二論文は、東京大学社会科学研究所編『戦後改革Ⅰ　課題と視角』所収、東京大学出版会、一九七四年）。ドイツにおける研究状況に言及した論文に、工藤章「ⅠGファルベンの解体（二）」、二一七頁（東京大学社会科学研究所『社会科学研究』三八巻一号、一九八九年）。連続面と断絶面の研究の必要性を指摘したものに、例えば、戦後改革研究会「戦後改革研究会報告――戦後改革研究の課題と視角」（東京大学社会科学研究所『社会科学研究』二一巻五・六合併号、一九七〇年、一四二～一四三、一六二～一六六、一七六頁参照）。

(5) 資本ストックの役割を指摘した著書には以下のものがある。中村隆英『日本経済――その成長と構造』（東京大学出版会、第二版、一九八〇年）一四三頁。香西泰『高度成長の時代――現代日本経済史ノート』（日本評論社、一九八一年）一〇一、一二〇～一二一頁。ドイツについては、出水宏一『戦後ドイツ経済史』（東洋経済新報社、一九七八年）一三、一八～一九頁。

(6) 渡辺徳二編『戦後日本化学工業史』（化学工業日報社、一九八三年）二九～三〇頁。敗戦直後の企業活動研究が遅れていること、企業活動が行なわれていないイメージがあること、以上二点は筆者が中村隆英先生から教示していただいたことである。最近ドイツで出版されたすぐれた研究に次のものがある。Matthias Koch, *Rüstungkonversion in Japan nach dem Zweiten Weltkrieg*, Munchen Iudicium-verl., 1998.

(7) 前掲『日本軽金属二十年史』一一五～一二一頁。同社新潟工場は天然ガスの利用まで考えていた。

(8) 仙波恒徳「対日賠償政策の推移」（産業政策史研究所編『産業政策史研究資料』非売品、一九七九年）三七～四〇頁。

(9) 神崎清「徳山工場の回想」（鎌田正二編『日本窒素への証言　第六集』非売品、一九七九年）三四～六八頁。その他、賠償問題との関係で軍工廠の転換にふれているものに次の著書がある。岡野鑑記『日本賠償論』（東洋経済新報社、一九五八年）。原朗「賠償・終戦処理」（大蔵省財政史室編『昭和財政史　終戦から講和まで』第一巻、一九七五年）。

(10) 石川一郎文書『硫安部』C-二、D-一二一（石川一郎文書、東大経済学部図書館蔵　以下石川文書と略記する）。雄松堂からマイクロフィルムが出された。『マイクロフィルム版東京大学経済学部図書館所蔵「石川一郎文書」、リール別収録概要目録』（非売品、二〇〇一年）が有用である。

(11) 例えば、日産化学工業㈱『八十年史』（非売品、一九六九年）一〇六～一〇七頁。注（13）を参照せよ。

(12) 米国戦略爆撃調査団報告書が有用である。第5章の注（71）をみよ。石油化学産業については、奥田・橋本訳『日本における戦争と石油』（石油評論社、一九八六年）が詳しい。そのほか各産業の社史をみられたい。本章注（4）を参照せよ。

（13）奥村政雄『私の履歴書』（日本経済新聞社編『私の履歴書　第十七集』一九六二年）六六頁。『奥村政雄略傳』三四頁（日本カーバイド工業㈱『日本カーバイド工業株式會社二十年史』非売品、一九五八年）。

（14）昭和電工㈱『昭和電工五十年史』（非売品、一九七七年）一〇五～一〇六、一〇八頁。

（15）石川文書N-一八-一四『関連会社資料（四）』N-九二九。

（16）江藤淳編『占領史録第一巻　降伏文書調印経緯』（講談社、一九八一年）一八八～一九三頁。なお、この一般命令は陸海軍および外務省でさまざまな角度から検討され、終戦後への対応策が討議された。

（17）海軍『政府及大本営　連合国最高司令官間　連絡事項2／3　海軍副官部　自昭和二十年八月　至昭和二十年十月』所収、防衛研究所戦史部図書館、一-終戦処理-四七。防衛庁防衛研究所図書館は以下、防研図と略称する。

（18）U. S. Army, Reports of General MacArthur In Japan : The Occupation : Military Phase Vol. I Supplement (Washington : U. S. Government Printing Office, 1966) p. 27, p. 138, pp. 117-47. 日本は、米国の政策が「対日軍事的処理」から「政治・経済処理」に順次移っていくとの見通しを持っていた。「『降伏後ニ於ケル米国初期ノ対日方針』説明」一九四五年九月三〇日（『降伏後ニ於ケル米国初期対日方針説明綴』所収、防研図、一-終戦処理-二〇九）。

（19）佐鎮資料「対米接収関係参考事項覚」（第三海軍燃料廠『撮要（一般）　昭和二十年九月三日　昭和二十年十二月十三日』所収、防研図、一-終戦処理-一〇四）。

（20）前掲『政府及大本営　連合国最高司令官間　連絡事項2／3　海軍副官部』所収。

（21）外務省編『初期対日占領政策（上）――朝海浩一郎報告書』（毎日新聞社、一九七八年）五一、六〇頁。

（22）海軍少佐小長谷睦治『終戦関係綴』所収（防研図、一-終戦処理-七）。

（23）同前。

（24）石川文書『戦後設備転換（一）』所収、H-一四-I、C-九八。

（25）田代三郎「終戦半歳国盗（損じ）物語　付野口研究所縁起」（鎌田正二編『日本窒素史への証言　第二十二集』非売品、一九八四年）五～三七頁、特に三二～三六頁。田代三郎談、一九八七年四月九日。

(26) 関連資料が前掲石川文書H-一四-Iに多数ある。一例を示せば、大日本技術会会長「旧陸軍燃料研究活用ノ件」。
(27) 陸海軍の施設・資材に関しては、防衛研究所戦史部図書館の「終戦処理」および「引渡し目録」関連資料目録を閲していただきたい。
(28) 三重県総合教育センター編『三重県教育史　第三巻』一九八二年、一二章、一一～一二頁。
(29) 国立国会図書館憲政資料室GHQ文書(以下GHQ文書と略記)、三重県軍政部資料-東海硫安工業㈱関連資料(以下GHQ-MIE-Tと略記する。原本は米国立公文書館　RG331, box2876)。同じ資料が防研図にも所蔵されている。前掲第三海軍燃料廠『撮要(一般)』。
(30) GHQ-MIE-T資料。この許可は、G-Ⅳ、FLOTLOSCAP、SIX ARMY、USSBSにも配付された。特に第六軍は一〇月二二日に増刷を行ない、在京都第一軍団と第五水陸両用艦隊に送付した。さらに第一軍団から在名古屋第二五軍(歩兵師団と訳すのがいいかもしれないが、軍と訳出した)・在大阪第九八軍に写しが下達された。一時的ではあるが、転換の許認可権がESSから第六軍・第八軍に移った。期間は一九四五年一〇月末から翌年一月ごろまでである。
(31) GHQ-MIE-T資料。筆者は森田貫一中将(終戦時海軍省軍需局長)に何度も教示を受けたが、終戦直後はソ連の北海道進攻問題に忙殺されていた、とのことで本件に関しては覚えていない、とのことである。当時の本問題担当者は鈴木俊郎大佐(海軍省軍需局局員)であった。また、終戦時第二海軍燃料廠廠長並河孝少将は回想記の中で転換問題に言及している。海軍技師田中忠男の回想では、「並河廠長から残ってくれと依頼を受けた。並河廠長の命令で書類を持ち、上野・鈴鹿・津へいった」とのことである。田中談、一九八七年五月二五日。並河孝『一海軍技術者――八十年の歩み』(非売品、一九八〇年)一〇九～一一二頁。
(32) GHQ-MIE-T資料。
(33) 前掲『日本硫安工業史』一七〇～一七一頁。
(34) 日本肥料㈱「日本肥料株式会社解散ニ際シ其ノ処理方針説明書」(石川文書『日本肥料株式会社(五)』所収、E-六-五)。
(35) 山川貞市『雑記帳』。山川朝子氏の御好意でコーピーを筆者所蔵。当時の海軍内部の動きを知りうる貴重なメモ。山川

大佐略歴、海軍省軍需局局員→第二海軍燃料廠→日本肥料㈱→東海硫安工業㈱。

(36) 例えば、三菱油化㈱『日本石油化学工業成立史考』(非売品、一九七〇年)八三頁。三菱化成工業㈱『三菱化成社史』(非売品、一九八一年)一二〇〜一二一頁。

(37) 菊池恭平談、一九八八年四月二六日。菊池氏は、粧野精二郎部長の指示に基づき、徳山・岩国の硫安転換に従事し、おもに渉外を受けもった。後日四日市に移る。

(38) 筆者の調査したところでは、日本窒素は北朝鮮からの引揚げに忙殺され、トップは四日市進出の決断を下せる状況になかった。なお、海軍技術士官藤崎誼達氏(日窒より出向)は「東京本社田代三郎氏に第二海軍燃料廠の現状を報告した」とのことである。藤崎談、一九八七年二月二日。

(39) 日産化学工業は大正一五年にイタリアモンティカティニ社と特許契約。大日本人造肥料㈱『大日本人造肥料株式会社五十年史』(非売品、一九三六年)一二八頁。前掲『八十年史』八七〜八八、一一〇頁。

(40) 片渕智談、一九八七年七月一〇日。「東京で企画し、東京と四日市を往来した。反応筒の内部構造で苦労した」とのことである。

(41) 内海碩夫氏。内海氏は織田研一氏の要請に答えて、日産化学工業から日本肥料四日市工場に移る。内海談、一九八七年三月二八日。連合国の要請で、三井啓策技術中佐は大船第一海軍燃料廠にて海軍技術の報告書を作成する。その後四日市へ移る。この報告書は後日PBレポートとなり、公表された。詳しくは、燃料懇話会『日本海軍燃料史 上』(非売品、原書房、一九八二年)四七四〜四九九頁。

(42) 下記の社史および筆者のインタビュー調査に基づき作成。東海瓦斯化成㈱四日市工場『工場一五年の歩み』(非売品、一九六一年)一三〜一五頁。東海瓦斯化成四日市労働組合『組合二十年誌』(非売品、一九六六年)添付の年表参照。

(43) 竹井俊郎『開発技術の旅六十年』(非売品、一九七六年)一一六〜一二五頁。

(44) 長沢玄光著、苫米地義三述『苫米地義三回顧録』(浅田書店、一九五一年)二五一頁。

(45) 花王石鹸㈱『花王石鹸七十年史』(非売品、一九六〇年)二九二頁。

(46) 日産化学工業㈱「大日本油脂和歌山工場硫安転換計画書」、大日本油脂㈱「潤滑油生産設備転換計画書」(一九四五年九月一七日)、日産化学工業社長苫米地義三、花王石鹸㈱長瀬商会社長「新会社創立案」、以上すべて石川文書N-一八-

四『戦後設備関係資料（四）』所収。前掲『八十年史』三二九頁。
(47) 前掲石川文書N-一八-四、C-九八。
(48) 日本肥料㈱「第六三回理事会案内状」（一九四六年二月二〇日付重政理事長発、二月二二日化学統制会受）、石川文書E-六-五『日本肥料株式会社（五）』所収、G-四〇一（四）。
(49) 前掲『八十年史』一一〇頁。前掲『組合二十年誌』七七頁。
(50) 前掲『三菱油化三十年史』一八八〜一九一頁。伊原郁太郎「池田さんと東海瓦斯化成」（池田亀三郎追想録編集委員会『池田亀三郎』非売品、一九七八年、一三四-一三八頁参照）。

第7章　米国の初期対日占領政策——海軍燃料廠・ガソリン工場の民需転換を認めるのか——

はじめに

占領初期のGHQ-SCAPの政策形成過程については研究が行なわれていない。米ソ冷戦との関係で論じられ、どうしても研究者の関心が「冷戦と占領政策の変更」に集中してしまうからであろう。また、一九四五（昭和二〇）年から四六年までの占領政策に関しては、「賠償」との関係で論じられている場合が多いからであろう。さて、以上のような研究状況を意識し、本章では、一九四五年一〇月一〇日に硫安肥料工場として再活用が認められたにもかかわらず、後日二転三転した海軍燃料廠の民需転換問題を考察したい。この問題を通して、占領初期の占領政策が、対日懲罰という視点では把握できない、複雑な様相を帯びていたことを示したい。資料に制約があるため、他のケース（人造石油、航空ガソリン）も参照し、GHQ-SCAPの軍需産業に対する政策を明らかにしたい。その際、従来まったく関心が払われていなかった第八軍や地方軍政部の役割・活動には、紙面を割いた。周知のように、一〇月二日にGHQ-SCAP（連合国最高司令官総司令部）が新たに設立され、マッカーサーはGHQ-SCAPとGHQ-AFPAC（米国太平洋陸軍総司令部）の司令官を兼務し、部局によっては双方の任務を兼ねるという二重構造になっていた。[1]なお、SCAPの権限は日本だけに限定された。

海軍燃料廠は一九四五年一〇月一〇日に転換許可がSCAPのESS（経済科学局）から発せられ、第二海軍燃料廠の場合、ガス法年産一〇万トンと電解法年産二万トンによる二通りの硫安肥料の製造が認められ、転換工事がすすめられた。にもかかわらず、GHQは全面中止の命令を出し、また後日、日本側の陳情で、電解法二万トンだけは許可する方針に変更になった。しかし第三海軍燃料廠・陸軍燃料廠はいっさい肥料工場への転換が認められなかった。[2]では、一体どのような経緯で民需転換は下方修正されていったのであろうか。ワシントンからの指令なのか、ESSの考えに基づくものであろうか。また、賠償との関係はどうなっているのだろうか。

1　東亜燃料工業・陸軍燃料廠・北海道人造石油の民需転換と地方軍政部

(1)　東亜燃料工業

戦時中航空機用ガソリンを製造した東亜燃料工業㈱は、一九四五年一二月二七日の重役会議で「和歌山水添工場ヲ中核トシ、年産約一〇万トンノ硫安工場ニ転換スルコトトス」[3]と決定し、翌年二月に在和歌山第一〇九軍に「石油水素添加装置を硫安工場に転換するための申請書」[4]（Application for the Conversion of Oil Hydorogenation Plants into Sulphate of Anmonia Factories）を提出した。書類提出に先立ち、ESSに申請書の提出先を問い合わせ、ESSの二月六日の返答に従って、第一〇九軍に差し出した。この硫安転換申請書を受け取った第一〇九軍が最初に問題としたのは、転換とは関係のない、石炭やコークスの荷揚げ場所の位置であった。なぜなら、対岸に連合軍の航空機用ガソリン受入れ基地（タンク・パイプライン）があったからである。三月五日に第一〇九軍政部は、第五四四陸軍沿岸連隊（544th Engineer Boat and Shore Regiment）および大阪第一〇七軍政部に「石油備蓄施設の安全と運用」[5]について問い合わせた。これを受けた第五四四陸軍沿岸連隊は、三月七日付で第一〇七軍に「同司令部の見解では、簑島の航空機用ガソリン貯蔵基地の安全には支障がない。アメリカの施設として使用しないことになっている。それゆえ、再活用（rehabilitation）は望ましいと考えることができる」[6]という趣旨の意見具申を行なった。（1st Indorsement）その後、石油基地の問題は取り上げられなかった。しかし、新たに問題とされたのが、化学工場（chemical plant）であるということであった。第一〇七軍政部は、三月一四日付で在京都第一軍団司令部に「本件は近く出される化学工場に関する指令と関係する、ボーダーラインケースであり、化学工場とも考えられる。上位当局で検討すべきである」[7]という旨の文書（2nd Ind.）を送付した。京都の第一軍団司令部は三月二〇日、上位の在横浜第八軍に書類（3rd Ind.）[8]を送り、現在のGHQ-SCAPで準備中の、㈠肥料生産量、㈡予定されている化学工場操業制限指令、の二点に言及したのち、「上位当局が決定を下すべき問題であると思われる」と、付記している。地方軍政部や第一軍団司令部から意見を求められた第八軍司令部は、三月二九日、GHQ-SCAPに硫安転換に賛成である旨の見解を記した書類（4th Ind.）を発送した。骨子は次の通りである。[9]

一、当司令部は、東亜燃料工業の硫安転換を認める。

二、硫安生産は、日本の国民経済の最小限度の復興にとって必要であると考えられる。

三、SCAPのパール少佐は、当司令部ロッキー大尉との三月二五日の電話での話合いの中で、現在ESSで工場認可リストを作成中なので、それまで最終決定を待たれたい、と要望した。

「一」「二」から第八軍司令部が、日本経済安定に寄与するという見地から、設備の転用による硫安肥料製造に好意的な見解を持っていたことがわかる。また、ほかにも火薬・苛性ソダー・硫酸などの化学工場に関する指令が中央より近々出されることも地方軍政部に前もって通知されていたこともわかる。「三」から、SCAPのESS工業課のロバート・パール少佐が中心となり、肥料生産認可工場のリストアップが検討中であったことも判明する。[10]

三カ月後の五月二九日にGHQ-SCAPは、第八軍の問合せ（4th Ind.）に答えて、指示（5th Ind.）を第八軍（Comanding General, Eighth Army）に出した。この指示により、東亜燃料工業はSCAPIN九六二覚書のなかで転換許可工場に名が連ねていない旨伝達された。他方、追加許可への含みも残していて、「今のところ新たな申込は受理しないが、後日肥料増産が必要になった場合には今回の不認可によって次回の申込が不利になることはない」[11]という特別なコメントが付記されていた。第八軍司令部から第一軍団司令部に六月五日付で下達され（6th Ind.）、六月一七日に第一軍団司令部から第一〇九軍政部に通知され（7th Ind.）[12]、さらに翌一八日に第一〇九和歌山分遣隊（Detachment）に連絡された（8th Ind.）。[13]六月二〇日、東亜燃料工業に不認可であることが通知されたが、同時に上述した含蓄を残した文面「次回の申込みが不利にならぬ」までもわざわざ通達された。筆者は、ここに第八軍のGHQ-SCAPに対する見解の違いを感じる。第八軍は好意的であった。

本章の課題ではないが、その後について記しておこう。東亜燃料工業は不認可後、GHQ-SCAP特にESSに各方面より働きかけた。有賀輝氏や野村駿吉氏などを通じて転換許可を取るべく尽力した。[14]しかし、努力は結実に至らず、最終的に不許可が命じられたのは、一九四六年九月二七日のことであった。それまでの間、将来硫安転換が許可されるとの希望的観測のもとに進められてきた転換工事は、ついに終止符が打たれたのであった。中原延平社長は、日誌に淡々と九月二七日の出来事を書いている。[15]

「午後一時、工務局長鈴木重郎氏ヨリ和歌山工場硫安転換ノ命アリ。昨日、奥田次官、局長及ヒ野見山課長カ

Purl氏ニ呼ハレ、全転換工場ノ中止、日産和歌山工場ノ許可取消シノ通達アリシモノ。……夜考ヘル。カーバイドヲヤルコト、機械等ハ復興営団ニ買ッテモラフコト、建物ハ綿倉庫等ニ利用スルコト等」。

残念ながら化学肥料への転換は中止のやむなきに至ったが、工事に費やされた汗は思わぬ方向で慈雨をもたらした。まず、「和歌山工場ニテハ地方軍政府ノ了解ヲ得テ、氷、石炭、酸素、薬品ヲ作リ居レリ」ということになり、この作業により、従業員の給料を支払うことができ、「硫安設備ハウマク処分シタリ。東洋高圧、東亜合成、日東化学、東洋合成等ニ、残リハ産業復興公団ニ売却シタ。コレニテ企業整備ガ楽ニ出来ルヨウニナル[16]」と書いているように、復旧を図った設備・機材は、他企業に転売され、新たな設備資金源二億三〇〇〇万円を生んだ。他の企業の転換作業の隘路になっていた装置を提供することで、日本全体の硫安増産に貢献した。

(2) 陸軍燃料廠

さて次に、陸軍燃料廠をめぐる連合国と日本の働きかけについて一瞥しよう[17]。一〇月五日付で転換許可申請書がGHQ-SCAPに出されたが、書類上の問題で却下された。再び一九四五年一〇月一八日にGHQ-SCAPに転換申込みが行なわれたが、ESSから地方軍政部（第六軍・第八軍）に一時的に所管が変更されたために申請書類は受理されず、一〇月二五日に返却された。そこで改めて日本肥料㈱は、一〇月三一日、京都終戦連絡地方事務局を通して第六軍へ書類を再提出した。重政誠之日本肥料理事長は一二月一〇日に第六軍を訪ね、速やかな転換を請願した。だが第六軍は一二月二七日をもって日本での任務を終了し、情勢が混沌としていた朝鮮半島に移動した[18]。この移動に伴い、書類は佐世保の水陸両用第五艦隊に回されたが、同艦隊は一九四五年一二月三一日に米国への帰途についた。そこで日本肥料㈱は、佐世保終戦連絡地方事務局の教示に従い、一月一五日に在福岡第三二歩兵連隊に足を運んだが、

図 7-1　地方軍政機構

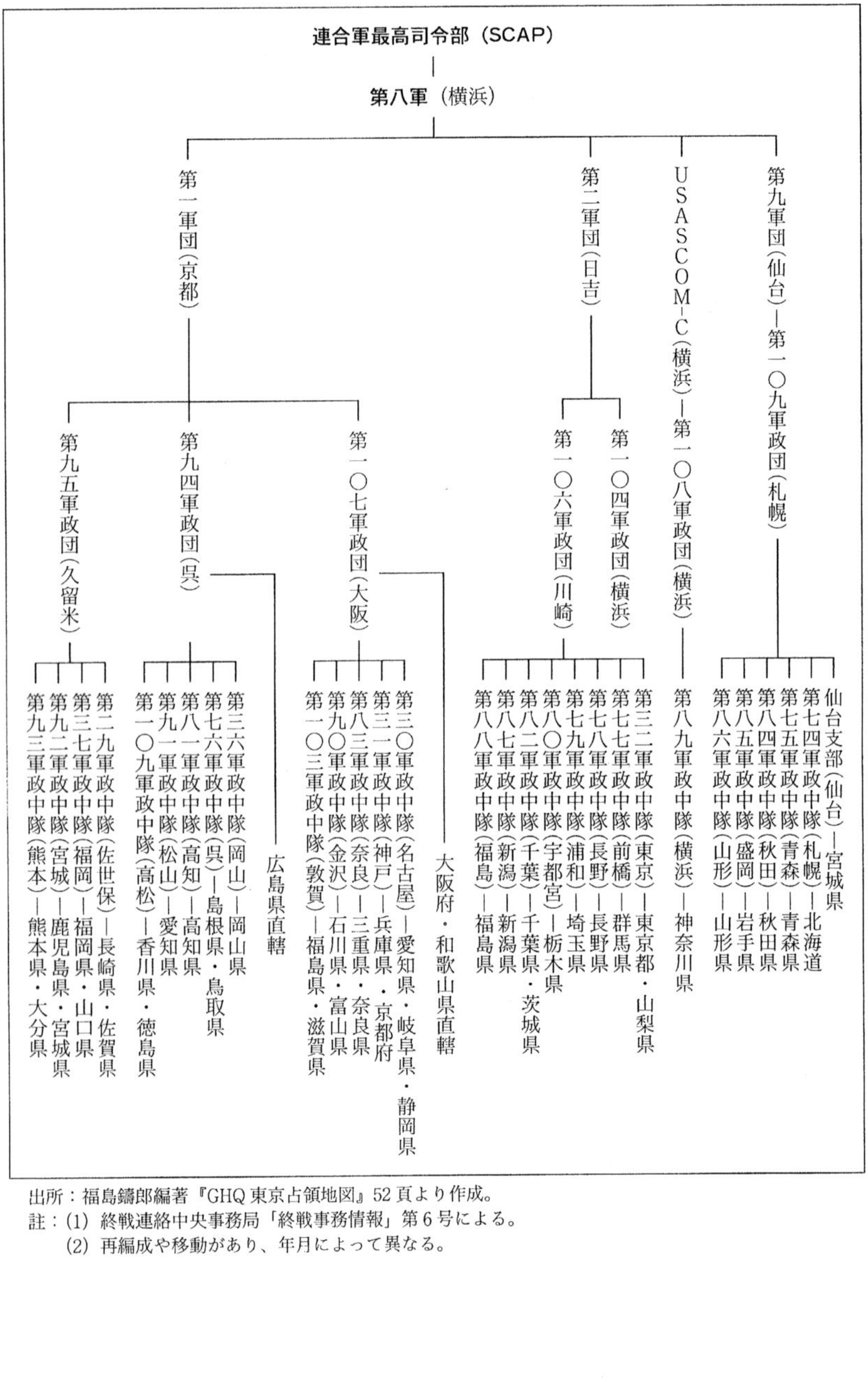

出所：福島鑄郎編著『GHQ 東京占領地図』52 頁より作成。
註：(1) 終戦連絡中央事務局「終戦事務情報」第 6 号による。
　　(2) 再編成や移動があり、年月によって異なる。

在久留米第九五軍団司令部に行くよう指示を受けただけであった。一月二四日に同司令部を訪問し、翌二五日に福岡県と山口県を管轄する第三七軍を往訪した。第三七軍のマーフィー（Murphy）准将は次の二点からなる返事を行なった。

一、一月二一日に出された賠償に関する覚書との関係がはっきりしない。
二、GHQから具体的な賠償指定指令があるまで、返答を待ってもらいたい。

日本肥料は、一月二五日、二六日、三〇日、二月二日、四日、五日、七日と七回も第三七軍マーフィーに面会したが、指令が来ていないとの由で吉報は得られなかった。なお、マーフィーは二月四日の会談で、受け取った指令（SCAPIN六二九）に陸軍燃料廠は載っていないので、将来賠償の対象となるのではないか、という個人的な見通しを述べている。二月五日には双方で話合いのうえ、書類を在京都第一軍団司令部に送ることになった。二月七日にマーフィーから第九五軍団司令部から第一軍団司令部に書類を送付した旨の説明がなされた。その後、二月一四日に日本肥料は在横浜第八軍のロッキー大尉を訪ね、左記の証言を得た[18]。

一、原則的には、京都の第一師団が許可を出すべきである。第八軍は第一師団に指示を出すことはできない。
二、第一軍団司令部のシュミット（Schmit）大佐が本件を担当し、事情に通じている。第八軍としては第一軍団司令部と連絡を取り続け、許可がはやく下りるように努力している。
三、第八軍は賠償に関して手を打つことはできないが、肥料増産は喫緊を要する問題であるので、解決するよう努力したい。

一週間後の二月二一日に日本肥料は第八軍ロッキー大尉から以下の返答を得た。

一、転換許可申請書が第八軍からマッカーサー司令部に差し出された。
二、転換は許可されると思われるが（is expected to be permitted）、いつになるかはわからない。
三、京都の第一軍団司令部から許可が与えられるであろう（would be arranged）。

このロッキー大尉の説明からわかることは、横浜第八軍は第一軍団司令部と連絡を取り、陸軍燃料廠の硫安転換に対して極めて協力的であったという事実であり、しかもこの時点では楽観的見通しを持っていたということである。第一師団司令部は、一九四六一年一月一七日、第八軍に積極的な意見を盛り込んだ文書を送っていた（1st Ind.）。この進言は、第六軍が一九四五年一二月二七日付で作成した「岩国陸軍燃料廠の硫安転換」と題した問い合わせに対する返答でもあった（Hq, 1 Corps, 1st Ind., 17 Jan. 46）。

一、当司令部の見解は、ＳＣＡＰが肥料増産を望んでいる以上、化学肥料の製造を許可すべきである。
二、われわれ〔第一軍団司令部と第八軍〕は直ちに日本肥料に正式な申請書を提出するように助言を行ない、転換許可書の発行の手配準備を進めよう。

この第一軍団司令部の転換に好意的な見解は、各地方軍政部が直接の体験から得た日本経済の実態に即した判断から下されたものであると、筆者は感じる。一方、東京のＧＨＱ-ＳＣＡＰでは、一月二〇日に発表する、賠償予定物件の選定作業にかかっていた。GHQ-SCAPから第八軍に返答が二月二七日付で発せられ、転換は好ましくないとの判断が示された。

一、肥料製造設備は、人造石油製造設備に簡単に再転換可能であること。

二、転換に時間がかかるので、現在の肥料不足の解消にはならないこと。

以上の二点の判断根拠を提示し、転換は認められない旨の見解が通達された。この通達を、第八軍と第一軍団司令部はいっさい日本肥料㈱に伝達せず、日本肥料が不認可を知ったのは、農林大臣を通して、四月二〇日のことであった。[18] 以上の経緯を経て、陸軍燃料廠は身動きが取れなくなった。

(3) 北海道人造石油

軍工廠・軍需産業に関連する占領政策の変更に関して、興味深い資料を掲げたい。この指令は、一九四五年一二月三〇日付で「マッカーサー」の名で第八軍に与えられた指令である。この資料は、仙台の第九軍団司令部が内々に北海道人造石油㈱渉外担当の石丸五朗氏に披見を許し、石丸氏が書写したものである。[19] 英文と石丸氏の訳を併記する。

1, A policy involving former war plants of the type is now being prepared by this headquarters and upon [sic] competion will permit proper disposition.

2, It is desired that approval of conversion of this plant be held in abeyance with no authorization to be granted at present.

「人造石油工場ハ戦時中ニ於ケル重要ナル重工業ニ属セルヲ以テ之ヲ平時産業トシテ許可スルヤ否ヤニツキテハマッカーサー司令部ニ於テ目下考慮中ニ付右決定マテ滝川事業所ノ転換許可ハ保留ス」（石丸氏の訳文、傍点引用者）。

この伝達は、GHQ-SCAPが第八軍配下の地方軍政部に旧軍需生産設備の民需転用にとりあえず歯止めをかけ、転換許可の留保を指図したものである。視点を転じると、一九四五年末にはGHQ-SCAPは、旧軍需関連設備・施設の転換に関心を払う必要に迫られ、対応策の検討に入ったことがわかる。石丸氏は一九四六年二月二日に日本人造石油東京本社にこの情報を盛った、「滝川事業所転換許可書ノ件」を送付し、この書簡(19)の中で、東京での速やかなる交渉の必要性を指摘した。

「オースチン少佐ヨリノ意見ナルモ『宇部工場ノ許可書ハ十一月二十六日付ニシテ　マッカーサー政策ノ変更指示ハ　十二月三十日付ナルヲ以テ恐ラク宇部工場モ人石関係ハ取消サルベキト予想サル、モ　至急日人石東京本社ヨリ右宇部工場許可書ノ写ヲマッカーサー司令部ニ提出シ交渉サル、ガ得策ナルベシ』トノ回答アリタリ」。

第九軍団司令部は北海道人造石油㈱の硫安転換に協力的であった。先に引用した極秘扱いの指令を見せたほかにも、「九軍団司令部ゴールドン少佐ヨリ更ニ許可可能旨ノ問合ヲ一月二日付ニテ出状セルモ未ダ何等回答ニ接セズ　人石事業否定トナル恐アリト云フ」と説明しているように、第九軍団司令部は中央に問い合わせ、日本側にも情報提供をするなど協力を惜しまなかった。

ところで、日本人造石油滝川工場（のちの滝川化学）は硫安原料ガスの製造について承認があった。詳細は略す。

2　肥料生産工場の認可——ESS工業課とSCAPIN九六二——

一九四六年一月二〇日に発表されたSCAPIN六二九「日本航空機工場、軍工廠及び研究所の管理保全に関する覚書」によってとりあえず軍需関連の三八九工場が賠償予定物件に指定され、加えて日本政府には良好な状態で保持するよう指令が出された。この覚書で看過できないのは、海軍燃料廠と陸軍燃料廠がリストに挙がっていないということである。おそらく肥料生産を考慮したためであろう。さて、SCAPIN六二九に関して、日本問題政治顧問ディーン・アチソン（Acheson）が一月二〇日に国務長官バーンズ（J. F. Byrnes）に送った外交文書[20]によれば、この覚書に記載された対象（targets of today's action）が、日本の戦争遂行能力（Japan's former war activities）をまず念頭に置いていること、かつ賠償指定設備として最優先資材（first priority material for reparations）であることが述べられている。この見解はSCAPとポーレー（Edwin W. Pauley）賠償ミッション双方の見解であった。米本国に転送された外交文書にはESS工業課のオーハン少佐（J. A. O'Hearn）の発言が記され、解説が添付されている。特に重要なのは次の四点[20]である。

一、リストに載った業種では、転換許可発令済みの場合でも再検討（review）できること。
二、民間経済に重大な支障を与えないかぎり、転換許可を白紙撤回できること。
三、実施部隊（commander　第八軍・第五艦隊）にすべての民需転換許可工場・設備の再検討を命じたこと。
四、リスト外でも、本指令と関連があると認められる工場・設備について、報告を行なうように実施部隊に指示が発せられたこと。

以上四点から、SCAPIN六二九の狙いが、すでに認可した軍工廠・軍需産業の民需転換への見直し、ひいては賠償指定による事実上の棚上げであったことがわかる。また、ESSの工業課が重要な役割を演じ、第八軍に指示を出したこともわかる。表面上、海軍燃料廠はリストアップされなかったが、この外交文書を見るかぎりでは、GHQ-SCAP内部には許可取り下げの空気があったことが窺える。さて、後日談になるが、来日中のポーレーと一九四六年五月一五日に面談した朝海浩一郎は「燃料廠が特に賠償対象より除外せられたることは、日本側の説明に基きインターウィン『介入』してくれたる結果なりと推測せられるが、かかる施設は是非とも日本に残置せられたい」という依頼を行なった。同席していた賠償問題専門家ベネットは次のように答えた。[21]

「只今貴下御指摘の三燃料廠に付いては当時日本側要請に基きマクスウェル氏と協議せる次第であるが、かかる燃料廠は果たして現在操業を開始し居れりや。日本としては民需に必要なりと主張する以上、かかる工場が民需充足のため真摯なる努力を為して居ることを実証する必要があろう。いずれにするも農業生産に関する貴見は自分等にも納得せらるるところである」。

陸軍燃料廠・海軍燃料廠（四日市、徳山）が一月二〇日の指令では対象にならなかったのは、ポーレー使節団のH・D・マックスウェル主席随員の何らかの働きかけがあり、また「農業生産」も考慮されたことがわかる。しかし、四カ月後の一九四六年五月一七日に発表されたSCAPIN九六二「肥料の生産、配給及び消費に関する覚書」では海軍燃料廠は肥料生産工場の認可リストに載っていなかった。当時四日市第二海軍燃料廠は電解法九〇％、瓦斯法七〇％という工事の進捗状況であり、(22)徳山第三海軍燃料廠も瓦斯工場は八〇％転換工事が進み、七月末には完了予定であった。(23)しかし、SCAPIN九八七「日本航空機工場、軍工廠及び研究所の管理保全に関する覚書」により、海軍燃料廠は正式に賠償指定を受けた。この追加賠償指定により、一九四五年一〇月一〇日の転換許可は急転直下反故にされたのである。

本論に戻そう。一九四六年五月に発表されたSCAPIN九六二の作成過程をESS工業課のかかわりに留意しつつ、残された資料で明らかにしていきたい。不認可のSCAPIN九六二の延長線上に賠償指定のSCAPIN九八七があることは、言うまでもない。

SCAPIN九六二「肥料の生産、配給及び消費に関する覚書」の最初の草稿はESS工業課のロバート・A・パール少佐によって作成された。この第一案は、一九四六年三月一九日、SCAP-NRS（天然資源局）が主幹する肥料諮問委員会（Fertilizer Advisory Commitee Conference）の第一回会議で提出された。(24)同委員会の委員長はH・G・シェンク天然資源局局長（H. G. Schenk）が務めた。三月二八日に開催された第三回会議で左記のことが確認された。(25)

「スワンソン大尉（L. W. Swanson—NRS/Agriculture）とボー大佐（J. C. Bole—8th Army/military Government Sec.）が追記事項の提案を行ない、パール少佐に送付する。パール少佐は、資料を集め、新たな最終案を準備する」。

ESSとNRS両局の修正案は、四月八日に五名の出席者により同意され、経済科学局（ESS）局長マーカット准将に送られ、四月一二日に是認された。(26)この段階で全体の概要は出来上がっていたとみなしてよい。なお五名の名前は次の通りである。

スワンソン（Swanson：NRS農業課）、サンプソン（Dr E. Sampson：NRS鉱業地質課）、ブラッドリー（W. R. Bladlee：公共保健福祉局予防課）、ピアス（J. A. Pierce：G-Ⅳ）、スタールハイム（N. W. Stalheim：民政局）。

肥料工場の転換に好意的であった地方軍政部の代表である第八軍のボー大佐がどのような発言を行なったかに関心があるが、記録は少ない。四月一九日の第五回肥料諮問委員会の席でボー大佐は「第一軍団が肥料の生産を許された工場名の通報を願っている。地方軍政部があらかじめ通達することはよいことではないか」[27]という趣旨の提言を行なったが、認可内容には踏み込んでいない。これを受けシェンク委員長は、「一、認可工場リストはESS工業課から入手できる。二、問題となっている工場は非公式に知らせる」の二点を提示し、出席者の賛同を得た。また、次週の会議に軍団の代表者も参加が許されることになった。さて、その後、五月七日にSCAPIN九六二は、連合国理事会を無事通過した[28]。正式に許可工場を発表することで、SCAPIN九六二には日本の肥料増産を促すという側面もあった。SCAPIN九六二の発表については、GHQ-SCAPの民間情報教育が慎重に検討を加え、効果的な公表を考えていた。例えば、五月一〇日には「記者会見案」（Plans for Press Conference）の討議が肥料諮問委員会[29]で行なわれた。

このSCAPIN九六二の文面では、四日市第二海軍燃料廠・徳山第三海軍燃料廠・岩国陸軍燃料廠・東亜燃料工業㈱・日産化学和歌山工場は硫安肥料生産認可工場として掲げられなかった。旧軍工廠の転換工事を受け持った日本肥料㈱は、パール少佐に生産計画・技術説明を詳細に行なった。またパールも民間企業の資料・計画案を集め、検討をすすめた[25]。しかし、SCAPIN九六二には、陸海軍燃料廠の転換に好意的な第一軍団や第八軍の意見は結果として反映されず、ESS工業課のロバート・A・パールの判断に左右されたことがわかる。九日後の五月二八日、SCAPIN九八七で陸海軍燃料廠の賠償指定が明記され、公表された。

ところで話が脱線するが、当時の国際環境で留意しておくことは、世界的な肥料不足という状況であり[30]、とりわけ朝鮮半島での肥料不足は深刻であった。日本から朝鮮に硫安や過燐酸石灰がGHQの命令により[31]、送られた。このことがいかに危機的状況にあったかを物語っている。もう一点注意を喚起しておきたいことは、五月一六日付でワシントンの陸軍省から太平洋陸軍司令官（CINCAFPAC）に「米国政府は、硫安肥料製造のために軍工廠の活用することを考慮中である[32]」（Washington Radio W88169）という伝達を行なっているということである。本件は「秘」扱いでESS輸入課に回され、ESS工業課パール少佐やNRS農業課スワンソン少佐にも通知[33]された。ワシントンの陸軍省が軍工廠の転換に反対していないことは重要な事実である。このことはストライク報告・ジョンストン報告・マッコイ声明という順で、対日賠償が軽減された背景を考えるうえで示唆に富む[34]。ワシントンの陸軍省の意向は、後段で触れるが、第二海軍燃料廠の一部の転換許可につながったであろう。本章の課題ではないので、問題点だけ指摘すると、日本の実状を踏まえ、第八軍がどのような意見具申をワシントンの陸軍省にしていたのかという占領史研究の課題が浮き上がってくる。

五月二四日に開かれた第九回肥料諮問委員会において、はやくもSCAPIN九六二に追加すべき工場が取り上げられている。委員会の記録には、同委員会の工業担当者（The Industrial Representative, FAC. おそらくパール少佐であろう）が、日本政府からSCAPに提出されたリストに基づき、先週七工場を訪問したと、だけ書かれている[35]。六月八日に開催された第一一回肥料諮問委員会で工場担当者は、SCAP内で第二海軍燃料廠（硫安年産二万トン）・日産化学工業㈱和歌山工場（硫安年産二万五〇〇〇トン）が追加承認されたことを報告した[36]。第二海軍燃料廠は六月二二日付のSCAPIN一〇三一「第二、第三海軍燃料廠の硫安転換に関する覚書」によって、電解法二万トンの製造が許された。日産化学和歌山工場はSCAPIN一〇五五で正式に肥料生産が認められたが、同年一〇月に取り消された。SCAPIN一〇三一「第二、第三海軍燃料廠の硫安転換に関する覚書」に添付されたメモを読む[37]と、以下の理由で電解法が許可されたことになっている。

一、電解法の転換工事は九〇%完成しており、八月には年産二万トン製造開始できること。

二、生産能力の六分の一が望ましい。ガス法は完成するのが、一九四七（昭和二二）年三月であり、原料である石炭は不足が続くと予想される。

三、SCAPIN九八二で認可工場を指定したのは、資材や人力の集中投下により、二〜三カ月以内に肥料生産を急増させる。

以上三点がESS工業課の示した説明である。しかし、これではいったん出した転換許可を大幅に修正した理由としては、紙の上の作文にすぎないような印象を受ける。日本政府および関連企業はGHQ-SCAP、特にESSに働きかけを繰り返した。しかし努力空しく、政策の変更は一九四七年と翌年の四八年にはなかった。徳山、岩国では九月二七日をもって工事を放棄した。[38] ガス法の許可を求めて四日市では粘り強く交渉したものの、新たな変更はなかった。[39] 転換許可は下りなかった。

おわりに

本文で、二転三転した海軍燃料廠の肥料工場転換問題の経緯を一次資料で跡づけた。意外にも、GHQ-SCAPと地方軍政部の間で考え方の相違があったことがわかる。一九四五年末から一九四六年はじめにかけて地方軍政部が軍工廠の肥料工場転換に好意的であり、それに反し、GHQ-SCAPが賠償指定でもって妨げたと言える。冷戦との文脈で占領政策の変更が論じられるが、前後の資料を読むかぎりその通りである。筆者の関心は米国ワシントンの陸軍省が賠償軽減に大きな役割を果たした背景には、日本の実情に即した体験を踏まえた第八軍・第一軍団などの意見具申があったと推定できることである。この側面に光を照射することは、今後の研究課題であろう。

　海軍燃料廠・陸軍燃料廠の跡地問題は、政治家も巻き込む、大争点になっていく(40)。石油コンビナートに適した広大な跡地が残ったのは、GHQの不認可のおかげであった。

(1)　竹前栄治『GHQ』(岩波書店、一九八三年)四五～四六頁。荒敬『日本占領史研究序説』(相書房、一九九四年)三二九～三三九頁。長野県立短大・荒敬氏から二重構造については教示いただいた。筆者がわからない点は、シビリアンとミリタリアンをどのように分けていたのか、また命令系統はどのようになっていたかである。
(2)　第6章もしくは拙論「軍需から民需への転換――旧第二海軍燃料廠から硫安肥料工場へ――」(経営史学会『経営史学』二四巻三号、一九八九年、五八～七六頁)を参照されたい。
(3)　『中原延平日記(第二巻)』(奥田英雄編集、石油評論社、一九九四年)一三六～一三七頁。奥田編『中原延平伝』(東亜燃料工業、非売品、一九八一年)三七〇頁。
(4)　GHQ文書　和歌山軍政部資料―東亜燃料関係史料。CAS(A)一〇一二三-一二四、CAS(A)五一二〇-二四、国立国会図書館憲政資料室所蔵(米国国立公文書館 RG331, box2921~2927.)。荒敬氏からマイクロフィッシュのGHQ文書から米国国立公文書館の原資料の捜し方を教えていただいた。
(5)　109th Military Government Company, Application for Recoversion, 5 May 46.
(6)　Headquarters, 554th Engineer Boat and Shore Regiment, 1st Ind, 7 March 46.
(7)　Hq., 107th Mil. Govt. Hq. & Hq. Co., 2nd Ind., 14 March 46.
(8)　Hq., 1 Corps, 3rd Ind., 20 Mar 46.
(9)　Headquarters Eighth Army, 4th Ind., 29 Mar 46.
(10)　General Headquarters, Supreme Commander For The Allied Powers, 5th ind., 29 Mar 46.
(11)　Headquarters Eighth Army, 6th Ind., 5 Jun 46.

(12) Hq., 1 Corps, 7th Ind. 年月日未詳。

(13) Hq., 107th Mil. Govt. Hq. & Hq. Co., 8th Ind., 18 Jun 46.

(14) 前掲『中原延平伝』三八六頁。有賀輝氏は、パール氏と交渉した記憶があるとのことである。有賀氏談、一九八八年五月一五日。前掲『中原延平日記（第二巻）』一九五、一九七頁。

(15) 『中原延平伝』三八〇頁。同前『中原延平日記（第二巻）』一八二頁。

(16) 『中原延平伝』三九六頁。同前『中原延平日記（第二巻）』二一一、二四二頁参照。

(17) 日本肥料作成、年月日不詳。ＧＨＱ文書、山口軍政部資料—岩国陸軍燃料廠関連資料。（米国国立公文書館 RG331, box3014.）詳細な交渉経緯が記録されている。Detailed Account of The Application for The Conversion of Iwakuni Army Fuel Factory.

(18) 第八軍は一九四五年一二月三一日に第六軍の任務を引き継いだ。第六軍は翌年一月二六日に日本での任務を終結。U. S. Army, Reports of General MacArther in Japan, 1966, GPO, p. 71.

(19) 一九四六年二月二日付の書簡添付資料、滝川事業所長（於札幌：石丸代筆）発、常務取締役殿「滝川事業所転換許可書ノ件」（滝川郷土館所蔵）。石丸氏は第三海軍燃料廠、米国在住、北海道人造石油、北海道大学教務、触媒化成㈱という経歴。

(20) 米国外交文書 *FRUS, 1976*, Vol. Ⅷ, pp. 474-477. 原朗「賠償・終戦処理」（大蔵省財政史室編『昭和財政史——終戦から講和まで　第一巻』（東洋経済新報社、一九七五年）三四一頁。

(21) 外務省編『初期対日占領政策（上）——朝海浩一郎報告書』（毎日新聞社、一九七八年）一三六〜一三七頁。一〇九頁には「第六軍はその管下に於て極めて簡単なる原則乃至は思いつきに基き転換を許可し、第八軍はその管下に於て又独自の見解に基き転換を許可す」（マックスウェル）とあり、総合的な監督者が不在であると指摘している。

(22) 日本肥料㈱四日市工場「旧二燃廠ヨリ日肥ニ転換経過概要」一九四八年一月四日（国会図書館憲政資料室所蔵ＧＨＱ文書、三重軍政部資料—東海硫安関係）。

(23) 神崎清「徳山工場の回想」（『日本窒素史への証言　第六集』非売品、一九七九年、三四〜六八頁）。

(24) GHQSCAP, Summary of Fertilizer Advisory Committee Conference NO. 8 (9 May 46) p. 3. 憲政資料室所蔵ＧＨＱ

文書ＥＳＳ(B)六九〇－七〇三。以下 FACC と略記。(RG331, box6070, 2-6)

(25) FACC NO. 3 および GHQSCAP NRS, Journal Fertilizer Advisory Committee (15 April 46) p. 2. Schenk 局長をスケンク局長と訳出している文献もある。

(26) Ibid., pp. 2-3.

(27) FACC NO. 5 (22 Apr. p. 2).

(28) FACC NO. 8, p. 3.

(29) GHQSCAP Civil Information and Education Section, 19 April 46. Information Plan on Fertilizer Production. (FACC NO. 8, p. 3).

(30) 関連資料は多数ある。請求番号ＧⅣ-〇〇五六九（憲政資料室ＧＨＱ文書）

(31) 日本肥料「業務状況報告」（石川文書Ｅ-六-五『日本肥料株式会社（五）』、請求番号Ｇ-四〇一（四）、東京大学経済学部図書館所蔵）。

(32) From: Washington (authorized by the War Department), To: CINCAAFPAC, NR: W88169 [Action: FCONS SC1 SEC. Information: NAT RES SEC] 原文は次の通り。註（24）を見られたい。

"Government is considering program for reactivate of War Dept munitions facilities."

(33) ESS Import-Export Division, RAM/AML/Jmb. 23 May 46, Memorandum for Record. AML は A. M. Lurry 氏を指す。註（24）を見よ。

(34) 例えば、秦郁彦『アメリカの対日占領政策』（東洋経済新報社、一九七六年）二四八～二五七頁。五十嵐武『対日講和と冷戦』（東京大学出版会、一九八六年）三一～三五頁。

(35) FACC NO. 9 (24 May 46) pp. 1-2.

(36) FACC NO. 11 (2 July 46) pp. 4-5.

(37) GHQSCAP ESS/IN, CDH/mdb, Draft 13 Jun 46, Memorandum for: The Imperial Japanese Government, Through: Central Liaison Office, Tokyo, Subject: Conversion of 2nd 3rd Naval Fuel Depots to Production of Nitrogenous Fertilizers.

(38) 前掲神崎「徳山工場の回想」五一～五四頁。石川文書K-50「窒素肥料転《（ママ）》換未承認工場中止に関する件」

(39) 経済安定本部生産局・商工省化学局作成資料、一九四八年三月一五日（原間新作『経本の肥料審議会をめぐる覚書その五』所収）。

(40) 脇英夫他『徳山海軍燃料廠史』（徳山大学総合経済研究所、一九八九年）第四編、三四七～三八四頁参照。

第三部　補　論

第8章　三井物産と米国石油会社ソコニーの揮発油販売契約

——日米石油貿易の発展——

はじめに

本章では、戦前期日本の最大の商社である三井物産とアメリカ石油企業との提携関係の構築過程を事例に、海外支店の情報・接触活動の重要性を明らかにしようとするものである。その際、筆者は商社の活動を「組織間関係」と言う視点からとらえ、商社と売り手もしくは買い手との関係に着目し、売り手・買い手の接点に位置する海外支店をいわゆる「対境担当者」ととらえて、海外支店が、商社と海外企業との間の「組織間関係」の形成に重要な役割を果たしたとする観点から分析を行なう。(1) 日米双方の民間企業が提携し売り込むことで、日米石油貿易の拡大・発展に大きな役割を果たした事実を示そうとした。

三井物産は、一九二八（昭和三）年一〇月にニューヨーク・スタンダード石油会社（Standard Oil Company of New York：頭文字を取ってソコニーと略称）との揮発油一手販売契約を締結した。すでに一九二三（大正一二）年に三井物産はゼネラル石油会社との間で一〇年間の重油販売契約を結んでいた。しかし、三井物産はゼネラル石油会

表 8-1 三井物産石油取引売約高

	石油（トン）	重油ディーゼル油（トン）	揮発油モーター油（函）	合計（円）
1928 年下期	—	138,851	171,244	3,787,777
1929 年上期	0	117,428	193,662	3,662,677
下期	32,328	113,086	250,678	5,024,693
1930 年上期	18,000	240,892	213,354	5,399,222
下期	7,024	107,432	310,562	3,363,965
1931 年上期	—	—	—	—
下期	26,035	103,694	245,458	3,369,655
1932 年上期	597	203,517	243,120	5,228,936
下期	6,096	274,544	271,118	7,369,162
1933 年上期	*	152,496	320,999	6,318,412
下期	*	383,836	386,893	11,214,702
1934 年上期	*	255,322	417,408	7,967,800
下期	*	808,601	554,099	21,740,362
1935 年上期	*	258,848	531,646	10,394,151
下期	*	422,691	500,632	14,758,016

資料：三井物産『業務総誌』（各年度）。
註：(1) *は重油、ディーゼル油に含まれる。石油は主に原油。
(2) 中線は資料なく、計算できず。

社がソコニーに合併されたために、競争関係にあったソコニーと新たに提携せねばならないという問題に直面した。これに際し、三井物産は、条件次第では両社との関係を断ち、他の石油企業との提携まで考えていたが、最終的にはソコニーとの提携にこぎ着け、上述のゼネラル石油との重油販売契約を継続させたうえに、当時需要が伸びていた揮発油の輸入拡大への道を開くことができた。提携関係の構築・継続は石油貿易（重油・揮発油）の伸張を側面から支えたと言えるのであるが（表8-1および表8-2を参照）、本章では、主にアメリカ国立公文書館所蔵の「接収文書」（RG 131）(2)に依拠し、「対境担当者」としての三井物産サンフランシスコ出張所の情報活動（収集・接触）が交渉の決裂を回避し、両者を妥協に導いた過程を跡づけることにしたい。

ここで本論に入る前に、関連する先行研究について一言述べておきたい。三井物産とソコニーとの揮発油販売交渉過程については、資料的制約のため、これまで十分な研究が行なわれていない(3)。また一般的には、従来、三井物産が石油取引の契約において、ソコニー（スタンダード石油会社）に譲歩したと解釈されているが、本論においては、そのような両者の取引をめぐる従来像を修正することも課題とした。結論を先取りすると、米国の巨大石油会社ソコニーに対して、臆することなく三井物産は毅然たる態度で契約交渉にあたった。

商社の先行研究に言及しておこう。これまでに現代商社論の吉原英樹によって、掘り下げた商社研究の重要性が指摘されてきているが、(4) 取引先との契約関係の羅列からは描けない商社像を浮き彫りにすることも本稿のねらいであり、これは吉原の問題提起に対する筆者の解答の試みともいえるものである。また、商社の海外支店研究の開拓者である川辺信雄は、「取引の推移」、「管理」、「組織」という視点にポイントを置き、三菱商事の在米支店を分析している。(5) 川辺の研究は、『考課状』、『調査報告書』を使い、ビジネスの実態分析に優れているが、本章では、三井物産サンフランシスコ出張所を「対境担当者」として捉え、その「組織間関係」の形成・維持に果たした機能に関して分析を行なう。

表 8-2　三井物産石油取扱高および損益

	取扱高（円）	損　益（円）
1927 年上期	2,920,633	95,025
下期	2,697,233	77,751
1928 年上期	2,160,220	70,304
下期	2,268,005	65,931
1929 年上期	3,835,917	116,946
下期	3,313,760	111,691
1930 年上期	4,669,885	152,855
下期	3,388,014	98,335
1931 年上期	3,410,000 *	—
下期	3,129,275	90,639
1932 年上期	4,185,081	120,726
下期	4,145,469	117,960
1933 年上期	6,366,963	265,690
下期	6,092,545	352,805
1934 年上期	8,508,074	498,074
下期	10,188,937	432,014
1935 年上期	15,799,522	601,975
下期	12,755,896	513,592

出所：三井物産『業務総誌』各年度（欠落あり）。
註：中線は資料なく、計算できず。＊印は他の資料から計算。＊のみ三井物産「石油界に於ける三井物産の業績」（三井文庫所蔵）より計算。

1　三井物産の石油取引の開始（重油と揮発油）

本論の理解を深めるために、ここで重油の一手販売契約が日本企業と外国石油業者の間に結ばれ

表 8-3　海軍省提出契約書類（焚料油）による提携関係（1922 年 2 月 15 日）

1	旭石油株式会社	アシアチツクペトロレユム会社
2	三井物産会社	ヂエネラル石油会社
3	浅野物産会社	アツソシエーテツト会社
4	合名会社鈴木商店	英波石油会社（ペルシア）
5	ソコニー横浜支店	加州スタンダード

出所：『海軍燃料沿革　上』370～372 頁より作成。
註：(1)　ライジングサン石油会社は「アシアチツクペトロレユム会社」と同体と見なせるが、8 月から参加。会社名は出所のままにした。
(2)　1922 年 12 月から浅野物産はアツソシエーテツト石油会社との関係を断ち、ユニオン石油会社と代理店契約を結ぶ。
(3)　三菱商事が 1924 年 4 月にアツソシエーテツト会社と代理店契約。
(4)　ボルネオ油は、競争入札ができず、ロンドンの本社と契約する。詳細不明。
(5)　旭石油は幸西商会より引き継ぐ。海軍省が幸西商会に難色。

た背景について振り返っておこう。

一九一九、二〇年ごろより「旭石油会社（一九一九年末創立）、鈴木商店等」の企業が、海軍に対して、「外国石油業者ト連絡シ、海軍ニ対シ納入方ヲ陳情スルモノ少カラズ」（本章では読解の簡明化のため、原文のものに加えて筆者が句読点を配した部分がある。以下の引用文についても同様とする）という状況となってきた。従来、海軍は特別な例外を除いて、「生産会社ト契約シ邦人ノ仲介会社ハ一切之ヲ認ムルコトナカリキ」を基本方針としてきたが、一九二二年に「確実ナル仲介者ヲ相手トシテ広ク外油各社ノ見積リ合セヲ行ヒタル上随意契約」をすることになった(6)。これを受け、三井物産はゼネラル石油会社との代理関係の契約を交わし、海軍省に書類を提出した。表8-3は海軍省に出された書類に基づき作成された、日本の企業と米石油会社との提携関係一覧表（一九二二年二月）である。また、表8-4は一九三五年の提携関係を示したものである。一九二一年以前は、海軍は基本的に重油や原油を日本石油、宝田石油、ライジング・サンの三社による競争入札で購入していた。しかし、一九二一年に海軍が仲介会社を認め、日米企業の連合にオープンな競争入札を導入したことにより、海軍の石油購入方法は転換期を迎え、わが国の商社にも石油ビジネス参入への機会がめぐってきた(7)（表8-5は海軍の国別石油購入量の変遷を示すものである）。

一九二六年五月一七日に三井物産と取引関係にあったゼネラル石油会社が、正式にソコニーに合併された(8)。「旧G

表 8-4　石油取引提携関係一覧（1935 年）

所　在	外国供給会社	日本代理店	種　類	加州での産油シェアー
カリフォルニア	カルフォルニア　スタンダード	浅野物産	ケトルマン原油、バーレン原油	19.1%
カリフォルニア	ゼネラル	ソコニー　バキューム	揮発油、灯油	5.1%
		三井物産	揮発油、重油	
カリフォルニア	リオ　グランデ	浅野物産	エルウッド原油、重油	*
カリフォルニア	テキサス	野村事務所、セール商会	エルウッド原油、重油	3.8%
カリフォルニア	シェル	ライジングサン	ケトルマン原油、重油	10.7%
カリフォルニア	アソシエーテッド	三菱石油	ケトルマン原油、ベルリッチ原油、重油	5.4%
カリフォルニア	ユニオン	日商	ケトルマン原油、重油	9.0%
カリフォルニア	リッチフィールド	代理店なし	エルウッド原油、重油	2.1%
カリフォルニア	サンセットパシフィック	代理店なし	重油	*
カリフォルニア	ハンコック	代理店なし	重油	*
カリフォルニア	ウエスタンユニオン	代理店なし	重油	*
蘭　印	バタフィシュ石油会社	ライジングサン	揮発油、灯油、重油、パラフィン、潤滑油	
ボ　ル　ネ　オ	サラワク油田会社	ライジングサン	重油	

出所：平木義良「昭和十年日本の石油需給関係」（『燃料協会誌』168 号、1936 年 9 月、1187 頁）および内藤精一「米国加州製油工業の概況」（『燃料協会誌』174 号、1937 年 3 月、272 頁）より作成。＊印は不明。

註：(1)　リッチフィールドは 1928 年に日商（株）と原油・重油の代理店契約を結んだ。

(2)　ユニオンは 1930 年に土井商店と代理店契約を結んだらしい。土井商店は輸入に失敗した（註は三井物産『業務総誌』各年度による)。

社ハ新会社ノ名義ニ於テ従来通リ在続シ当社G社関係ハ其侭新会社ニ継承セラルベシ」とあるように、カリフォルニアにあるゼネラル社の機構はそのまま存続することとなった。一九二二年の一回目入札（五万トン）において「帝国海軍納重油商内（売?）ニ端ヲ発シ」、一九二三年二月に日本内地における重油の一手販売権（一〇年間）を得て以来、三井物産とゼネラル石油の重油取引は順調に発展し、「之ニ関連シ全社揮発油ノ輸入販売ヲ取扱」うようになっていた。[9] 三井物産は、「油ノ商売ハ当社甚ダ経験ニ乏シ」かったことに加え、「『ガソリン』及漁船油ノ『ディーゼル』油ハ危険多シトノ事アリ、一方日本石油会社ハ原油不足シ、海外ヨリ供給ヲ仰グ必要ニ迫ラレタル為メ利害一致シ」たことから、三井物産と日本石油は提携を結ぶこととなった。物産は「日

表 8-5　海軍の原油重油調達総括表

（単位：トン）

	内　地	ボルネオ	米　国	メキシコ	ペルシャ	北樺太
1910 年	3,700					
1911 年						
1912 年	520	1,600				
1913 年	3,500	5,000	11,000 （R社　5,000 ソコニー　6,000）			
1914 年	72,500					
1915 年	16,900					
1916 年	89,000					
1917 年		60,000				
1918 年		100,000				
1919 年		76,000	35,000			
1920 年		195,000				
1921 年		470,000	50,000（R社）			
1922 年		125,000	286,000			
1923 年		150,000	413,000	22,000 （浅野）	25,000 （鈴木）	
1924 年		150,000	121,300	3,000		5,400
1925 年		118,000	138,600			5,400

出所：『海軍燃料沿革』362 頁付表より作成。註は 363～371 頁より作成。
註：(1)　内地は日本石油、宝田石油が指定を受ける。
(2)　ボルネオ油はライジングサン石油会社（R社）が供給。
(3)　1922 年の米国産油は、ゼネラル石油-三井物産がほぼ落札。12 年から競争入札開始。
(4)　1919 年にR社が加州重油を 8 万トン入れているが、表では数字が合わない。
(5)　1921 年にR社-幸西商会でボルネオ・加州重油を売り込む。このとき初めて邦人仲介が入った。
(6)　（　）内の日本の商社が特例として仲介を認められる。幸西商会は海軍の許可なし。

本石油会社ニ代リ海外ノ原油ヲ買付ケロ銭ヲ受ケ、又其原油ニ依リ製セル重油ハ、当社ノ手ニテ内地ニ於テG社ノモノト共ニ販売スルノ協定ヲ為シ、今日ニ及ベリ」（一九二六年）という体制をとっていたが、その後日本石油が原油を競争入札で購入することとなり、物産は、「本年ノ一月ヲ以テ契約ヲ解除シ、当社ハ独立シテ揮発油、『ディーゼル』油等モ販売ヲ為スコト、ナリ(10)」日本石油との解約に踏み切ることとなった。この解約を契機に、三井物産は、揮発油を制約なく国内で販売できるようになった。

　三井物産はまず東京に直属の販売機関「ゼネラル揮発油株式会社」を組織して、一九二六年三月一日から直売を開始し、併せて地方における特約販売店の伸張に努めた(11)。一方、ソコニーはこのころ、重油についてはいまだ日本市場に参入していなかったが、揮発油に関しては、すでにソコニー日本支部が神戸（一九二八年七月に横浜再移転）におかれ、売込みを図っていた。三井物産とすれば、当時、重油に関してはライジング・サン、日本石油が反対商であり、揮発油に関してはソコニー、日本石油、小倉石油、三菱商事、ライジング・サンが反対商であった。[12] ソコニーとゼネラル石油の合併後、三井物産はソコニー本部の意向を受け、「揮発油ハ従来、ゼネラル社ト契約ナシニ供給ヲ受ケ来リシガ、昨年来スタンダード社ト日本ニ於ケル販売協調成リ進ンデ同社トゼネラル揮発油日本一手販売契約締結方進捗中」と言うことになった。これに伴って三井物産は、「G社ノ之ニ買収セラレタル為メ、或ハG社トノ契約ハ無効トナルノ結果ヲ来スコトナキヤ懸念」したが、重油に関しては「G社トノ契約条項中ニ、契約期間内ニ他ニ買収セラル、ガ如キ場合ニ於テモ、当社トノ一手販売契約ハ成ルベク買収者ニ継承セシムベキ旨ノ一項」が明記されていたので、問題はなかった。[13] しかし、なんらの契約が結ばれていない揮発油については、ソコニーとの間に契約書を交わす必要があった。

「揮発油」取引に関し、このような問題を抱える状況にあったものの、当時三井物産は、「揮発油ノ将来ハ、自動車ノ増加ト相俟ツテ、益々需要増加シツツアルヲ以テ当社ハ今後ノ商況ニ順応シ東京、大阪方面ヲ始メトシ、有望都市ニ揮発油スタンドヲ増設スベキ方針ニテ適当地ヲ物色シ、既ニ設立済又ハ官庁ノ許可ヲ受ケタルモノモ少カラズ、将来ノ飛躍ニ備フル所アリ。来期以後販売高激増ヲ期ス」という見通しをもっていたため、物産は揮発油の取引市場から手を引くことはできなかった。三井物産にとって最善のシナリオとは、従来通りゼネラル石油との重油取引を継続し、かつ『「ス」社ノ日本ニ於ケル販売機関ヲ我社ニ引受クル底ノ覚悟ヲ以テ進ミタシ、『ス』社ハ多数ノ西洋人ヲ使用シ、運転シ居ルニ付、販売上ニ於テモ種々ノ欠点アルナラント推察セラル、ヲ以テ、当社ニ夫レ以上ノ成績ヲ示サバ、或ハ同社ノ大ナル商売モ我手ニ落来ランカト考フ」[14] という見通しが示すように、ソコニーの販売機関を物産の傘下に収めることであった。しかしソコニー日本支部にとってみれば、簡単にライバル企業である三井物産の軍門に下り、揮発油の販売から撤退するわけにはいかなかった。このような微妙に食い違う両者の立場を背景に、「ソコニー日本支部」と「三井物産石炭部重油掛」の対立の構造が存在していた。

2　ソコニーとの揮発油交渉——G社合併と取引の変化——

三井物産石炭部重油掛が作成した『昭和貳年下期考課状』（一九二八年一月作成）によれば、揮発油について左記のように記述されている。

「此間ニ内在シ、当社ハ既得地盤ノ維持ト特約販売店擁護ノ為メ、超然トシテ独リ割高販売ノ続行ヲ許サザルハ言ヲ俟タズ、即チ当社ハ前期以来G社ニ対シ再三再四内地市場ノ状況ヲ説明シテ其仕切値ノ低下ヲ求メタルモ何等ノ効ナク、当社ノ負担ニ帰セル値下額ト為替ノ暴落トニ依リ蒙ル損失ヲ忍ビテ尚売上ノ減額ヲ免レザリキ。依テ根本的ニG社トノ揮発油取引方法ノ改善ヲ求メ揮発油中味ノ引取ヲ要望スル所アリ、七月十二日桑港ニ於テS社並ニG社幹部ト協議ノ結果七月十二日以降

(イ)　従来ノゼネラル社 cif 値段撤廃

(ロ)　七月十三日ヨリ三井ハS社油最低売値段ヲ土台トシ、ゼネラル社揮発油ノ販売ニ当ル可キ事

(ハ)　函詰、ドラム詰共ニ将来ハS社ノ日本内地ニ於ケル貯蔵地ヨリ供給ヲ受クル事

等ノ内密協定ヲ遂ゲタリ。此方針ニ基キ当社ハS社ノ内地代表者ト細目ニ恒テ協議ヲ開始シ、S社ト提携ノ方針ニ向ヒ鋭意地盤ノ回復ト販売値段ノ整理ニ当レルモ、従来競争者ノ立場ニアルS社トノ協調ニハ困難ノ点少カラズ、隠忍終局ノ利益ヲ得ルコトニ努メツツアリ。

此結果八月ヨリ一部ドラム詰揮発油ヲS社鶴見貯油所ヨリ供給開始セラレ、函詰モ来春ヨリ内地ニ於テ供給開始ノ見込ナリ」[15]（傍点引用者、以下同じ。原文を読みやすくするために句読点を付した。以下同じ）。

すなわち、ゼネラル石油会社の揮発油の値段が日本石油、小倉石油、三菱商事、ライジング・サン社に比べて割高であったことから、三井物産がゼネラル石油に価格の引下げを要求したのであった。従来物産とソコニーは競争相手であるから、物産の提携企業であるゼネラル石油が親会社のソコニーの価格以下で、物産に揮発油をオファーすることはできなかった。このため物産・ソコニー・ゼネラル石油の間で交渉が持たれた。三社の話し合いの結果、物産はソコニーの最低価格以上の値段で揮発油を販売する代わりに、ソコニーの貯蔵基地を利用して、物産がゼネラル石油の揮発油の供給を受けることになった。

しかし、このとりきめにおいても、ソコニーと物産の間に利害の不一致点があったことが、「S社トノ協調ニハ困難ノ点少カラズ隠忍終局ノ利益」という文面に窺える。物産側にとって不利益が生じる問題の一つとして、物産が同一規格の揮発油を異なる二つのブランド名の「ゼネラル」と「ペガサス」で売らねばならなくなることが挙げられる。この制約は物産にとって相当な痛手であった。また価格の決定に関して「制肘監督ヲ受ケル止ム無キ」という結論を出すに至った。ただし、物産にとって、ソコニーとのこのとりきめはマイナス面ばかりでなく、(ハ)のように「容器詰メノ侭ニテ米国ヨリ輸入スル事ハ採算上不利不便ナル為メ、S社G社両者ニ於テ打合セノ上、昨年八月ヨリ在日本S社ノ設備ヲ利用シ、揮発油ノ供給」を受けることが可能になるというメリットもあった。とりあえず八月におけることの「三社協定」により、ソコニーとゼネラル石油との合併に伴う一時的混乱は避けられ、物産は従来通りゼネラル揮発油も取り扱えることとなった[16]。しかしこれですべての問題が解決したわけではなかった。

物産とソコニーの揮発油をめぐる本格的な契約交渉は、ゼネラル商標のガソリン販売契約の必要性から「九月中旬

S社日本代表者ヨリ紐育本社ノ意向トシテG社揮発油ニ対シ一手販売契約締結ノ提議ヲ受ケ」たのを契機に、一九二七年秋から開始された。しかし、各項目の詳細について、両者の意見がなかなか一致しなかった。三井物産本店が「昭和三年一月十六日」付で「対ス社揮発油契約ノ事」と題し、サンフランシスコ出張所所長宛に出状した書簡を見ると、契約細目の交渉は、ソコニー・ゼネラル石油・三井物産の本社と、各社の海外支店までも巻き込みつつ、難渋をきわめていたことがわかる。この件に関し、三井物産石炭部は、サンフランシスコ出張所の意見を聞き、かつゼネラル石油の承認を得てから、「当社幹部ノ承認ヲ得テ調印可致順序」で契約を進める意向であった。これを実現すべく物産は、ソコニーに合併されたものの、従来物産寄りであったゼネラル石油の人脈を駆使し、また、同社と協調しながら、ソコニーとの交渉を進めていた。

これに関し、三井物産本社石炭部は、「G社 Rich 氏ト着々交渉ヲ進メラレ候処 Rich 氏モ Goold 氏案カ概シテ one sided ニシテ、貴方提案ノ諸点訂正方ス社紐育本社ト相談中ノ趣拝承」と述べ、サンフランシスコ出張所とゼネラル石油が、このように順調に歩調を合せていることを歓迎している。しかしその一方で、「最近 Goold 氏上京ノ際、仝氏ハ紐育本社ヨリノ電信ニ依リ、Mr. Tsutsumi カ契約訂正意見提出相成候趣承知セルカ、如何ナル事情ナルヤ、トノ不平ラシキ質問有之候。当社トシテハ Goold 氏案に対シ、其根本 Policy ニ於テ同意ナルモ、各項ノ詳細ニ渉リ再三訂正希望ヲ申込ミタル結果、依然仝氏又ハ紐育ス社ノ容レラレサルモノ□リ。仝氏最後案トシテ過般交□ルモノハ、当方容認シ難キ□ガ事項モ有之」(□は判読不能文字、以下同じ)と、ソコニー日本支店総支配人J・C・グールドが物産サンフランシスコ出張所とゼネラル石油との協調活動に不快感を持っていることを伝えており、ソコニーとの交渉成立までには、細目での問題点を残していることが見て取れる。

この初期の交渉の経過は以下の通りである。

(1) 一九二七年一一月一五日、ソコニー日本支店は三井物産石炭部山田不二氏に試案を渡す。[18]

(2)　三井物産石炭部は満足できなかったので、サンフランシスコ出張所とゼネラル社のE・R・ライッヒやウェイル（Weil）と協議して、修正案を作成し、修正案をゼネラル社を介してソコニーに提出する。[19]

(3)　一九二八年二月八日　ソコニーのグールドから返事があったが、物産の希望にそわず、受入れ困難な内容であったため、改めて物産の修正案をグールドと交渉する。[20]

上の(1)、(2)、(3)の各段階で協議がもたれ、物産がソコニーに対し契約条項の修正を迫ったのは次の四点である。後段との関係で、特に第二条には留意していただきたい。[21] 英文のほうが理解しやすい箇所は、訳さないで原文のままにした。

第二条 "It is agreed that a change in territory can be effected by the Company when necessary" という一文の削除。これについてグールドは同意した。

第三条における満州での灯油販売禁止条項[22]の全文削除。

第六条における in its discretion の削除。"If for the purpose of increasing sale by the Selling Agent, the Company, in its discretion, and upon consulting with the Selling Agent, may change, cancel, etc." (ブランドの名称の変更は重要なので販売店 "selling agent" と相談して決定する。売上を伸ばす "increasing sale" なら、名称変更は不可。つまり、物産に対する「ゼネラル」ブランド使用許可ということ)。

第一九条に関して、物産が揮発油事業から撤退した場合、物産のガソリンスタンドをリースしたり買い取ったりするときの条件が満たされない限り、ソコニーにガソリンスタンドの優先権（first option）は不与。

これを受け、一九二八年四月はじめサンフランシスコにおいて、ゼネラル社のE・R・ライッヒと三井物産・堤汀所長の間で揮発油取扱い契約に関する打ち合せが行なわれたが、東京本社からの四月四日付の「Gasoline Agreement」という案をめぐって「G社ト当方ト会見シ、双方意見ヲマトメG社ヨリ紐育ス社ニ返答シ置キタルニ、其後又々先方長引」いたことから、堤所長は五月初旬になって、ライッヒより、ソコニー社事務所において揮発油契約書を受け取った。これに関して、交渉担当者の堤所長が形式的にサンフランシスコ出張所所長（自分自身）に宛てた書簡において「Service Station に関する細目の為めに是上余り長引かせることは当社として不利益に存候。一日も早く日本に於て署名し……東京へは早く sign する様御勧め致候」と、早期締結を進言した。[23] この書簡から、

(1) 第二条からス社の希望による「販売地域」の変更の件の削除。

(2) 第三条は契約より全部取除くが、グールドと三井物産石炭部との間で「三井よりス社へ同意味のことを出状すること」。つまり、灯油を物産が販売しないということを本契約には盛り込まないが、他の文書で灯油販売を行なわないことの明記。

(3) ゼネラルブランド使用許可の件。

(4) スタンド譲渡および暖簾料のとりきめ。

以上四点について、最終的な調整をする必要があったことがわかる。

堤が五月に受け取ったニューヨークのソコニー本社の文案が、揮発油をめぐる一連の交渉の「最後案」と呼ばれるものであった（後述する七月三一日の提案を「最後案」と呼ぶ場合もあり、物産のなかでも混乱があった）。この時点における未解決の問題点は、物産が石油取引を止めたときのスタンド譲渡の件、また、その場合のスタンドの老舗料（暖簾料）の件、であった。[24] しかしこれらは、物産が揮発油販売を万が一中止した際には、ガソリンスタンドをソ

コニーに引き渡すという一種の想定項目であり、揮発油販売を中止する意志のない物産にとって、これらの条項は実質的な意味を持たず、なんら契約上の支障となるものではなかった。この事実は、前掲の書簡に見られるように、サンフランシスコ所長が、提携契約の早期実現を積極的に進める姿勢をとっていたことからも看取できる。

この五月の段階で、三井物産石炭部が交渉に対し、楽観的な見通しを持つに至ったことは、石炭部が関係各支店や海外店に「G社油取扱ト日本ス社関係現状ニ付」(石炭部長発、五月八日付）を送付し、以下の骨子による進捗状況「対ス社対当社関係現状摘要」を参考に供したことから窺える。

(1)　「対G社重油契約ハ従来ノ侭継続何等ノ影響」なし。

(2)　ゼネラル社の重油・ディーゼル油は「ス社ト独立シテ三井ノ取扱ヲ主トシ」、船舶焚料油商売ハ鶴見渡シG社油以外ニ上海、香港、新嘉坡渡ス社油ヲモ併セ引合ヲ為スノ便ヲ得ツ、アル事」。

(3)　漁船用ディーゼル油商売はソコニーも多少の販売を行なうが、積極的な方針をとらない。物産とは協調を保ち、利益侵害せず。

(4)　揮発油商売については「販売方法ニ関シ日本ス社ト契約進捗中」であり、「ス社設備利用ニ付テハ着々有利ニ実現シツ、アル事」。

(5)　揮発油市場に対しては「ス社及G社ノ両社油相並ンデ相互協調ヲ保チ各既得地盤ノ侵食ヲ避クル事[25]」。

三井物産石炭部長は以上の枠組みでソコニーとの交渉決着を望んでいたであろうし、実際、一九二八年五月の時点で物産側は、長引いた交渉をようやく締結に持ち込めると考えていた。

3　交渉の緊迫——ソコニーの地域制限提案と三井物産の動揺——

一九二七年秋から始まった三井物産とソコニーとの交渉過程が、急転緊迫することとなった発端は、一九二八年七月三一日のソコニー提案であった。それ以前は、ささいな暖簾料の問題などで契約締結は伸びていたものの、契約交渉打切りを考えねばならぬほど逼迫した状況ではなかった。

六月末にソコニーの日本担当重役H・E・コールは横浜に到着し、三井物産と交渉を持った。この時の問題点は、サービス・ステーションの買取りまたは借受に関する第一八条項（旧一九条）であった。三井物産石炭部重油掛の山田不二主任は権利金（good will）の語の第一八条項への挿入を要求し、折衝を重ねたが、コールは「之レヲ承諾セズ、其侭立別レ候其後、七月中旬再度訪問ノ上、グールドニ対シ契約調印促進方申出置候ニ拘ラズ、何等回答ヲ」得なかった。(26)

コールは七月三一日に三井物産の南条金雄常務、小林正直常務を訪ね、三井物産から要望のあった原油については輸出余力がないという理由で断ったうえ、以下の意見を披露し、最後に設備投資に関して質問と要望を伝えた。席上、コールは物産側に対し、九月末日までにこれらの質問に関して回答するように求めた。

(1)　物産はガソリン取引に熱意を持っているのか。交渉に一年間も費やすとは長すぎる。

(2)　物産のガソリン販売地域を、東京と大阪だけに限定したいがどうか。

(3)　物産のガソリンスタンド設備計画を知りたい。

(4)　ゼネラル石油には原油を輸出する余裕がない。「三菱ノA社ハ」金融の関係で安売りを継続しているだけである。

これらのうち、物産が許容できなかったのは、(2)の販売地域の限定であった。当時三井物産は東京地区で揮発油総売上の四六%（五万二八五二函）を東京地区で販売し、大阪では二九%（三万二八三六函）、他地域においては二五%（二万八二九一函）のガソリン売上実績を上げており、将来、揮発油（ガソリン）の全国的な普及が予測されていた当時、物産がソコニーの突然の提案を受け入れることは到底できなかった。

この事態を受け、三井物産石炭部は、直ちに東京本社からサンフランシスコ出張所「Cole ハ当社揮発油販売地域ヲ東京市及大阪市ニ限定スルコトヲ強要シ、ス社ノ態度ハ真剣ナリ、当社ハ石油商売ノ全般ニ亘リ大イニ考エネバナラヌ立場ニアリ。就テハ Union, Richfield, Pan American 社等ノ何レカト有利条件ヲ以テ揮発油代理店契約出来ヌカ、委細出状『ス』社ニ洩レヌ様ニ取調ベノ上申越セ[27]」と打電した。電報中、三井物産石炭部が、新たな提携先として「ユニオン石油」(Union Oil)、「リッチフィールド石油」(Richfield Oil)、「パンアメリカン」(Pan-American) などの会社名にまで言及していたことに同社の動揺があらわれている。

交渉を担当した物産の山田不二は、グールドは物産と提携するという考え方に消極的であり、グールドが、コールの来日直後に自分の意見をコールに押しつけた、と見なしていた[28]。なぜなら、八月三日にグールドを訪ねた山田はその後、来日中のコールに面談を求めたにもかかわらず、それを断られているからである。サンフランシスコ出張所宛八月四日付書簡のなかで山田は、「Goold 氏ノ態度ガ突然の Socony 幹部ノ豹変ニツナガッタ」と述べ、グールドへの怒りが収まらないため、三井物産が新たな揮発油の提携先を模索することの必要性を説いた。また山田は、このような状況が物産の重油取引に及ぼす影響を懸念し、ゼネラル石油会社との従来の重油取引存続問題の危機にまで言及している。この点こそが、三井物産石炭部重油掛の最大の関心事であったのである。

三井物産石炭部は副社長コールの来日で、一年間にわたって紛糾してきた条項の最終的な詰めを済ませ、一手販売契約を結べると考えていたが、事態は一変し、突如七月三一日のコールによる販売地域制限提案が浮上したため、これまで積み重ねてきた交渉が瓦解の危機に瀕した[29]。この経緯は、八月一日に物産の東京本社からサンフランシスコ出張所に打電され、折り返し同日出張所より返電された。コールの来日で締結にはずみがつくと考えていた三井物産サンフランシスコ出張所にとって「今更何事カト啞然タラザルヲ得ズ候」というのが本音であった。ソコニーは「五月初メ紐育ニ於テ小役ニ即時署名ヲ要求シタ段ニ有之」であり、三井物産サンフランシスコ出張所からすれば「販売所『ノレン』料ノ事承知シヤレバ先方トシテハ今更申分ナキワケニ候」というのがこれまでの交渉の経過に対する見解であった。そのため、サンフランシスコ側としては、「Cole 氏着後、在日本ス社連中ガ最後ノ運動ヲ試ミ当社トノ協調ヲ破ラント試ミ居ルモノカト察セラレ候ガ、夫レ丈ケデハ Cole 氏是迄当方ニ対スル立場ヲ失フベク、何カ重大原因アルニ非ラズシテハ、突如貴電ノ如キ申込出来難キ筈ト被存候」と、別の重大な事情の存在の有無、つまり、「ス社態度急変ノ原因奈辺ニ在リヤ」ということがサンフランシスコ側の最大の関心事であった。サンフランシスコ出張所は、他の提携先に関しては「当社ノ腹ガ極マッテノ上ナラデハ本当ノ話ハ出来ズ」というのが出先機関の基本的立場であり、「ス社に協力ノ真意ナキヲ確メナバ、当社トシテハ断然手ヲ切ル事ニ覚悟シ、G社ニモ事情ヲ話シ、内密ニ交渉ナドト言ハズ正々堂々ト他社ト交渉ニ入ルガ正当ト被存候」と述べ、また、「モシ又 Richfield ナリ Union ナリト代理契約出来ヌ場合ニハ、市場ニテ買付ヲナシテモ一年ヤ二年ノ継ギハ取レル事ト被存候（利益ノ多少ハ兎モ角モトシテ）Cole ニ対シテモ御遠慮決シテ無用、openly ニ fight スル様希望」するという意見を送った[30]。

サンフランシスコ出張所は八月六日、八月八日にソコニーとの交渉経過を東京本社に電報で問い合せたのに対して、八月九日に東京から「現在考慮中」という返事を受け取った。サンフランシスコではその後、ゼネラル石油にソコニーの提案を話したらしく、八月二二日付書簡では「Rich 氏モ地域問題ニ付テハ、朝鮮台湾ハ別トシテ内地ハ最初ヨリ問題ニナッテ居ラズ、今更東京大阪両市ニ限定ナド、言エタ義理ニアラズト申居候」とあり、万が一物産とソコニーの関係が破綻した場合についても「G社トモ話シタ処 Texaco 辺リガヨクハナイカト某氏ノ個人的意見ニ御座候」

との情報を本社に送った。三井物産サンフランシスコ店がテキサコ（テキサス石油会社）やリッチフィールド石油会社について調べ、さらに「Richfield 幹部ニ対シテハ未ダ話ヲ切ル筋合ニ無之候モ、商内《(売?)》担当者ト、ボンヤリシタ話ヲシテ見タルニ委托積送リ、金融ニ付当方相当援助スル事、一定口銭仕払フ事、一定指値ヲ設ケ置キ、其以上売リ上ガツタ場合、差金山別ケノ事等」など、具体的な話し合いを持ったことも窺える。しかし三井物産サンフランシスコ出張所が、これら他社との契約に関して慎重に話を進めたことは、「26 Broadway 系統[31]背後ニアリト申スモノモ有之候」と、提携交渉の情報がスタンダードグループに洩れるのを警戒していることから見て取れる。

このように慎重な提携交渉を進めることにより、「愈々ス社ト手が切レ他ト関係スル場合ヲ考ヘテモ、急イデ関係スルニハ及ビ不申、差シ当タリG社 spec ニ近キ限リ open market ニ需《[?]》メ case ニテ輸出スレバ、ツナギハ取レル事」が可能となるので、物産は市場で揮発油を買い付けることができる。「三井ハ自由ニ商内《(売?)》ガ出来ル事ヲ一般ニ知ラシメタル上ニテ相手方ヲ物色スレバ、一層有利条件交渉出来ル事」でもあり、「直グニ他ニ乗換エ様トシテハ、反ッテ足元ヲ見ラル、様」になる可能性があることから、八月二日に連絡したように、「ス社トノ関係ガ明白ニナラヌニ先立チ、他ト交渉ニ入ル事出来」ない、というのがサンフランシスコ出張所の判断であった。[32]つまりサンフランシスコ側は、交渉の局面を見極めたうえで、次の一手を打てばいいと考えていたのである。三井物産は、ソコニーとの提携断念という選択肢も視野に入れて交渉活動を行ない、万一の場合に、新たな提携先から揮発油（場合により重油も）を購入することを前提としていた。そのうえ、物産にとって揮発油は小口売であったから、ある期間だけ市場で買い付けるということも可能であった。

ところで、八月二日の時点で三井物産本社石炭部はソコニー・ゼネラル石油との関係をどのようにとらえていたのだろうか。

「単ニ揮発油商売ノ見地ヨリスレバ、如何暴圧的ス社ノ契約ニ服従スル事ハ当社ノ体面上ヨリ見ルモ無益ニシテ、断然縁ヲ絶チテ別個ノ独立供給会社ト自由ニ一手販売契約ヲ締結スルニ若カズト存候。然ルニ此結果対G社重油契約上ニ及スス社圧迫ヲ考フル□ハ、其影響更ニ大ニシテ、容易ニス社トノ絶縁ハ出来難シ。果シテG社ハ過去五ヶ年間ニ亘ル三井ノゼネラルガソリン販売ニ対スル努力ニ対シ、此《今?》後如何ス社ノ暴圧ヲ拱手傍観スルノ外無キヤ。当社ハ順序トシテ一応G社ニ懇談スルノ要アル可ク、G社ハ三井ノ為メニ此問題ニ関シ如何ナル援助ヲ為シ得可キヤ承知シタシ」（傍点引用者）。

「仮ニ他社揮発油ノ契約為ス場合、ス社ノ新競争者トシテ延テハ当社対G社重油契約ニ対シ圧迫ヲ蒙ルヤモ計ラレズト存居処、少クモ重油ニ於テハ当社ト相当ノ協調ヲ実現シツ、アルス社ニ対シ、G社ハ此《今?》後果シテ如何成ル観測ヲナスヤ。G社トシテハ少クモ重契約期間ハ、従前通リ十分ノ便宜ヲ計リ得ル確信アリト申ス可ク候得共、此《今?》後ス社ノ方針次第ニテ揮発油全様三井ノ重油商売ニモ制肘ヲ加フル考ヘトナレル暁ニハ、結局G社ノ力及バズ残念ナガラ当社トシテハ心外ノ影響ヲ蒙ル可キ懸念有之候」（傍点引用者）[33]。

以上のように、三井物産石炭部が第一に心配していたことは、ソコニーとの揮発油の契約の失敗がゼネラル石油会社との重油取引に悪影響を及ぼさないか、ということであった。端的に言えば、三井物産石炭部は、ゼネラル石油がソコニーの圧力に屈して物産との取引をやめざるをえなくなることを考慮しなければならなかった。それゆえサンフランシスコ出張所に「善後策ニ関スル意見ト共ニG社ノ真意及ビ他社事情等至急承知致度」とゼネラル石油についての情報の提供を求めた前日の八月一日の電報の背景を説明している。ソコニーとの交渉難航の第一報をめぐる本社とサンフランシスコ支店とのやり取りから窺えることは、東京本社の強硬な意見を受け、それまで本社に対して、交渉の詳細な経緯の報告と、慎重な交渉態度を要求していたサンフランシスコ出張所も本社同様、強硬な姿勢に傾きつつあったということである。ソコニーとの断絶やむなしという見方が、八月二日の本社書簡、受理直後出状した二〇日後の八月二二日のサンフランシスコの返書全般に共通するトーンであった。それを直接反映したのが、物産における新たな提携先の模索であった。

4　東京妥協案と海外店の反論――妥協策の模索――

これまでの経過を物産・ソコニー提携劇の第一幕「動揺と強硬論」とするなら、第二幕は物産・ソコニー間の「妥協策の模索」であろう。三井物産東京本社石炭部重油掛は八月六日に「対ス社揮発油契約 Proposal ノ事」（石炭部長発桑港出張所宛て）とする契約提案[34]を、サンフランシスコに向けて発信し、その提案は八月二四日になって同出張所に到着した。この書簡のなかで物産本社は、「ス社ヨリ受領セル先方最後案通リ契約スル事絶対ニ承知セヌ場合」について、ソコニーに対する四つの妥協案を示している。骨子は下記の通りである。

第一案、東京大阪以外の地域に関しては一年後に協議する。

第二案、ソコニーが物産の地方での「発展ヲ好マザルモノナラバ東京大阪両市以外ノ販売数量ヲ三割以内ニ止ムル事」。

第三案、ゼネラル揮発油販売を止め、他社製品を扱う。ただし、重油については現状確保を図ることとする。

第四案、ガソリンスタンド問題は、ソコニー案を承諾する。

この書簡に対して、サンフランシスコ出張所は納得できぬとして、妥協案に反発する内容の返答を二通にわけて本社に送付する。この本社案にサンフランシスコ出張所側が反対した背景には、アメリカにおけるゼネラル石油幹部やソコニー本社との折衝で同出張所が得た感触と、東京本社が提示した妥協案との間に乖離《かいり》があったからである。

本社試案を受けた八月二七日付返信（第三状、第四状）において、サンフランシスコ出張所は「ス社揮発油販売契約ニ付」と題し、ソコニーとの契約内容に関する見解を総論（第三状）と、個別項目の詳細（第四状）に分けて述懐している。端的に言えば、サンフランシスコ出張所が東京に要求しているのは、「Goold の運動ニヨリ Cole ガ三井ヲ色眼鏡デ見テ居ルラシキニ不係、貴方ガ Cole ニ直接実情ヲ説明スル機会ヲ得ラレサル事」、「相互ニ討議スル機会ヲ得居ラレサル事」であり、また、「ス社ハ三井ノ地方発展ヲ望マズト云フ推定ノ下ニ論議サレ居ル様ナルガ、果シテ然ル事ニ付 Cole ト膝付キ会ワシテノ談会ヲ遂ケ居ラサルヤニ見受ケラレ候」と指摘して、ソコニーの重役・コールとの直談判でもって「正面ヨリ切り込ム」ことを求めた。つまり、ソコニーの意図をあれこれ机上で詮索するのは止めて、コールと本音で議論すべきではないかというのが、サンフランシスコ出張所の具申であった。次の引用文が堤所長の意見を集約している。

「地域変更ヲ約一年後ニ相談スル（第一案）トカ、当社ノ地方売高ヲ限定スル（第二案）トカ、当方ノ弱音ヲ吐ク前ニ、Cole ニ直接実情ヲ聞カセテヤリ、ス社ガ果シテ当社ノ地方進展ヲ望マヌモノカ何ウカヲ明白ニ Cole ニ言ハセ、両商票□ノ無意ノ競争ノ有無ヲ明ラカニシ、又ハ其善後策ヲ講究シ而メ、原案通リ契約スルカ否カ、モウ一度 Cole ト懇談シテ頂キ度候。折角是迄二年間モゴタゴタトシテ漸ク纏ロウトシタ契約ニハ□□右様双方ノ意志ヲ明カニスル事ガ相互ノ為メト存候、仮令物別レトナルニシテモ天下ノ三井ト世界ノスタンダード社ニ□徹底的ニ事情ヲ承知シ会ッテ別レルベキモノト存候」(35)。

以上が第三状での提言であるが、第四状においては第一案、第二案、第三案、第四案について具体的に問題点を指摘している。

そのうち、第一案についてサンフランシスコ出張所は、「Gooldガ反三井的態度ヲ持スル以上、目先一ヶ年待ツテ見テモ彼レノ態度変更望ミ薄カト被思候」と述べ、一年後に地方売を中止することは、「当社ノ体面上応シ難キモノトスレバ夫レハ一年先ニナッテモ仝シ事」である、と結んでいる。要するに、本社の「第一案ハ不徹底」であり、ソコニーとの提携交渉に関して、「将来決定ノ解決」を得られないであろうというのが、サンフランシスコ出張所の意見であった。

続く第二案についてのサンフランシスコ出張所の見解をみると、書簡には「地方売ヲ限定スルコトハ代理店トシテ理論上ノ矛盾」であり、「比較的少量ノ地方売ヲ禁止或ハ限定シ、東京大阪ノ主要販売地ニ当社ヲシテ自由ニ販売セシメムトスルハ如何ナル理アラヤ。G社製品ノ発展ヲ望マスト云フコトト矛盾ノ様ニ被見候」とあり、「第二案モ亦一向根本問題ヲ解シ居ラズ、然カモ斯ク部分的ニ譲歩スルコトハ、他日更ニ一層ノ譲歩スル階段トナルヤヲ恐レ」る、と述べ本社案に対し厳しい姿勢を示している。

また第三案については、「ス社ガ承知セヌ場合」という前提が間違っており、「原案通リ無変更ニテ契約スルカ然ラスバ絶縁ト主張」すべきである、と提言した。

最後に第四案については、「サッパリト原案ヲ引キ受ケヤルガ」よいと述べ、この件に関しては、本社に賛成の旨を伝えた。

これらサンフランシスコ出張所が示した見解は、本社をも唸らせるほどの明快な意見であったと言えるであろう。

以上第三状、第四状により、三井物産サンフランシスコ出張所はソコニーの新提案である「地域限定」および東京本社の打ち出した妥協案の双方に拒絶の意志を明示したのであった。

しかしその後、三井物産サンフランシスコ出張所は、ゼネラル石油幹部やソコニー幹部との接触を通して、従来の強硬な姿勢から徐々にその態度を軟化させていくこととなった。サンフランシスコ出張所の、このような「硬」から「柔」への姿勢変化の局面が、次節において後述する、物産・ソコニー提携劇の第三幕となるのである。

5　サンフランシスコ出張所の「対境担当者」としての接触活動と提言

交渉の第三幕について詳しい説明に入る前に、ここで三井物産石炭部が八月下旬の時点において、新しい提携先が満たすべき基準をどのように考えていたのか、ということを確認しておきたいと思う。

万が一交渉が決裂し、物産がソコニーとの関係を清算して、他の企業と契約を結ぶことになっても、その新たな提携企業が品質や供給量の面で日本市場に適した揮発油・重油を輸出できないのであるならば、三井物産石炭部は石油ビジネスからの撤退を余儀なくされてしまう。このような厳しい状況のなか、サンフランシスコ出張所からの電報で、とりあえず、「Richfield 社ガ当社ニ揮発油ノ Agency ヲ呉レルコト確実ナル」ことは物産にとって朗報であったが、サンフランシスコ出張所は、新規契約の条件として、値段・品質以外に「ス社関係ヲ棄テ、他社ノ揮発油ヲ取扱フ場合、少クモ左記二項ハ根本条件」であると述べ、以下の条文を提示した(36)。

一、G社重油契約仝様ノ長期契約トスルコト　少クモ五年以上日本全国ニ対スル一手販売ノ確実ヲ得ザレバ不安ニシテ発展ノ見込無シト存候。

二、中味供給ノ機関ヲ有スルコト　中味売ガ出来ザレバ到底他者対抗出来難キコト　明カニ有之候故、先方タンカーヲ以テ中味供給ヲ受ケ日本内地設備（主トシテガソリンタンク及□該設備）ニ付出来得ル尤便宜ノ条件ヲ得ルコト肝要ト存候。

この条件に対し、物産本社は、「之ニ対シ実現ノ見込ナケレバ、ス社ノ揮発油ハG社重油関係以外ニ迂潤《ママ》ニハ棄テラレズ、場合ニ依リテハ多少ノ販売上ノ制限ヲ受ケテモ経《ママ》続ノコト不得止場合生ズ可キカト存候」と述べ、ここに三井物産石炭部の弱気な姿勢があらわれている。本社のこの消極的な見解は、ソコニーやゼネラル石油に代わりうる提携先は、相当に高いレベルの条件をクリアできる、ごく少数の対象に限定されてしまうのではないか、という三井物産石炭部の不安を反映するものであった。折しも物産は一九二九年に仕入れたサンセット（Sunset）社の原油と、翌年売込んだハンコック（Hancook）社の原油がともに不評であり、品質の点で日本市場に受け入れられなかったという苦い経験をしており、過去の経験上、物産にとって、商品の質や、その他の厳しい条件にかなう「適当ナル供給社」を見出すことは容易でなかった[37]。このように三井物産の場合、原油の供給先に関して、ただならぬ苦労を重ねていたのであった。

その他、物産の取引先探しを困難にしていた原因の一つに、過去の因縁や、他社との対外関係というものがあった。例えば、ゼネラル石油が取引を推奨したテキサス石油会社（テキサコ）は、関東大震災後に日本の事務所を引き揚げており、物産との商売は途絶えてしまっていた。他方、契約の有力候補ともなったリッチフィールド社の場合、同社と、鈴木系日商や神戸製鋼との取引関係も考慮しなくてはならない、という問題があった（しかし、リッチフィールド社に関しては、同社が日本企業との提携に乗り気だったために、もし物産とソコニーが交渉決裂していれば、物産との提携は十分ありえたであろうと思われる[38]）。以上が、物産の考える「供給社」の満たすべき条件であった。

以上のような物産の見解を踏まえて、交渉の第三幕、「『対境担当者』としての接触活動」をみたい。

八月二八日に東京本社からサンフランシスコ出張所に向け、一通の電報が打たれた。その内容は、「コールの提案をやめさせるのは不可能である。当社が他の石油会社と揮発油一手販売契約を結んだ場合、ゼネラル石油との重油契約はどうなるのか、そちらの見通しを聞きたい。その他にもリッチフィールドに関する情報を送れ」というものであった。本社がサンフランシスコ出張所に対し、ソコニーとの交渉打ち切りをほのめかした最初の電文である。八月三〇日サンフランシスコ出張所は東京に「ゼネラル石油がソコニー社長に熟慮を要望しており、来週末に返事がくると思われる。満足なる結果が得られない時に、いよいよ先方との関係を断ち、揮発油は市場で購入すればよいと考える。重油に関しては、ゼネラル石油は物産との販売契約を保証してくれた」と出電し、本社に対し先走らぬようにと自重を促した。

では三井物産サンフランシスコ出張所とゼネラル石油との接触はいかにして持たれ、また、この接触により、交渉局面はどのように新たな動きを示したのであろうか。

ソコニーのコールが「原案通リ署名セサルコト明カト」なったのであれば、「G社幹部ヨリ fuel oil 契約ニ対スル態度宣明《ママ》セシムル要」が生じたとして、サンフランシスコ出張所・堤所長はロサンゼルスにライッヒを訪ねた[39]。「Rich 氏ハ fuel oil 契約ハG社トシテハ何処迄モ carry out スヘキ旨」であったので、堤汀所長はライッヒに対し、東京からの電文や書簡を披瀝しながら交渉経緯を説明するとともに「当方提出 memo ニ基キ早速紐育ス社々長 Meyer ニ報告シ其裁断ヲ求フ《ママ》ルコト」にした。堤所長とライッヒ会談を機に、G社からソコニー本社幹部に詳細な交渉経過が伝達された。

堤は「表向G社ト此件ニ付交渉ヲ生セシ以上ハ Richfield 其他他社トノ交渉ハ待ツ要アリ、紐育ヨリノ返事」後、不満足であれば「G社ヘモ断ッテ正々堂々ト他トノ交渉ニ入ルモノナラ入リ度候。従テ貴電八月廿八日付ヲ以テ御催促ノ Richfield ノ様子ニ付テハ御返事不得」として、新たな提携交渉は一端取りやめる旨報告した。また堤は、「断ハルト腹ヲ極メレバ何時デモ宜□ワケニテ、何モ急イデ Cole ニ断ハル」必要もないので、「Richfield ガ良イカ、Texaco ガヨイカ、他ニ誰ガ良イカハ是レカラ慎重ニ研究物ト存候。夫レ迄ハ、ス社干係《ママ》ヲ断ツタ後、策略上当分市場ニ自由ニ買付ヲナシ、日本ノミナラズ支那ニ□揮発ノミナラズ、燈油ニ於テモ相当暴ハレ回ハツタ上ニテ相手方ヲ求メルノ宜□ト存候現直《ママ》クニG社ニモ内証ニテ他ト交渉シ見或ハ代理権ヲ呉レヌカト当方ヨリ頭ヲ下ケテ行クガモノデモ」ないであろうと述べ、提携先の具体的な進展には慎重な見方を記した。つまり「紐育ス社ヨリ何分ノ申越アル迄ハ御待チ願上候」と、ソコニー社長の英断を待とうとした。なぜならサンフランシスコ出張所は、ソコニー側に何か新しい動きがあるだろうと見ていたからである。この堤所長の意見具申は交渉相手のゼネラル石油の態度と表裏一体にあり、接触活動がうまくいっていることの反映でもあった。グールドとの交渉をこじらせていた東京本社とは異なり、物産サンフランシスコ出張所とゼネラル石油の両者とも、話をうまくまとめたいという希望が強く、両者の関係は良好であった。

その後、ソコニーからゼネラル石油会社を通して物産のサンフランシスコ出張所に返事が届いたのは、九月一一日のことであった。「Rich ヨリ『本件ニ付目下東京ニテ Cole ト三井本社ト交渉中』ト紐育ヨリ来電アッタ旨通知」があった。三井物産サンフランシスコ所長が期待していたソコニーからの鶴の一声はなく、「なにか進展がありや」という電文が届いただけであった[40]。サンフランシスコ出張所はこの返事の好内容を期待していただけに、失望が大きかった。

この一件に続いて、九月二二日付でサンフランシスコ出張所が送付した「ス社揮発油販売契約ニ付」（第七状）（桑港出張所長発　石炭部長宛）を読む[41]と、三井物産サンフランシスコ出張所が東京に繰り返し要請してきたコールと本社との直談判は実現されなかったことがわかる。サンフランシスコ出張所・堤所長は東京から送られた九月一日の書簡で初めてコールが朝鮮に出発し、日本にいないことを知った。さらに、ソコニーと物産との契約に関する、グールドの出した条件は、すでにソコニーの重役会議によって協議され、それ以上の妥協の余地なしと判断されており、三井物産東京本社が、ソコニー日本支店の発言を真に受けている事実も判明した。以下、この件に関してのサンフランシスコ出張所の本社に対する粘り強い意見具申を引用する。

「Coleガ日本ヲ去リタルコト御状ニヨリ初メテ承知仕候。当方Coleガ日本ニ居ルコトト思ヒ全氏ト懇談方速《(ママ)》リト御勧メ致シ居候次第、Gooldガ言ヲ左右ニ托シテ相手ニナラヌコトハ彼レノ予定ノ行動、即チ三井ノ活動ヲ阻止セントスル手段ニ他ナラズ候。Gooldヲ相手ニシテモ駄目ナノハ初メヨリ判リ居候。Coleガ留守ナラ全氏旅行先ヘ出状スルコトモ出来可申カト被存候。又Gooldハ地域変更ハ『既ニ彼□重役間ニ協議サレタルモノ故再度自分カラ説明ヲ欲セズ』ト申居由貴状ニ候ガ彼ノ言フガ如ク『協議』サレタルモノニ候ヤ是点何ウモ当方腑ニ落チズ候。『地域制限ニ対スルCole氏ノ提案ヲ撤回サセルガ如キハ少クモ現在ニ於テハ不可能ニ有之』トノ御申越ナルガ、貴方ハ当ッテ見ル所迄当ッテ見ラレズシテ断念シ居ラル、哉ニモ見受ケラレ候尤モ先方態度ニ照シ、当方ヨリ見切リヲツケルト云フナラ別ノ話ニ御座候」（傍点引用者）。

「Gooldガ最初ヨリ揮発ノミナラズ当社ノ石油商内《(完?)》ヲ好マザリシハ判明致シ居リシ処ニ有之当局ニ於テG社ス社ト交渉ノ末Gooldノ意志ニ反シ『ス』社揮発ヲG社票ノ下ニ取扱フ様話ヲ付ケタノニ候。Gooldガ当方交渉ヲ好マヌコトハ、使用人根性トシテ無理ナカラヌ所ト憐ムノ他ナク候」。

「御状ニテハ『ス』社ノ協力ノ精神ヲ云々サレ候得共要スルニ『ス』社トシテハ、当社ナクモ揮発油商内《(完?)》ヤッテ行クニ何等差支ナク候。然シColeハ出発前ニハ所謂最後案ニテ承知致居候。其後署名遅延トCole着後Goold

ノ活動ニヨリ雲行キ一変セシモノト被存候。

当方トテモ如何様ニモ御命令次第ニテ尽力致度ト存候得共、何シロ『ス』社ノ日本向商内(売?)担当重役ガ東洋ニ参リ居ルコトトテ局面ハ貴方ニ移ツテ居リ『ス』社ノ他ノ重役ハ元ヨリノコト社長トシテモ担当重役ヲ差シ置キ決定遠慮スルハ自然ノ理ト存候。

従ッテ当方希望スル所ハ、是上共何等カノ方法ニヨリ貴方トColeト直接徹底的ニ談判シテラチノ□ク様ニシテ頂クコトニ候。其上デ他社トノ代理店下交渉モ試ミ可申候」（傍点引用者）。

以上の書簡のなかで示されているように、日本で本交渉が行なわれているにもかかわらず、サンフランシスコ出張所が「ソコニーの揮発油をゼネラル社の製品として売る」という妥協を引き出したことは、ここで特筆すべきことの第一点であろう。なぜなら、少なくとも、コールやグールドに本社から何らかの電文が打たれたはずであり、物産との決裂の回避のために、ソコニーのニューヨーク本社サイドが動いているとも取れるからである。また、第二の特筆点として、サンフランシスコ出張所が、本社に対し、グールドを経由せず、コールと直談判することをさらに強く求めていることが挙げられる。ゼネラル石油・ライッヒを通してソコニーニューヨーク本社の意向を察知できた三井物産サンフランシスコ出張所所長・堤は、ソコニーの要求のうち、グールドの独断の面については、同社の妥協を引き出せる可能性が高いと見なし、「他社トノ代理店下交渉」を引き延ばした。もしグールド案がソコニーの重役会議で最終的に「協議」されたものならば、ソコニーはゼネラル石油を通して、物産のサンフランシスコ出張所にその旨を伝えてくるはずである。しかし、両石油会社からサンフランシスコ出張所にそのような連絡はないのであるから、まだソコニー重役会議でこの件に関する最終決定は下されていないと判断した。以上の理由から、「東京本社は極東担当で副社長のH・E・コールにあたり、問題の解決をはかるべきである」というのがサンフランシスコ出張所・堤汀所長の意見具申であった。なお、このサンフランシスコ出張所からの返事は、引用文中にもあるように、東京本社発九月一日付書簡のなかで書かれた「地域制限ニ対スル Cole 氏ノ提案ヲ撤回サセルガ如キハ少クトモ現在ニ於テハ不可能ニ有之」という見解に対する返答にもなっている。(42) サンフランシスコ出張所の粘り強い姿勢と、三井物産本社石炭部の安易な態度は、好対照を示していた。まさにこの姿勢の相違こそ、情報提供者としての三井物産海外支店の存在意義であり、「対境担当者」としての商社海外支店の面目躍如を示すものである。

しかし、このようなサンフランシスコ出張所の活躍にもかかわらず、この後、三井物産石炭部は、サンフランシスコ出張所に一言も相談もせぬうちに、物産本社の独断とも言うべき、交渉の最後通牒を上海滞在中のコールにグールドを通して送りつけてしまった。これを機に、物産とソコニーをめぐる交渉は、新たなる第四幕へと進行していくこととなる。

6　三井物産の回答とソコニー社の撤回

三井物産本社は、小林正直常務の「支那ヨリノ帰朝ヲ俟テ協議ノ末」、ソコニーとの交渉に関し、以下の結論に達した。「重油ニ対スル影響、S者以外ノ関係先物色ノ為メニ要スル事情、並ニ新設備ノ関係等ヲ考慮ノ上、極力S社ニ依テゼネラル取扱持続ヲ希望スル事トシ、今回ハ一応、地域制限ニ対スルS社提案ヲ断ルト共ニ、スタンド移譲ノ件ニ就キテモ極力有利解決ヲ計ル事」として、ソコニー日本支店総支配人J・C・グールドに英文の回答書「General Gasoline Agreement」（九月二一日付）を送付した。(43)(44) その骨子は以下の通りである。(45)

(1)　東京と大阪に販売地域を限定することには同意できない。

(2)　東京・大阪を除いた地域での揮発油販売数量を三〇％以内に抑えるという点については認めてもよい。

(3)　ソコニーとの取引継続を望むが、一方的な契約条件を強要されるなら、他の提携先を捜すこととする。しかし、物産はあくまでも揮発油商売から撤退する考えはない。

(4)　ソコニーに対し、自社のガソリンスタンドを明け渡すようなことはできない。

この返答は、明らかに物産が新たな提携先と手を組むことをほのめかす、きわめて強い調子のものであった。ここにコールの七月三一日の提案は拒絶され、今度は物産側からソコニーに対して、この提案に同意できない場合、速やかな返答を要求する旨通知された。「乱暴ナル提案ハ当社体面上認容シ得ベキモノニ非ズ」[46]というのが、東京本社の最終結論であった。この頃東京本社では強硬論が支配となっており、コールとの直接交渉を要求したサンフランシスコ出張所に対し、「中国に行った者との間に新たな交渉の進展を望むのは不可能であるので、ソコニーには上海において最後通牒としての当社の返答を行う」という英文の意見を送付した。また、サンフランシスコ出張所からの八月三〇日の電報（すでに引用）についても触れ、「ソコニーガ止メロト言エバ、G社ハ従ワザルヲエナイ」という意見を付け加えた。この物産の決定に関して、ソコニーの社長は対応策を持たないであろうと、物産本社はソコニーとの交渉続行について、悲観的な見通しを示している[47]。まさに東京三井物産石炭部は交渉決裂への道を突き進み、いまだ妥協の可能性があると主張するサンフランシスコ出張所の見解は退けられてしまった。この件に関して、三井物産本社がいかなる回答を極東担当重役副社長コールに言ったのか、ということに関して、サンフランシスコ出張所には電信は発せられなかった。先に記した三井物産常務・小林のソコニーに対する英文回答「General Gasoline Agreement」は一〇月一〇日までサンフランシスコ出張所には知らされなかった。

しかし、突如として、三井物産本社石炭部にサンフランシスコから吉報が舞い込んだ。「ス社揮発油販売契約ニ付」（第八状、一〇月九日付）である。物産サンフランシスコ出張所が、アメリカでソコニーの譲歩を引き出したことが、簡潔な文章で東京本社に伝達された。その行間からは、サンフランシスコ出張所の意気揚々たる態度が読み取れる(48)。
サンフランシスコ出張所がこの譲歩を勝ち取った背景に、ソコニー社長のC・F・メイヤー（Meyer）との「来加セルニ付敬意ヲ表シ」「一〇月五日桑港ニテ会見」があった。メイヤー、ライッヒ、堤汀、内田尭の四名が非公式の会談に立ち合ったが、「自然、揮発油契約問題ニモ談」は及んだ。席上「Meyer 氏ハ所謂紐育最後案ナルモノハ善ク承知シ居リ何故其ヲ Cole ガ日本ニ於テ変更申出タリヤ不審ナリト」発言したのを受けて、「一応成行ヲ話、当社ガ暖簾料デ『ゴネタ』コトハ簡単ニ片付ケ、三井トシテハ、紐育最後案通リナラ直グニモ署名スルモノナルコト話置候」と、友好的な雰囲気で交渉が始まったことを書簡は伝えている。サンフランシスコ出張所・堤所長は、ソコニーの社長による地域限定提案の背景説明を詳細に東京本社に連絡した。これにより三井物産石炭部は、ソコニー社長のメイヤーの見方を把握することができた。三井物産サンフランシスコ出張所によるメイヤーとの接触が、ソコニー本社にグールドやコールからのものとは異なる情報をもたらし、極東の地、東京で行なわれている交渉をソコニーの幹部に知悉させることによって、ソコニーに一転して柔軟な行動をとらせることができたのであった。このサンフランシスコ出張所によるソコニー幹部との折衝活動が、ソコニー側の妥協を引き出し、契約交渉を成功に導いたことは、以下の引用文が端的に物語っている。

「九月初ノ Rich 氏ヨリ『地域限定ニ干スル Cole 申出ニ付』報告（当状第五状参照）ニヨリ『ス』社紐育本店ハ三度モ Cole ニ出電シ、三井ト協調ヲ保ツ様勧メタリ。自分トシテハ三井トノ干係ヲ断絶スルコト殊ニ面白カラヌ感情ヲ以テ物別レスルコトハ最モ好マヌ所ニテ、其意ハ cole ニモ通シアル故、三井側ニテモ今少シ我慢シテ居テ成行ヲ見ルガ□□《（宜カ）》ルベシ。日本側トシテハ、種々事情アルベク在日本『ス』社トシテハ、米人社員ノミナラズ日本人社員モアルコトトテ、簡単ニ行カヌ所モアルベシト申居候。

右在日本『ス』社云々ニ切《ママ》リ掛ケヲ得テ、当方ヨリハ Goold ノ頭ヲカエルコト必要ナルベキ点ヲニホワセ置候。……（中略）……

Meyer 氏ハ一昨年紐育ニテ会見セル際ニモ親三井的態度ナリシガ、依然トシテ三井ニ充分好意ヲ持ッテ居コト明白ニ被思候。貴方ガ Cole ノ高飛車ニ対シ、結局如何ナル返事サル、ヤ判ラヌモ、Meyer 氏ト会見ノ模様御参考迄ニ十月五日付左之通リ出電致置候」（傍点引用者）。

「前信ニモ申上ゲタル通リ日本商内《完？》ハ Cole ノ担当デアリ、仝氏ガ当社重役ト話シテ居ル以上 Meyer 氏トシテモ当方トシテモ意見ヲ述ベタルニ止マリ、何等打合ハセセルモノニ無之候得共、Socony 社長ノ意見トシテ相当重要視スルノ価値可有之ト存候」。

これまで本章において述べてきたような紆余曲折の経緯を経た末、一九二八年一〇月一一日、小林正直常務を訪ねたグールドは先の販売地域を東京・大阪に限定する提案（九月二一日付）の撤回を申し出た。局面は急転直下し、一九二八年一〇月二三日に三井物産石炭部とソコニーは、無事、揮発油販売契約を調印した。三井物産サンフランシスコ出張所の活躍は、契約成功の結果からみれば、的確にソコニー本社の動向をとらえていたと言えよう。東京本社がソコニーとの交渉決裂をも覚悟していたのに比べ、サンフランシスコ出張所が物産本社に対して行った、「ソコニーの地域限定を撤回させ、コールとの折衝から局面打開の端緒を開くべし」という趣旨の提言は、サンフランシスコ出張所の優れた判断力を示すものであった。

もし、東京本社とソコニー日本支店の間でのみ交渉が進められていたなら、間違いなくこの交渉は決裂への道を歩んでいたであろう。しかしサンフランシスコ海外支店の積極的な情報収集活動や折衝活動が、ソコニー－ニューヨーク本社を動かし、三度も出電させ同社の妥協への道を開いたのであった。メイヤー社長の力量にも助けられたが、このような事実からも、国際貿易を考える上で、「対境担当者」としての総合商社海外支店の機能は、大いに刮目《かつもく》されるべきものである。

最後に、第6節の締めくくりとして、その後の物産・ソコニー間の揮発油取引について述べておきたい。

三井物産は「実務上円滑ナル可キモ、値段ハ一々ス社ノ指揮ヲ仰グ必要アルヲ以テ急激ノ発達望ミ難シ」(昭和三年下)という不安を抱いていたが、「当社トノ関係ヲ尊重シ取引円満、ス社トハ円満ナル協調ヲ保チ得ル見込ナレバ、更ニスタンド増設計画ヲ樹テ販売数量二／三割方増加ノ見込」(昭和四年下)、「S社揮発油販路格調ニ全力ヲ注グ当社トノ取引関係円満ナリ」(昭和五年上)[49]という記述が示すように、順調に揮発油の取扱い量は増加して、その不安は幸い杞憂に終わった。物産がソコニーとの揮発油契約に満足していたことは、三井物産が一九三三年にゼネラル石油との契約を再度延長すべきかどうかの判断に迫られたとき、サンフランシスコ出張所は、ゼネラル石油との関係を断ち切るべきだと本社に提言していたが、物産東京本社がソコニーとの関係を重視して、ゼネラル石油との重油一手販売契約延長に踏み切ったことからも窺える。当時の文書に、「当社ノガソリン商売ハS社ノ完全ナル庇護ニ由リ各地配給所ノ家賃ハ勿論給料、電灯料其他ノ諸経費マデ全部S社負担ニテ尚且ツ一ヶ年六、七万円ノ口銭ヲ取得致居候」と、書かれるほどソコニーとの揮発油取引は物産にとって旨味のある商売になっていたのであった。[50]

おわりに

日本の石油輸入は一九二〇年代以降急速に増加した。国内の石油需要の拡大がその最大の要因であることは言うまでもないが、同時に筆者は石油輸入をオーガナイズした日本の商社とアメリカ石油企業との間の継続的取引関係を重視すべきであると考える。それらのケースの一つであり、昭和初期に構築された三井物産とソコニーとの石油をめぐる提携関係の成立は、本章で明らかにしたように、「対境担当者」としての三井物産サンフランシスコ出張所の情報収集および折衝活動によるところが大きい。すなわち、三井物産本社とソコニー日本支店との軋轢のために、一時は決裂寸前まで至った契約交渉が、アメリカ石油市場に精通した海外支店の的確な情報収集活動や根気強い交渉によって、決裂を免れ、両社の提携するに至ったのである。三井物産における本社と支店間の情報のやり取りは活発であり、支店から伝達される米国事情は東京本社にとってきわめて有意義なものであった。

外国企業との一手販売契約締結が企業の経営戦略・方針に従うことは言うまでもないが、相手企業との利害調節・条文作成の段階で、異なる利害を調整する「対境担当者」の重要性が再認識されてしかるべきである。三井物産とソコニーの契約関係の推移から、両者の契約成功という結果は理解できるが、本章が詳しくその経緯を示して初めて明らかになったように、表面的な結果のみを見ただけでは、交渉の各局面において、ソコニーとの駆け引きに揺れ動く、三井物産の実像やその真意まで把握することは不可能である。このような理由からも、経営史という視点から企業戦略を研究するうえで、以上のような企業間の契約過程における「対境担当者」が果たした利害調整の役割に注目することは、非常に重要である。企業提携は、双方の利害が一致した場合に行なわれる、とする考え方は単純素朴な歴史像に基づくものにすぎず、経営史学のさらなる発展のためには、「組織間関係」の形成過程が資料において、より詳細に検討される必要があると考えられる。

以上のように、数多くの重要な情報を駆使してソコニーとの交渉に臨んだ三井物産ではあるが、一方で、いわゆる国際石油資本の内部対立について物産が収集した情報に見るべきものはほとんどなかったということを付記しておく。もし、三井物産がソコニーの内外的孤立を知っていれば、同社はソコニーとの交渉過程で、もっと有利にソコニーから妥協を引き出すことができたかもしれない。通常のわが国の研究においても、スタンダードグループは一九二〇年代に入っても依然として対内的、対外的な協調を保っていたという前提が主流となっている。しかし、ロシアにおける燈油の販売にニューヨーク・スタンダード（ソコニー）が新規参入したことは、ロイヤル・ダッチ・シェルや、ニュージャージ・スタンダード石油会社との対立を生んでいたことも事実である。[51] しかし、このような国際的な視野のなかで、ソコニーの孤立という点に着目し、三井物産サンフランシスコ出張所がソコニーとの関係を有利に運ぼうとした形跡は見られない。

本章の締めくくりとしてもう一点、今後の「組織間関係」（企業間、国家間、省庁間にもあてはまる）をめぐる経営史学の課題を指摘しておきたい。その問題とは、各商社（企業）の取引における提携関係の実態解明の必要性である。一体、日本の各商社（企業）はどのように海外における提携先を選択し、提携関係を継続していったのであろうかという戦略提携の経営史的研究の積み重ねが、今後ますます必要となってくるであろう。さらに、商社（企業）の実際の取引において、海外の取引先である売り手と各商社（企業）の提携継続によって発生した両者間の利害調整方法や、それに伴う諸問題の克服過程の究明も将来の重要な研究課題となるべきことを指摘して、本章の結びとしたい。

（1）山下達哉・高井透『現代グローバル経営要論』（同文舘、一九九三年）一六五～一八七頁参照。高井氏には企業提携の研究について教示を受けた。また山倉健嗣『組織間関係』（有斐閣、一九九三年）二一六～二二五、二七四頁も参照。

（2）この資料は当時スートランドにある米国国立公文書館分館WNRCに保管されていたが、現在カレッジパークの新館に移管された。RG131：RECORDS OF THE OFFICE OF ALIEN PROPERTY を使った研究に、川辺信雄『総合商社の研究――戦前三菱商事の在米活動』（実教出版、一九八二年）がある。特に第2章は本論に関係があり、有益である。三菱商事の資料は三井物産関連資料に比べて整理されているが、一方、三井物産の資料は膨大な量であり、その『考課状』が欠落しているために全貌を掴むのが難しい。筆者がおもに見たのは三井物産の石油関係資料である。今回使用した資料は、BOX692 に納められている。

（3）『稿本　三井物産株式会社一〇〇年史　上』（日本経営史研究所、一九七八年、六〇〇頁）に簡略に触れてある（森川英正担当第6章）。鈴木邦夫「戦時経済統制下の三井物産（II）」（『三井文庫論叢』一九号、一九八五年）一四五頁。石油業法とスタンダード・バキューム・オイル会社については、橘川武郎氏の米国国務省資料を使って行った精力的な研究がある（橘川武郎「一九三四年の日本の石油業法とスタンダード・ヴァキューム・オイルカンパニー(1)(2)(3)(4)」、青山学院大学『青山経営論集』二三巻四号、二四巻二～四号、一九八九～九〇年）。また一九三三年以降のスタンダード・ヴァキューム社の活動を、日本との競争という視点で分析した研究にアンダーソンの業績がある。同氏は、この問題をスタンダードとシェルの砦に日本が進出したという見方でとらえている。Irvine H. Anderson, Jr., *The Standard-Vacuum Oil Company and United States East Asian Policy: 1933-1941*, Princeton University Press, 1975)。

（4）吉原英樹「総合商社研究の展望」（神戸大学『国民経済雑誌』一三九巻一号、一九七七年）。前掲『総合商社の研究』序章参照。商社研究に関しては、実証的な研究とあわせて、総合的に商社を評価していくのが今後の若手研究者の課題である。

（5）前掲『総合商社の研究』。

（6）海軍省『海軍燃料沿革　上』（非売品、一九三五年）三六二～三七〇頁。文中、海外取引先の価格見積りを取るよう指示したのは、海軍が石油を少しでも安く購入したかったためである。当時の加藤友三郎海相は、三井物産や三菱商事の首脳に働きかけており、海軍の燃料政策と商社の石油買付けとは関係があると言える。民間育成という観点から、海軍は取引開始時には特定商社から優先して石油を買付けていた。海軍にとって、燃料供給先の多様化と競争により安価な燃料が得られるというメリットがあった。三菱商事がAssociated oil Co. と提携を結んだ背景には、海軍省から「極内密ニ我社或筋ニ対シ、吾社ニ於テ有力ナル製油会社ノ一手販売権或ハ之レニ代ワルベキ特別関係ヲ結ビ、有効ナル特権ヲ獲得シ、且競争者ヨリモ割安値段ヲ提出スルナラバ、受渡期来年三月末迄トシ、十万乃至二十万屯位購入シテモ宜キ旨ヲ漏ラシタル」事情があり、さらに海軍が「一流製油会社ト一手販売等ノ緊密ナル関係ヲ前提」としている以上、米国でなんとか提携先を捜したいというのが加藤恭平の意見であった。「海軍納重油ニ係ル件」（加藤恭平発　シアトル出張所島谷修蔵宛書簡）一九二三年六月三〇日付（RG131資料、Mitubishi Shoji Kaisha Ltd Fuel Department, subject file, 1923-41, BOX33）参照。

（7）前掲『海軍燃料沿革　上』三六八〜三七一頁。最初の競争入札はエイジアテツクペトロリウム社、ゼネラル石油、テキサス石油、アングロパーシアン石油会社であった。シンクレア、アングロメキシカン、アツソシエーテッドの三社は見積りを辞退もしくは見送った。海軍はこの競争入札で安く重油を購入できたので、それ以来競争入札を導入した。

（8）本章ではおもにソコニーという表記を用いるが、引用文ではスタンダード社、ス社、S社と略すときもある。同社はニュージャジー・スタンダード社の揮発油を扱い発展した。なお、スタンダードグループという言葉は、旧スタンダードの三三社が一枚岩というイメージを与えているが、一九二〇年代にはむしろ競争関係になっていた。注（51）を参照されたい。

（9）「紐育S社トゼネラル揮発油ニ対スル契約」（石炭部長発　上海支店長宛書簡）一九二八年九月二五日付。鈴木邦夫「戦時経済統制下の三井物産（II）」（『三井文庫論叢』一九号、一九八五年）一四三〜一四五頁参照。

（10）『三井物産第九回支店長会議議事録』（一九二六年、三井文庫所蔵、物産一九八）九八〜一〇〇、一九八〜一九九頁。

（11）『業務総誌』一九二六年上（三井文庫所蔵、物産二六七三）。このとき揮発油に関して、物産とゼネラル石油会社との間に正式な契約は結ばれていなかった。

（12）ロイヤル・ダッチ・シェル系の Asiatic Petroleum Co. の子会社で輸送貯蔵販売を担当した。子会社は地域分割された九社からなり、そのうちライジング・サン社は最大規模である。宇井丑之助『南方石油経済』（千倉書房、一九四二年）五五頁参照。

（13）実際には、ソコニー日本支店が漁船用重油に乗り出そうとしており、物産とソコニーの間で話し合いが持たれた。この話し合いも、ソコニーがゼネラル石油を合併したことに伴うものであった。「対ス社漁船油販売問題ニ付」（石炭部長発　桑港出張所宛書簡）一九二八年一月一三日付。

（14）前掲『三井物産第九回支店長会議議事録』九八〜一〇〇、一九八〜一九九頁。

（15）三井物産石炭部重油掛『昭和貳年下期考課状』（一九二八年一月作成）。

（16）「紐育S社トゼネラル揮発油ニ対スル契約」（石炭部長発　上海支店長宛書簡）一九二八年九月二五日付。この書簡では「昨年八月三社協定ノ際 Cole 氏ハ当社ノゼネラル揮発油取扱持続ヲ認容声明シ当社モ其考ニテ爾後ゼネラル揮発油ノ宣伝販売ニ努メ、諸設備モ増加致シタルモノニ付如此乱暴ナル提案ハ当社体面上認容シ得ベキモノニ非ズ」とある。

(17) 三井物産石炭部重油掛『昭和貳年下期考課状』（一九二八年一月作成）。

(18) GASOLINE CONTRACT (From: J. C. Goold (SOCONY, KOBE) To: Mitui) 一九二八年二月八日付書簡。

(19) GASOLINE AGENCY AGREEMENT（桑港出張所宛書簡）一九二八年二月一六日。

(20) ソコニーの三井物産宛書簡（二月八日、三月五日付）。

(21) GASOLINE AGREEMENT (From: MITUI To: J. C. Goold, Acting General Manager) 一九二八年三月七日、GASOLINE AGREEMENT (From: MITUI To: J. C. Goold, Acting General Manager) 一九二八年二月二九日、GASOLINE CONTRACT (From: MITUI To: J. C. Goold, Acting General Manager) 一九二八年二月一五日。「一月二九日付ス社G社ニ関スル御状委細」（東京山田不二発　堤汀宛書簡）一九二八年二月一三日付、「対ス社揮発油契約ノ事」（石炭部長発　桑港出張所宛書簡）一九二八年二月一二日付。

(22) 当時ソコニーは、シェルとインド市場で灯油取引をめぐり激しい価格競争を始めており、ソコニーにとって灯油の販売は三井物産に比べ戦略的な意味合いが強かった。日本では電力の普及により、灯油の需要は減少する傾向が顕著であった。契約に際して物産はいっさい制約を受けないように書簡形式か口頭で済ませたかった。筆者が見た資料では日本国内で灯油をどう扱うのか言及されていない。前掲鈴木「戦時経済統制下の三井物産（II）」一五四頁には日本帝国や満州で灯油販売は禁止されたと書かれている。三菱経済研究所『日本の産業と貿易の発展』（日本評論社、一九三五年）二一五頁参照。D. Yergin, *THE PRIZE*, Columbia University Press, 1973, p. 242 参照。

(23) 「ス社／三井揮発油取扱契約ニ付」（堤汀発　桑港出張所々長宛書簡）一九二八年五月一六日付。この書簡は、東京石炭部長にも写しが送られた。桑港出張所は五月一七日に受理した。堤が所長であるから、手続き上のために出したのか、本社に写しを送るために出状したのか、いずれかであろう。電報で詳細が送られたために出状が遅れた可能性もあるが、交渉に時間がかかったからであると思われる。

(24) 「紐育S社トゼネラル揮発油ニ対スル契約」（石炭部長発　上海支店長宛書簡）一九二八年九月二五日付。一八条規定（原案は一九条）で、スタンドを譲渡するというオプションから「譲渡ス可キ必要アルコトニ訂正」された。この件に関し物産は不満であったが、「誠意ヲ示ス為メ強イテ全規定ノ訂正ヲ」求めなかった。そこでスタンドの老舗料の確保のため、物産側からこれにかわる修正案を出した。三井物産が揮発油取引を止める意向をもっていないのであるなら、この修正案は無意味なものとなってしまう。そこで、筆者はこれに関し、物産サイドのグールドの嫌がらせに対する嫌味、もしくは反発であるという印象を持った。ここにも両者の感情的な軋轢を読み取ることができる。

(25) 「G社油取扱ト日本ス社関係現状ニ付」(石炭部長発　各支店宛書簡、五月八日付、サンフランシスコ五月二三日受理)。本文に記した五点のほかに、大阪店の情報「S社ガG社油販売ヲ全部自社ノ手ニ収メル」というものがあるが、これには根拠がない。また名古屋店の「三菱ガS社設備ヲ譲渡ヲ受ケル」という情報も事実無根であると、デマに惑わされないように注意を促している。当時ゼネラル石油が合併されたことによる波紋が社内に生じていたことの一端が窺える。

(26) 「ゼネラル揮発油一手販売契約ニ対スルス社ノ態度ト其善後策ニ付」(石炭部重油掛発　香港出張所宛書簡)一九二八年八月二日付、サンフランシスコ受理八月二一日。「ス社揮発油取扱契約ニ付」(桑港出張所長発　石炭部長宛書簡)一九二八年八月二日付。コールは六月八日にアメリカを出発し、六月二五日頃、横浜に到着した。

(27) 「ス社揮発油取扱契約ニ付」(桑港出張所長発石炭部長宛書簡)一九二八年八月二日付。

(28) 前掲「ゼネラル揮発油一手販売契約ニ対スルス社ノ態度ト其善後策ニ付」、AGREEMENT ON GENERAL GASOLINE(桑港出張所宛書簡)一九二八年八月二日付。「ス社揮発油取扱契約ニ付」(桑港出張所長発　石炭部長宛書簡)一九二八年八月二日付。英文では簡略に骨子を記し、書簡で詳しく経緯が伝達された。

(29) GASOLINE AGREEMENT(From: F. Yamada To: M. Tsutsumi)一九二八年八月四日。

(30) 「ス社揮発油取扱契約ニ付」(桑港出張所長発　石炭部長宛書簡)一九二八年八月二日付。

(31) 旧スタンダードグループを指す。当時日本では、引用文のような解釈が行なわれていたが、アメリカの研究書とは解釈が異なっている。ここにわが国での解釈の一端を示そう。「一八八二年にはStandard Oil Trustが形成され一九一一年にSherman Anti-Trust Lawに依り解散に至る迄斯界に君臨したのであった。同Trustは解散後三〇以上を算する後継会社に改組されたが、各社間は従前に変らぬ協調精神を以て結ばれ、統制ある機構経営に聊かの破綻をも生じなかったのである」(横浜正金銀行調査課『加州石油を中心とせる米国石油業概観』調査報告第一一〇号、一九三八年一〇月一日、八頁)。このほか、スタンダード石油グループの存在に懐疑的な著作に、たとえばCarl C. Rister, *OIL! TITAN OF THE SOUTHWEST*, University of Oklahoma Press, 1949, pp. 188-189. がある。

(32)「ス社揮発油販売契約ニ付」（第二状）（桑港出張所長発　東京石炭部長宛書簡）一九二八年八月二二日付。八月二二日付書状は二通ある。前掲「ゼネラル揮発油一手販売契約ニ対スルス社ノ態度ト其善後策ニ付」に対する返事である。

(33)前掲「ゼネラル揮発油一手販売契約ニ対スルス社ノ態度ト其善後策ニ付」。

(34)「対ス社揮発油契約　Proposal ノ事」（石炭部長発桑港出張所宛書簡）一九二八年八月六日付。この書簡は、桑港発八月二日付の電報を読んでから書いたものである。三井物産石炭部は軽い気持ちで案を例示しただけであり、サンフランシスコ出張所の筋の入った反論が返ってくるとは、思わなかったのではなかろうか。

(35)「ス社揮発油販売契約ニ付」（第三状）（桑港出張所長発　東京石炭部長宛書簡）一九二八年八月二七日付。

(36)「ス社揮発油契約ノ事」（石炭部長発　桑港出張所宛書簡）一九二八年八月二五日付、九月一四日受理。

(37)三井物産『業務総誌』一九二九年下期、一九三〇年上期、一九三〇年下期、一九三三年上期（三井文庫所蔵、物産二六七三）。ソコニー、ゼネラル石油ともに原油の販売には応じなかったし、ソコニーとの契約では、灯油・軽油は扱わないことになった。

(38)「ゼネラル揮発油契約トS社ノ新提案義ニ付」（石炭部重油掛発　桑港出張所宛書簡）一九二八年八月一一日付。この書簡でリッチフィールド石油会社とユニオン石油会社についてサンフランシスコ出張所に調査を依頼している。テキサス石油会社（テキサコ）に関しては過去、物産との間になんらかの問題があったようだが、詳細は記述がない。なお、脇村義太郎氏の回想によれば、物産とテキサコは中国でトラブルを起こしたことがあったようだ、とのことである（脇村談、一九九五年一月二一日）。パンアメリカン社には合併問題が持ち上がっていたため、物産はあまり興味を示さなかった。なお、三菱商事が一九二三年ごろパンアメリカン社と交渉した。前掲『総合商社の研究』五七〜五八頁。周知のようにリッチフィールドは一九二八年に日商と契約を結んだ。日商とリッチフィールド石油会社との関係は『日商四十年の歩み』（非売品、一九六八年、一九五〜二〇三頁）を参照されたい。

(39)「ス社揮発油販売契約ニ付」（第五状）（桑港出張所長発　東京石炭部長宛書簡）一九二八年九月一日付。

(40)「ス社揮発油販売契約ニ付」（第六状）（桑港出張所長発　石炭部長宛書簡）一九二八年九月一一日付。電文は次の通り。
"Gasoline refer to our tel of Aug 31st Genpet [general petroleum] have received telegram from New York matters under discussion M. B.K. Tokio Cole fullstop meaning is obscure are there new developments". （全文）

(41) 物産本社とサンフランシスコ出張所の間に誤解が生じた原因は、第一に、八月二三日電「契約調節済ンダカ」の解釈である。サンフランシスコ出張所にしてみれば単に交渉の経過を聞いただけであったが、本社はそれを催促と勘違いして交渉を進めてしまった。第二に、G社が協力するといったのは焚料油のことで、揮発油ではなかった。第三に、電文の訳文「ス社案ノ通リ契約調印方ヲ試ミ」は誤解であり、本来は紐育の最後案のことを指しているだけであった。以上三点で誤解があったため、両者の意志の疎通に問題が生じた。

このような経験から、その後物産は、三井物産本社と海外支店との書簡交換方式を導入したことにより、それ以降、未然に電文や書簡の誤解を解くことが出来るようになった。まず電文で簡潔に情報を伝達し、誤りがないように、その後書簡で詳しく説明するというダブルチェックが行なわれた。三菱商事や森村組も同様の形式を採っていた。

(42) 「ス社揮発油契約ノ事」(石炭部長発　桑港出張所宛書簡)一九二八年九月一日付。「Mr. Goold ニ対シテハ急変ノ態度ニ対スル当方詰問ニ対シテハ弁明ノ余地無ク唯ダ既ニ我重役間ニ協議サレタルモノ故再度自分ヨリ説明ヲ欲セズト逃ゲヲ打チ居候処」とあり、グールドの強硬かつ、話し合いに消極的な態度を受けて、物産本社がソコニーとの交渉の妥結は難しいとの感を持っていることが伝えられた。それゆえリッチフィールド石油会社に対しては、八月二五日付の問い合せの回答(長期契約と中味の供給)を再び催促した。

(43) 「紐育S社トゼネラル揮発油ニ対スル契約」(石炭部長発　上海支店長宛書簡)一九二八年九月二五日付。サンフランシスコ出張所には一〇月一〇日に同文の写しが届いた。三井物産本店は上海支店に事の子細を告げたうえ、上海滞在中のコールに面会して、「全氏ノ態度ゴ内探ノ上 Cole ノ返事ガ横浜へ届ク前ニ結果ヲ電信ニテ御報告相煩度」と同支店に依頼した。これにより本社は、事前に先方の出方に関する情報を入手しようとした。

(44) General Gasoline Agreement (From: MITUI To: J. C. Good) 一九二八年九月二一日。

(45) GASOLINE AGREEMENT (桑港出張所宛書簡) 一九二八年九月二六日。ここに引用するのはサンフランシスコ出張所に送られた「GASOLINE AGREEMENT」の一部である。紙面の関係で骨子しか引用できないが、厳しい内容である。

(46) 「紐育S社トゼネラル揮発油ニ対スル契約」(石炭部長発　上海支店長宛書簡)一九二八年九月二五日付。前注参照。

(47) Gasoline Agreement (From: Watanabe To: Manager San Francisco) 一九二八年九月一七日。一〇月一日受理。

九月一七日に本社・小林常務が中国より帰り次第、直ちに態度を決め、ソコニーに返答する旨書かれている。これから本社が強硬論に支配されている様子が窺える。サンフランシスコ出張所は、八月三〇日の電に対する本社の意見には不満を感じたようで、返信の欄外に「ソレナラ何故当方ニイ［ツ］テクル」と書き込んである。これによって、本社とサンフランシスコ出張所の契約に対する姿勢が逆転して、サンフランシスコ出張所が妥協に動き、本社が強硬化した様子が窺える。

(48)「ス社揮発油販売契約ニ付」（第八状）（桑港出張所長発　石炭部長宛書簡）一九二八年一〇月九日付。

(49) 前掲『業務総誌』（各年度）。

(50)「General Pertroleum Corporation トノ重油一手販売契約更改ノ事」（石炭部長発　取締役宛書簡）一九三三年五月一日付。

(51) Yergin, *op. cit.*, pp. 242-243 参照。Rister, *op. cit.*, pp. 188-189 参照。Anderson, Jr., *op. cit.*, pp. 34-36 参照。なお、これに関連して、橘川武郎氏から、ニュージャージー・スタンダードがソコニーに圧力をかけ、Standard-Vacuum Oil Company が成立したと言う経緯についてご教示いただいた。

第9章　E・H・カーの国際政治観の再検討――「持てるもの」と「持たざるもの」――

はじめに

わが国において、E・H・カーの著書は、数多く翻訳され、よく知られている。しかし、カーの著作・思想についての研究論文はさがすのに労力を用するほどである。稀有な例として、本格的かつ優れた論考に有泉貞夫の「E・H・カーにおける歴史認識の展開」(1)がある。また比較的多く、カーの国際政治観に好意的に紙幅を割いている著述に、川田侃の『国際関係概論』(2)がある。その他、いくつかの翻訳書の「あとがき」に好意的な解説が付されているが、(3)管見する範囲では、カーの国際政治観に関する論文はみあたらなかった。その反面、部分的にカーに言及した著書は相当目に触れたが、カーの考え方の特徴を踏まえていると言うよりも、各々の著者の所説に合うように記述され、言及が行なわれている。一方、欧米の文献・研究には、カーの国際政治観を論評している、優れた論文・評論があり、「注」に列記して掲げておく。(4)

さて、カーは一九五一（昭和二六）年に書いた『歴史とは何か』の中で、「違ったマイネッケが三人いて、その一人一人が異なった歴史的時代のスポークスマン」であったと語ったのち、カー自身の思想の変遷を「私が戦前、戦中、戦後に書いたものの若干を熟読して下さった方なら、紛れもない……矛盾やチグハグを挙げて私を責めるのは誠に容易なことでありましょう(5)」と自嘲して述べているが、本章では『危機の二十年(6)』を中心とし、戦前・戦中・戦後の思索の変化に留意しつつ、E・H・カーの国際政治観の特徴を俯瞰してみたい。『カール・マルクス(7)』(一九三四年)、『ミハイエル・バクーニン(8)』(一九三七年)の評伝を世に問うていることから察せられることであるが、カーとマルクス主義との関係が、カーの国際政治観にどのように反映されているのか、明確にする必要があると思う。

わが国においても、また外国においても、「カーはマルキストなのか」という問が投げかけられてきたようであるが、論者により、見る観点および重点の置き方に違いがあり、さまざまに解されている。英国の国際政治学者トンプソン(Kenneth W. Thompson)は、カーが「自分のイデオロギーに何の疑問も呈さない、無批判で教条的なマルクス主義者よりも、私のほうがより真のマルクシストである」と語ったことを記し、カーの問題点の一つに、マルクス主義的思考(Marxist Orientation)をあげている。(9) また、江口朴郎は、書評「歴史とは何か」の中で、イギリスのマルクス主義歴史家クリストファー・ヒル(Christopher Hill)が「カーの立場はマルクス主義だという風な意見であった」と、若い友人から、伝え聞いたことを記している。(10)

さて、カーの『危機の二十年』は、国際政治のテキスト・ブックの一つであり、わが国では「古典」と位置づける人もいる。「リアリズム」と「ユートピア」の双方の必要性を説いた著書であると解されているからであろう。だが、この説明は、「子供の成長には、『運動』と『勉強』の両方が必要不可欠である」という説明と同じで「御説ごもっとも」で反論の余地がないがゆえに、すぐに納得できてしまうところに問題がある。「国際関係」を科学的思考の対象としてとらえようとしたカーに対して、筆者は、厳密にその意味内容を検討吟味することで、報いたいと思う。

特記しておきたいことは、『危機の二十年』はじめ、カーの著述を読むメリットは、今日ではありふれた事実になってしまっているドイツ、日本の敗北という国際環境の大変動が生起した以前に書かれた文献だという歴史的事実に求めることができるという点である。つまり、われわれの視点視角とは質的に違った角度から、カーが国際情勢を見通し、将来への展望を記しているということにほかならない。当時の状況下に制約されていたカーの思考にあえて同調を試みることによって、われわれは、自己の歴史解釈および現在の位置づけにははるかに大きな幅や自由な解釈をもたせることができるはずである。そのことは、あわせて、知識人がいかに時の思潮や流行に制約されるかということについての反省の糧ともなるはずである。[11]「他山之石」としたい。

1 「ユートピア」と「リアリズム」

E・H・カーの国際政治観を概観する前提として、まず、カーの言う「ユートピア」がなんであり、「リアリズム」が具体的になにを意味しているのか把捉しておかねばならない。カーの両概念の用い方は、カー独特の哲学を反映しており、今日通常使われる「ユートピア」および「リアリズム」との差異を明らかにしなければならない。基本概念を漠然と納得していたのでは、研究者の見識が問われよう。『危機の二十年』でさえも、第一部「国際政治学」と第二部「国際的危機」とでは、少々使われかたに違いがあるが、本論では、カー自身の見解を表明している「第二部」からカーの概念規定を明らかにする。

カーは『危機の二十年』で、第一次世界大戦後の一九一九（大正八）年から第二次世界大戦が始まった一九三九（昭和一四）年までの二〇年間に、国際秩序が形成されずに再び戦争の危機に陥った原因を探ろうと試みている。カーの結論は、「十九世紀には通用した利益調和（the Harmony of Interest）が今日の国際社会では通用せず、国家間で利害の対立（Clash of Interest）が顕著になってきたことが、今日の国際危機の背後にある」ということに落ちつく。[12]

カーは、英語圏でまことしやかに信じられている自由放任主義（laissez-faire doctrine）を「ユートピア」であると位置づけ、現実の利害対立の複雑さを帯びていない反古《ほご》紙同様のものであると論駁する。歴史学者トインビー（A. Toynbee）が国際秩序の崩壊の原因を「人間の邪悪さ」（human wickedness）に求めたとき、ジンマー（A. Zimmer）が「愚かさ」（stupidity）に帰したとき、カーは原因と結果の探求不足であると、以下のように怒りを込め指摘する。[13]

「一九三〇年代の破局は、まさに圧倒的に迫るものがあり、単に、個人の作為や不作為にひっかけて説明できるものではなかった。その来襲は、それまでの支えとなっていた諸前提を一気に破壊してしまった。一九世紀の信念の基盤がそもそも凝われた。愚かなために、あるいは、邪《よこし》まなために、人々は正しい原理を適用しえなかったというのではなくして、原理そのものがまちがっていたか、適用できないものであったかだ、ということができよう」。

カーは、誤って現実の世界に適用された原理こそ問題とされねばならないと思料する。ベンサム（Bentham）からビクトリア時代のモラリスト、功利主義者、アダム・スミス（A. Smith）を経て発展してきた「利益調和の理論」は、カーの表現によれば「自分自身の利益を追求すれば、社会全体の利益を増進することになり、逆に社会全体の利益追求することは、個人の利益も増進される」[14]というものであるが、同様に、国家間にも「利益調和の理論」があてはめられると英語圏では考えられるに至った。[15]

しかし、カーの診断では、産業革命の結果、A・スミスが一八世紀の経済構造に見出した「生産活動が高度に専門化せず、固定設備に資本が投下されていない」という前提は、不動性で高度に専門化した大企業の出現および生産よりも富の分配に関心を持つ労働者の出現により、脆くも崩れたとされる。[16] 当然の帰結として、前提が崩れた以上、利益調和への信仰は崩れ去るべきものであるにかかわらず、旧態依然として自然調和は信奉されている。なぜなのか？カーは、自然調和理論が知らぬ間に、生存競争に勝ち残れる個人および大国間での利益調和に変形してしまった、と読む。E・H・カーの言葉を引こう。

「自由放任哲学と新しい条件および新しい思潮とをしばらくの間協調することを可能ならしめたのは、進化論であった[17]」。

「弱者の犠牲による強者の生存」というダーウィンの進化論は、国際関係においては、「不適格国家の淘汰による進歩の理論」となり、「利益調和は『不適格』のアフリカ人・アジア人の犠牲の上に成り立った[18]」のであった。未開地域の開発・植民地の権得により、適者間の利益調和は保たれた。しかし、一九世紀から二〇世紀に入ると「経費がからず、利益を得ることができる開発・開拓ができるような余地[19]」が見出し難くなり、強国の間でさえも、対立の様相がはっきりしてきた。進化論はもはや通用しなくなってきている。以上のように、国際情勢の背後に根づいている思潮をたどり、虚飾の抉《えぐ》りだしを試みたカーは、第四章「利益調和」を次の言葉で総括する。

「現代の国際的危機の内面的危機は利益調和という概念に基づいたユートピアニズムの全構造が崩壊した点にある。現代の世代の人々は根底から再建しなければならない[20]」。

カーの国際政治観の特徴は、自由放任主義から派生した国家間における利益の自然調和（a national harmony among nations）を現実に存在しない虚飾の「ユートピア」であると論詰している点に求めることができる。このカーの国際政治観は、「権力という要因をほとんど全く無視[21]」（the almost total neglect of the factor of power）した態度への批判や「国際連盟の設立が国際関係から権力というものを追放する[22]」というような素朴な信条・信仰への批難と表裏をなしていることは、あらためて指摘するまでもない。これに関連して、カーは現状分析において英米の「持てるもの」（the Haves）と日独の「持たざるもの」（the Have Nots）の利害対立に言及しているが、後段の第3節で触れることにする。

次に、『危機の二十年』の第五章「リアリストの批判」、第六章「リアリズムの限界」から、カーの「リアリズム」の特徴を輪郭化し、浮き彫りにしていこう。ここで、注意を払っておくべきことは、われわれが『リアリズム』という言葉から連想し抱くイメージとの相違をしっかり押え、整理し、カーの概念が何なのかをつかんでおく必要があるということである。換言すれば、カーの概念規定の仕方を踏まえて、カーの著書を読む必要がある、ということである。

カーは、第五章で通常われわれが抱いている「リアリズム」像を掲げ、マキアヴェリを「最初の重要なリアリスト」と評価し、「マキアヴェリ主義」の三要点を記している[23]。

一、歴史は因果関係の連続である。

二、理論から実践は生まれないが、実践から理論が生まれる。

三、政治は倫理の機能ではなく、倫理が政治の機能である。

また、カーは、第六章で「リアリズム」と対比するために「一貫したリアリズム」（consistent realism）という表

現を用い、「一貫したリアリズム」は、次の四点を認めないという特徴があることを指摘する。(24)

一、限定された目標
二、感情的アピール
三、道徳的判断の権利
四、行為の根拠

われわれの抱く『リアリズム』像と「マキアヴェリ主義」や「一貫したリアリズム」とはあまり違いはないであろう。しかし、E・H・カーは、マキアヴェリ-ホッブズ時代の一六、一七世紀のリアリズムと「近代のリアリズム」(modern realism)との相違を指摘する。(25)この相違は、カーの思考の根本にかかわってくる。第一に、「近代のリアリズム」は、一八世紀の進歩思想を取り入れ、ユートピア主義よりも進歩的にみえること。第二に、「近代のリアリズム」は、ヘーゲル・マルクス等の歴史学派(historical school)の影響を受けたために、悲観的色彩がなくなった代わりに、決定論的傾向(determinist character)を有していること。つまり「現実と歴史的進化の全過程とが同一視できる(26)」という見解を共有し、合目的性格があるとされる。(27)

この「近代のリアリズム」は、カール・マルクスの主題「あらゆる思想は、経済的利益と思想家の社会的地位に条件づけられている(28)」(カーの要約)の書換え・言換えである「想定された絶対的普遍的原理が原理と呼べるようなものではなく、ある特定な時代の国益の特別な解釈にもとづいている国策を無意識に反映したものである(29)」(カーの表現)というマルクス主義的な思考パターン(30)と符節を合わしているように、筆者には思える。なぜなら、この「普遍的原理」は、カーが一九世紀の固定観念と位置づけている「自然調和」を念頭に置いており、それは「持てるもの」のイデオロギーであるからである。さて、上述の点に、「リアリスト」の特徴を見出したカーは、「思想の相対化」により、ユートピア主義の固定観念を天下白日に晒さなければならないと考える。[31] すなわち、すでに述べたことだが、ユートピアの背後にあるイデオロギーを暴露することが、「リアリズム」の役割であるとカーは考えているのである。

もう一点、E・H・カーの「リアリズム」の特徴として記しておかなければいけないことは、「近代のリアリズム」の中に、目的を追い求める「実用的性格」があることを認め肯定していることである。[32] 「実用的」[33] であることを評価するカーの姿勢は、カーが戦前戦後変わらず抱き続けた「変革」への志向と深いつながりがあるので、改めて本章の後段で触れることにする。

これまですでに触れてきた、カーの「ユートピア」批判の中核は、「権力」、「利害の衝突」に対する認識の欠如した国家間の「自然調和」という考え方の誤謬にあった。だが、しかし、不思議に思われることには、「リアリズム」が「権力」をどのように位置づけているのか、明示されず、定義されていないということである。物理学でエネルギーが重要な概念の役割を果たしているように、通常国際政治・国際関係論で使用される「リアリズム」では、「権力」は、第一義的で重要な「基本概念」[34] として用いられているのに、カーの「近代のリアリズム」では、「権力」が第二義的、第三義的になり、「ユートピアの仮面」(utopia edifice) を剝がし、変革を求める役割との関連が強調される。[35] これは指摘するまでもなく、マキアヴェリ-ホッブズの「リアリズム」とは異質のものであり、筆者が「リアリズム」という言葉から連想する――権力政治・保守的・悲観的・経験的・現状維持志向――とは相当の径庭があると言わなければならない。問題点を一例だけ示せば、先に引用した「マキアヴェリ主義」の「歴史は因果関係の連続である」とか、「実践から理論が生まれる」という定式と、「近代のリアリズム」の特徴であるとする「決定論的傾向」とは相入れないのではないだろうか。私見を述べるなら、ごくありふれた表現であるが、「決定論」は多数の理論の中の一つの理論にすぎない。一つの理論で世の中の森羅万象を説明することは不可能である。マキアヴェリやホッブズの定式から、一つの抽象的理論を取り出すとはできない。彼らは、人間には欲望・嫉妬・怒りがあることを知っていた。[36]

E・H・カーは、第六章「リアリズムの限界」を設けているが、ここではカーの願望する「リアリズム」像が展開されている。マキアヴェリとマルクスの類似点を掲げ、マキアヴェリが『君主論』の最終章で「野蛮人からのイタリアの解放」を謳うこと、他方マルクスが「階級なき社会」の到来を予言していることの二点の共通点に着眼したカーは、ここに「リアリズム」とは無縁である「限定された目標」が提示・展望されているとして瞠目する。[37] 加えて、まず「一貫したリアリズム」が「建設的な行為や意義ある行為のための主張の拠り所になれなかった」[38]ということ、ついで「生粋のリアリズム」(pure realism) が「どんな国際社会も生存不可能な露骨な権力闘争をもたらすに過ぎない」[39]という問題点があること、以上の二点を指摘する。カーは「リアリズムという武器で現在のユートピアを破壊した後に、我々は自分自身の新しいユートピアを建設する必要がある。建設されたユートピアは後日同じリアリズムという武器と向かい合うことになるのである」と論理をすすめ、「政治は二つの要因から成り立っている。ユートピアとリアリティである」[40]と結論を下す。

今ここでカーが披瀝している「ユートピア」像は、カーが矯激な言葉を放ち非難した自然調和という「ユートピア」とは内容が異なっている。前者には、「理想」(ideal) を見出さんと模索し、後者には、背後に隠された「利害対立」があると論語する。良い子の「ユートピア」と悪い子の「ユートピア」が、カーの意識の中で混在していることは明らかである。「リアリズム」についても、E・H・カーは『危機の二十年』において三種――「近代のリアリズム」、「一貫したリアリズム」、「生粋のリアリズム」――を概念規定する。カーが「新しいユートピアの建設」を志向していることを汲めば、目標を認めない「一貫したリアリズム」には首肯できないものがあるであろう。国際秩序も成り立たないような権力闘争の存在を前提とする「生粋のリアリズム」にも、変革の可能性が見出せない以上、賛同できないであろう。「近代のリアリズム」こそ、E・H・カーの言はんとする「リアリズム」である。

2 計画経済への憧憬と国際政治観

カーは『ニューレフト・レヴュー』誌（一一一号、一九七八年九～一〇月）のインタビューの中で一〇月革命の意義ある成果が「資本主義的生産の主要指標たる利潤および市場の法則を拒み、公共の福祉の増進を目的とした包括的な経済計画とって代えることによってもたらされた(41)」と語っている。また、カーは『ロシア革命の考察』の中で、ロシア革命の歴史的意義を「意図をもって計画され遂行された歴史上最初の大革命」であったと評価したうえで、統制経済の役割を左記のように指摘する。

「一九一七年の革命は、政治活動によって組織された経済統制を通じて社会正義を樹立することをめざした歴史上最初の革命であった(42)」。

カーは、わが国で広く読まれている『歴史とは何か』の中で「計画経済」への鮮明な旗を掲げる。

「古典的経済学の法則で育てられた理論家たちは、計画というのは、そもそも合理的な経済的過程に対して非合理的な侵入をすることだと非難しています。……私としては、根本的に非合理だったのは、統制もなく組織もない自由放任の経済で、計画というのは、この過程に『経済的合理性』を導入しようという試みである、という逆の議論の方に共鳴するのです(43)」。

この旗幟鮮明な「統制経済」志向が、E・H・カーの国際政治観に、どのように反映されているのだろうか、また反映してきたのだろか。本章では、戦間期の国際関係が論じられ、分析されている『危機の二十年』および『平和の条件』[44]からひも解いていこう。なお、『ナショナリズムの発展』[45]にも受け継がれているが、本章では対象から外した。

『危機の二十年』の第八章「国際政治における権力」の中で、「自給自足」という項が設けられ、「自給自足は社会的に必要なものだけでなく、政治権力の手段でもある。それは戦争準備としてあらわれたのである」[46]と述べられ、暗に、古典派経済学者が政治的側面を考慮せずに想定した「それ自身の法則による自然経済秩序・調和」(a natural economic order with laws of its own)が批判されている。アダム・スミスが「航海条令・英国の帆布や火薬に対する助成金」を認容していることを記し、また米国財務長官ハミルトン、独国経済学者フリードリッヒ・リストが、安全保障上の見地から、製造業の保護を説いたという事実を例に上げている。[47]

カーは、第一次世界大戦時の「計画経済」について『ロシア革命の考察』の中で「現代における最初の多少とも完全な計画的国民経済は、第一次世界大戦の最中のドイツ経済であり、少し遅れてイギリスとフランスの経済が続いたのであった。ロシアで革命が勝利したとき、計画化の主張は、社会主義の教義とドイツの戦時経済の事例との双方に論拠を置いていた」[48]と記述し、ドイツの戦時経済の先駆的意義を強調している。カーにとって、国家総力戦であった大戦は、経済を政治から分けることの誤見を示すものであり、国内の不公平なる分配を社会主義的経済秩序への嚆矢となる意義を持つものであった。[49]付記しておくと、一九三〇年代の知識人、特に左翼陣にとって「計画経済」志向は顕著であった。[50]

カーの「計画経済」志向は、内政問題から国際関係への見方にまで影響がみられる。『平和への条件』の序で、ソビエトとドイツに対する親近感を表明する。

「ソヴェト・ロシヤ、程なくこれにつづいて、ファッシスト・イタリーとナチス・ドイツの三国は、『計画経済』のなかに、十九世紀の自由主義にとってかわる、二十世紀の新しい考え方を見つけだした。そしてこれらの三国は、主導権を手中ににぎり、ついには保守的な国々〔英・仏・米〕を強いて徐々に、いやいやながらもやむをえず彼等のあとにしたがい、彼等のしつらえた汽車にのりこまなければならないようにしむけてしまった」[51]。

「ソヴェト・ロシヤとナチス・ドイツとが事実上国内の失業者を一掃してしまったという事実は、現状に満足していた国々ではとうてい許されないような方法と犠牲の代価によってのみ、はじめてなしとげえたのだという竹篦《しっぺ》返しの言葉とともに、粗略に見すごされていた。……よしんば、多数のヨーロッパ諸国の年若い世代の大部分が、ソヴェト・ロシヤかナチス・ドイツのいずれかが、いまや将来への鍵をにぎったと信じるようになったとしても、それは現状に満足していた国々の政治的および知的指導者たちが、経済問題について何らの解答も用意できずに、もはや破綻が十分あらわになっている『過去への復帰』ばかりを提唱するのに反して、ソヴェト・ロシヤとナチス・ドイツのいずれもが、新原理にもとづいた新しい経済制度を発案して前途に希望のもてるような一つの見通しを説明しているからである」[52]（傍点引用者）。

懸案の失業問題を政府の統制によって解決したドイツとソ連に対するカーの羨望と期待は、経済問題解決の糸口を見出す「新しい原理」に基づく「新しい経済制度」という表現から窺える。付記しておかなければならないことは、当時イギリスが慢性な失業問題[53]に悩まれていたという事実である。さて、カーは「新しい制度」のなかに、「満足国家」（satisfied powers）が依然として解決の手掛りさえつかんでいない「将来への鍵」があると見なしている。E・H・カーのイギリス外交への提言が、ヒットラー・ドイツとの宥和政策にあった理由の一つには、ナチス計画経済に対する肩入れがあったことは、言うまでもないであろう。

戦後『ロンドンタイムズ』（*The Times*: London）でソ連寄りの論陣を張った(54)ことを斟酌し、また『西欧を衝くソ連』のページをめくれば、カーには、ソビエト、あるいはなんらかの形態の統制経済一般に対する憧れがあったことがわかる。一九世紀の自由放任主義経済を時代遅れの幻想と信ずるカーにとり、ヒットラーとスターリンは「計画経済」を実施に移し、闇夜の世界に光明を照す輝かしいばかりの星であったのである。このような見方が、イギリスの一知識人によってなされていたという事実に、筆者は注目しておきたい。

3　「持てるもの」と「持たざるもの」

前述したが、E・H・カーの英国の対外政策への提言は、いわゆる宥和政策であった。『危機の二十年』において、新しい国際秩序への道が模索、簡略に骨子を書けば、「持たざる国」と「持てる国」との間の利害対立を緩和するというものであった。

ところで、話頭を転じて、『危機の二十年』、『平和の條件』（一九四二年刊）は、まだドイツの敗北という事実が歴史になっていない時に著わされているがゆえに、後知恵に満ちた今日のまことしやかな通説とは視点の違った見地を提供してくれる。加えて、第二次世界大戦直前直後に書かれた著作を通して、一人の英国知識人が、どのように現状をみていたのか知ることは、戦争を資料とインタビューでしか知ることのできない筆者には、興味・知的好奇心が喚起される。と、ともに、知識人の持つ時代による拘束・限界に思いをいたさないわけにはいかなかった（そのことは筆者自身も何かにとらわれているということである）。

カーの提言は、今日から振り返れば、悪名高きヒットラー・ドイツとの妥協政策として批判を受けても余りある政策提言であった。屡々言われる批判に、優柔不断な英国の対独政策(55)こそが、ナチスの対外侵略を招いたというものがあるが、それは、一九三八年のミュンヘン協定やN・チェンバレン(Neville Chamberlain)の外交政策に対する戦後の不評が雄弁に物語っている。では、一体、同時代に生きた人々は、戦争という非常に高くつく代償を払ってまでも、武力の発動による解決を欲したのであろうか。チェンバレンの外交政策は誤りと断じ切れるのか。開戦に至る道程には、さまざまな岐路、輻輳した利害対立があったはずである。(56)カーの英国外交への提言は、今日の常識からすれば、「文明と理性」に反するものであったであろう。それゆえに、逆説的ではあるが、カーの提言は、こんな見方もあったのかという新鮮さと「知識人の限界」をわれわれに提示してくれる。

ところで、カーは戦争の危機が逼迫してくる国際環境の中で、どれほど深く将来を憂い、新しい国際秩序のあり方を追求したのであろうか。疑うことなく、カーは『危機の二十年』の中で、戦争を回避し、新しい国際環境を探求しているが、この背後になければならないモラル・バックボーンは、一体どういうものだったのか。具体的な政策提言は言うまでもなく、将来への展望の基盤となる哲学は一体どういうものであったのか。これが重要で、国際政治学者E・H・カーの真価・評価を決定づけるものである。カーの基本的な考え力は、現状維持することが自国の国益にもなる「満足国家」の側から、主に「自己犠牲」を行なうことにより、「不満足国家」との間に架け橋をかけるという構想であった。(57)『危機の二十年』の中で、カーは、イギリス・フランスの「譲歩」によりドイツと共存できる秩序形成が可能であることを説く。

「ギブ=アンド=テイクのゆき力は、現行秩序に対する挑戦に適用されねばならない。現行の秩序によって最も利益を得ている人々とて、結局は、この秩序では利益を得ることの最も少い人々にも、この秩序が耐えられるものとなるほどの譲歩をして、はじめて、この秩序を維持しうる希望をもつことができるのである(58)」。

同書のほかの頁を参照し、もう少し具象的に書けば、「特権国家」や「特権グループ」が享受している消費を減らすという「真の犠牲」を払うことにより、国家間・階級間の利害対立や争いを緩和するということである(59)。

当然つぎにここで問題となり浮上してくるのは、何によって「譲歩」はもたらされるのかという実際の問題である。紙の上や頭の中では解決できない問題である。カーは、チェコスロバキア国境変更を認めた一九三八（昭和一三）年九月のミュンヘン協定に触れ、この協定を「力の脅威」の落し子（the production of a threat of force）ととらえなおし、またリスアニアが渋々に国境の再開を認めた背景には、ポーランドの動員が惹起した「戦争の脅威」（a threat of war）が影響したことを指摘する。ここで『危機の二十年』の第一三章「平和的変革」から、「戦争の脅威」の役割について述べた箇所を引用しよう(60)。

> 「平和的変革の成果は、一般に有益であるとみとめられているが、戦争の脅威のもとにでなければ、効果をあげ得なかったのである。普通には、暗々裏にせよ、公然とにせよ、戦争の脅威は、国際的分野における重要な政治的変革の不可欠な条件と思われる」（傍点引用者）。

E・H・カーは、「力の脅威」、「戦争の脅威」があるがゆえに、現状維持国（status-quo-powers）が「譲歩」を行ない、その結果「平和的変革」（peaceful changes）が可能になったのだ（今後も然りである）と述べているのである。

「『平和的変革』の問題は、国内政治に関しては、いかにして必要な望ましい変革を、革命によらずに成しとげるか、ということであり、国際政治に関しては、いかにしてかかる変革を戦争によらずに成しとげるか、ということである」。[61]

ここで述べられているカーの思想から読み取らねばならないことは、国内政治と国際政治の結びつきである。カーに従うなら、「変革」や「政治的変革」は、「道義と力との妥協」をへて、獲得・達成されるものである。[62] 換言すれば、国内政治と国際政治のアナロジーは、「道義と力との妥協」という最大公約数により統合され、国内・国際政治がともに「平和的変革」に向かいうるということである。それでは一体全体「道義」と「力」は、国内政治と国際政治それぞれの場において、なにを意味しているのかということを把握しておかねばならぬ。

国内政治において、カーが「持てるもの」とするのは「資本家」であり、「持たざるもの」とするのは、「労働者」である。労働者のストライキや労使交渉を通して、資本家が譲歩して労働者の地位は向上し、境遇は改善される。[63] 資本家が譲歩を拒まなかったのは、「正義感」や「革命の危惧」が存在したためであるとされる。カーによれば「道義」の源泉・前提となるのは、「両者それぞれの立場の強さ弱さについて両者の側に的確な認識があることのほか、彼ら（資本家と労働者）の相互関係において正義と道理に関する共通の感情、互恵の精神、さらには潜在的な自己犠牲の精神すらが、ある程度存すること」[64]とされる。他力、国際政治の舞台では、「持てる国」とは、イギリス・フランス・アメリカであり、「持たざる国」とは、ドイツ・イタリア・日本である。カーに追従して要点を記せば、イギリスのような現状維持国が現状を守り通せば、「かたくなな保守主義が革命に終るのと同様に、結局戦争に終ることは確実であろう」[65]ということである。戦争は望ましくないゆえに、「持たざる国」が「戦争の脅威」に訴えれば「持てる国」は「譲歩」し、「平和的変革」は成就される、というのである。

E・H・カーが、激しい言葉を放ち伏魔殿であると指摘した国家間の利益調和という通念の欠点は、「力という要因のほとんど全く無視[66]」(the almost total neglect of the factor of power) にあったはずであるが、カーの唱える「平和的変革」では、なぜか「力」が、「持たざる国」が「譲歩」を得るためにだけ行使されている。鏡に実像と虚像の両像の対称性があるように、「持てる国」が「力」を用いて(あえて、最悪事態には、戦争を辞せずという覚悟で)「持たざる国」の過度な要求を拒むことにより、現存の国際秩序を維持する道も取りうる選択肢の一つとして残されていたはずである。「持たざる国」の跳梁はどこまで許せるのか。「持てる国」の譲歩はどこに最終ラインを引くのか。実際問題として見るなら(後知恵を活用するなら)、イギリスはドイツのポーランド侵攻の二日後の一九三九年九月三日にドイツに宣戦布告をしたではないか。アメリカは「持たざる国」に経済制裁を加え、日本軍の石油地帯侵攻を促したのではないか。ニュールンベルク裁判で、また東京裁判で、道義的責任を取ることになったのは、「持たざる国」ではなかったのか。

カーは『危機の二十年』執筆時には、武力行使に至らない「力の脅威」、「戦争の脅威」に誘発される現行秩序の革新に一種の望みを托した。しかし、熱い戦争突入後に上梓された『平和の条件』では、ヒットラーをナポレオンにたとえ、さらに「革命の申し子」と持ち上げ「ナポレオンの没落が封建制度の回復をもたらさなかったと同様に、ヒットラー主義を打倒しても、それが一九世紀の資本主義制度を回復することにはなりえないであろう[67]」と述べ、資本主義制度に反旗をひるがえすという側面からも、ヒットラーを評価する。カーは、変化する激流に揺られながら、現状を変革するという評価基準によって、価値判断を下しているのである。今日のヒットラー評価とつき合わしてみれば、カーの国際政治観は説得力に乏しい素朴な国際政治観であった。「戦争の脅威」が継続的に「平和的変革」をもたらさずに、ついに戦端が切られてしまったという事実に、結果論ではあるが、『危機の二十年』に説かれているカーの国際政治観は、展望の挫折・見誤りに直面した。私見を述べれば、カーは、第二次世界大戦の勃発時に己の学説と現実の世界との乖離を深刻に直視すべきであった。開戦後、ヒットラーをナポレオンにたとえるに至っては、性急軽率の譲りは免れないであろうし、カーの国際政治観のモラル・バックボーンに対して躊躇を禁じえないことも事実である。「持たざる国」のドイツの「戦争の脅威」が誘引する現行秩序の「平和的変革」に、新しい政治システムの創設を托していたことを今一度ここで想起すれば、開戦後、最小限、戦争に対して諦観することで、自説にこだわるべきではなかったのだろうか、と筆者は思うのである。E・H・カーは、最後に「平和」よりも「変革」を優先させたと言えよう。

これまで述べてきたことから、カーの国際政治観には、マルクス主義の影響が読みとれる。再び、一斑を挙げれば、アダム・スミスの説いた「利益調和理論」への反噬《はんぜい》や「計画経済」重要視にはっきりあらわれている。(68)

最後に、私見として述べておきたいことは、「持てる国」と「持たざる国」の共存による国際秩序形成の可能性を、カーの『危機の二十年』の読みを通して、考えてみたいということである。第二次世界大戦を必然とみなす安易な見方を排し、対立と協調による国際秩序への道は、なぜ取りえなかったのか、考え続けていきたいということである。一方で、このような見方が安易であることを筆者は十分承知している。相互依存が高まれば戦争の危機は減るという発想の限界は、日本が米国に石油を依存したにもかかわらず、真珠湾攻撃したという歴史的事実に見て取れる。国民が餓死しているのに、経済よりも政治を優先し、軍事を目指す国は現存しているではないか。独立国家でありたいと、国民投票すること自体に軍事力で威嚇する国があるではないか。何を正当とみるのか、何を正義と考えるのかを巡る、イデオロギー対立はなくならないであろう。

核戦争の脅威下に生きている今日、もはや過去になろうとしている「持てるもの」と「持たざるもの」の間の失敗した秩序形成を改めて模索することは、現在いかに、利害が複雑な国家間の中で、国際秩序をつくり上げていくのか、またそれに日本はどのように加わり、どのような役割を果たすのかということにつながってくる切実な問題であると、筆者は考えたい。(69)

（1）有泉貞夫「E・H・カーにおける歴史認識の展開」（『歴史学研究』二九六号、一九六五年一月）三五～四九頁。

（2）川田侃『国際関係概論』（東京大学出版会、一九五八年）。

（3）例えば、本格的なものに、次の解説がある。渓内謙「E・H・カー氏のソヴィエト・ロシア史研究について」（E・H・カー／塩川伸明訳『ロシア革命』解説、一九七九年、岩波現代選書二六）。

（4）筆者にはモーゲンソー論文とトンプソン論文が有益であった。

Hans J. Morgenthau, "The Surrender to the Immanence of Power: E. H. Carr", *Politics in the Twentieth Century*, Vol. III, *The Restoration of American Politics*, Chicago, University of Chicago Press, 1962, pp. 36-43.

Kenneth W. Thompson, "E. H. Carr The Immanence of Power as the Standard", *Masters of International thought - Major Twentieth-Century Theorists and the World Crisis*, (Baton Rouge and London Louigiana State University Press, 1980), pp. 67-78.

Whittle Johnston, "E. H. Carr's Theory of International Relations: A Critique", *The Journal of Politics*, Vol. 29, November, 1967, pp. 861-884.

Hedley Bull, "The Twenty Years' Crisis Thirty Years On", *International Journal*, Vol. XXIV, No. 4, Autumn 1969, pp. 625-638.

カーを評価している論文は次の通り。

Roger Morgan, "E. H. Carr and the Study of International Relations", C. Abramsky, ed., *Essays in Honour of E. H. Carr*, London, Macmillan, 1974, pp. 171-180.

（5）E・H・カー『歴史とは何か』（清水幾太郎訳、岩波新書、一九六二年）五五～五六、五八頁。

（6）E. H. Carr, *The Twenty Years' Crisis, 1919-1939: An Introduction to the study of International Relations*, London, Macmillan, 1939. なお、本章では、Harper Torchbooks, New York, Harper & Row, first ed. 1964. を使用した。引用および参考箇所の頁はすべてハーバー版による。但し、本文を翻訳から引用した際には、ハーバー版・翻訳書

双方の引用頁を記した。

E・H・カー『危機の二十年』（井上茂訳、岩波現代叢書、一九五二年）。

（7）E・H・カー『カール・マルクス』（石上良平訳、未来社、一九六一年）。

（8）E. H. Carr, *Michael Bakunin*, London : Macmillan, 1937.

（9）Kenneth W. Thompson, op. cit., p. 77.

（10）江口朴郎書評「『歴史とは何か』」（『新日本文学』一七巻七号、一八〇号）一五八頁。この書評およびこの点に触れた文献に次のものがある。前掲有泉貞夫「E・H・カーにおける歴史認識の展開」三五頁。合評会による座談会録「E・H・カーの著作をめぐって」（『ロシア史研究』一九七九年一〇月、三〇号、六一～八一頁、特に六六～六七、六九頁）。また、カーのマルクス主義的思考について言及している文献は、以下のものがある。

Whittle Johnston, op. cit., p. 868. Hedley Bull, op. cit., p. 630.

J・ルイス『マルクス主義と偏見なき精神』（真下・竹内・薩野共訳、岩波現代叢書、一九五九年）一四六～一四九頁。

（11）この点で示唆に富むのはレイモン・アロンの回想である。特に「6 破局への道」、「11 二〇世紀の戦争」である。レイモン・アロン『レイモン・アロン回想録1 政治の誘惑』（三保元訳、みすず書房、一九九九年）。

（12）E. H. Carr, *The Twenty Years' Crisis, 1919–1939*, pp. 61-62.

（13）*Ibid.*, pp. 39-40. 前掲『危機の二十年』五二頁。

（14）*Ibid.*, p. 42.

（15）*Ibid.*, p. 45, p. 83.

（16）*Ibid.*, p. 44.

（17）*Ibid.*, p. 47.

（18）*Ibid.*, p. 49.

（19）*Ibid.*, p. 62.

（20）*Ibid.*, p. 62.

（21）*Ibid.*, p. vii.

(22)　*Ibid.*, p. 103.

(23)　*Ibid.*, pp. 62-64.

(24)　*Ibid.*, p. 89.

(25)　*Ibid.*, p. 65.

(26)　*Ibid.*, p. 66.

(27)　*Ibid.*, p. 71.

(28)　*Ibid.*, p. 69.

(29)　*Ibid.*, p. 87.

(30)　前掲『マルクス主義と偏見なき精神』一四六～一四九頁参照。E・H・カー『西欧を衝くソ連』（喜多村浩訳、社会思想研究会出版部、一九五〇年）一七六頁参照。

(31)　E. H. Carr, *The Twenty Years' Crisis, 1919-1939*, p. 75.

(32)　*Ibid.*, pp. 67-68.

(33)　Kenneth W. Thompson, op. cit., p. 78.

(34)　J. E. Dougherty, R. L. Pfaltzgraff, *Contending Theories of International Relations*, New York, J. B. Lippincott, p. 7.

(35)　E. H. Carr, *The Twenty Years' Crisis, 1919-1939*, p. 89.
この点に関して、最初に鋭い批判を行なったのが、H・J・モーゲンソーであった。Hans J. Morgenthau, op. cit., pp. 625-627. Whittle Johnston, op. cit., pp. 862-63. 参照。Hedley Bull, op. cit., pp. 625-627. 参照。

(36)　D・リースマンと永井道雄の対談「近代国家の出発点」が示唆に富む。（『世界の名著　23ホッブズ』付録、中央公論社、一九七一年）。マイケル・オークショット「ホッブズの著作における道徳性」（嶋津格・森村進他訳『政治における合理主義』勁草書房、一九八八年）がすぐれたホッブズ論で、彼を現代に蘇らせている。カーのホッブズの読み方はオークショットの深い含蓄とは対照的に表面的である。

(37)　E. H. Carr, *The Twenty Years' Crisis, 1919-1939*, p. 90.『カール・マルクス』一一五頁で、カーは記述している。

(38)「彼〔マルクス〕は、或る限定された目的（終局）に達する進歩を欲した」。
(39) *Ibid.*, p. 92.
(40) *Ibid.*, p. 93.
(41) *Ibid.*,
(42) E・H・カー「ロシア革命と西欧」（富田武訳、『経済評論』二八巻八号、一九七九年八月）一〇三頁。
(43) E・H・カー『ロシア革命の考察』（南塚信吾訳、みすず書房、一九六九年）一六、二二頁。
(44) 前掲『歴史とは何か』一二〇頁。
(45) E・H・カー『平和の条件――安全保障問題の理論と実際――』（高橋甫訳、建民社、一九五四年）。戦時中に、アメリカで出版された。
(46) E・H・カー『ナショナリズムの発展』（大窪愿二訳、みすず書房、一九五二年）。
(47) E. H. Carr, *The Twenty Years' Crisis, 1919-1939*, p. 121.
(48) *Ibid.*, pp. 121-22.
(49) 前掲『ロシア革命の考察』二〇頁。
(50) E. H. Carr, *The Twenty Years' Crisis, 1919-1939*, p. 121. カーは『新しい社会』（E・H・カー／清水幾太郎訳、岩波新書、一九五三年、五七頁）で次のように書いている。「資本主義制度の歴史的発展によって統制経済や計画経済が必要になった以上、また、戦争のための計画という一時的な便法が時代遅れになってしまった以上、社会主義を目的とする計画だけが残された道となるのであります。」
(51) 関嘉彦『イギリス労働党史』（社会思想社、一九六九年）二三三〜二四四、二六五〜二六六頁参照。小林清一「ニューディールとイギリス労働党」（河野健二編『ヨーロッパ――一九三〇年代』岩波書店、一九八〇年）二一三〜二四三頁参照。
(52) 前掲『平和の条件』一七頁。
(53) 同前、一七〜一八頁。
(54) 見方雅俊「二つのイギリス――三〇年代イギリス社会経済史への再検討――」（前掲『ヨーロッパ――一九三〇年代』

一七八～二一二頁参照）。原田聖二「両大戦間イギリスの失業と経済回復」（社会経済史学会編『社会経済史学の課題と展望』有斐閣、一九八四年）一三四～一四二頁参照。

（54）Kenneth W. Thompson, op. cit., pp. 67-68. カーの略歴が要領よくまとめられている。

（55）R・ブレーク著『英国保守党史』（早川崇訳、労働法令協会、一九七九年）二八〇～二八七頁。

（56）通説のヒットラー観の修正を迫ったA・J・P・ティラーの業績が示唆に富む。例えば、『第二次世界大戦の起源』（青田輝夫訳、中央公論社、一九七七年）。

（57）Hans J. Morgenthau, op. cit., p. 38. 参照。Hedley Bull, op. cit., pp. 626-627. 参照。

（58）E. H. Carr, *The Twenty Years' Crisis, 1919-1939*, p. 169. 翻訳『危機の二十年』二三〇頁。

（59）*Ibid.*, p. 237.

（60）*Ibid.*, p. 216. 前掲『危機の二十年』二八三頁。

（61）*Ibid.*, p. 209. 同前、二七五頁。

（62）*Ibid.*, p. 209.

（63）*Ibid.*, p. 214. W. Johnston, op. cit., p. 866.

（64）E. H. Carr, *The Twenty Years' Crisis, 1919-1939*, p. 220. 前掲『危機の二十年』二八七頁。

（65）*Ibid.*, p. 222. 同前、二八九頁。

（66）*Ibid.*, p. vii. 注（19）もみよ。

（67）前掲『平和の条件』三四～三六頁。

（68）注（10）をみよ。K. W. Thompson, op. cit., p. 77. W. Johnston, op. cit., p. 868.

（69）R・アロンやD・リースマンの諸々の著書に示唆され、教えられるものが大であった。アロンの言葉を引いておこう。「一九三八年十月にヒットラーの存在がなければ、ドイツは欧州大戦も、そしてそれにつづく世界大戦も起こすことはなかっただろうということだけだ」（前掲『レイモン・アロン回想録』一六二頁）。

第10章　日独伊三国同盟——松岡四カ国同盟構想説への疑問——

はじめに

これまでの通説では、日独伊三国同盟の目的が日独伊ソ四カ国同盟にまで発展させることにより、日本の対米開戦を防止するのが松岡洋右外務大臣の真のねらいであったと解釈されてきた(1)。この四カ国構想説が一世を風靡し、以来今日に至っても本格的な反論は提起されずにいる。もしこのような松岡構想があったとするなら、三国同盟条約締結前後に、松岡構想を裏づけうる資料を見出せるはずである。とりわけ対ソ認識や交渉方針に関する文書において、関連資料が存在していなければならない。松岡外相ではなく近衛文麿首相の構想であったにしても、根拠になりうる記録がなくてはならない。しかし、意外にも、関連資料を博捜しても、四カ国構想（協商、同盟）を裏づける一次資料が残存していない。長年疑問を抱いてきた筆者を納得させる史・資料は見出せなかった。多くの研究者は自分の所説に合致するような部分を引用し、同一資料の中にある正反対の結論を示唆する箇所を提示していない。たとえ提示してあっても、已れの所説を覆す資料とは微塵もみなしていないし、論文自体の整合性を崩す資料とはみなしていない(2)。

かかる研究状況を念頭に置き、筆者は、四カ国構想への反証となる資料を提示し、説得力ある疑義・疑念を投じたい。四カ国構想の学説が広く支持を得ているほど、疑問を投げかけることが、本章の課題として、有意義となる。それにより定説からの拘泥を取り除き、この図式に束縛されない歴史解釈の可能性を提示できるからである。また、これまで四カ国構想説を唱えた研究者からの真摯な学問的反論を期待しておきたい。これまでに根拠として使用された一次資料については、本文中で、資料批判を加えてある。筆者があげた資料や論点を再批判し、四カ国構想を裏づける根拠や資料を示し、争点を明確にした論争を期待したい。そのことにより昭和史の理解が深まり、新たな課題が生じると考えるからである。

ところで、マックス・ウェーバーが理念型という概念を考えた際、研究者の問題意識によって、歴史解釈は変化するという立場を貫いた。同時に資料の因果関係の厳密さをきびしく要求した。(3) 筆者は、ウェーバーに倣い、この論文を書く際、資料の因果関係・資料の信憑性・論証の三点には留意したことは明記しておきたい。(4) 研究者の果たさねばならぬ責務である、と考える。

さて、日独伊三国同盟は敗戦後日米戦争に導いた原因とされ、加えて極東国際軍事裁判やニュールンベルク国際軍事裁判において「共同謀議」(5)の結実とされた。また、敗戦後、日独伊三国同盟が対米戦争を導いたかのような論調が広く信じられた時期があった。それゆえこの種の批判を意識した回想録が出版され、自ずと論調はこの種の論調を意識した弁明に陥る。典型的な書き方は、日米戦争を避けるために、三国同盟を結んだという弁解の仕方である。一斑を示せば、代表的なものに、外務次官であった大橋忠一氏の『太平洋戦争由来記』(6)（一九五二年）や外務省顧問の斎藤良衛氏の『欺かれた歴史――松岡と三国同盟の裏面』(7)（一九五五年）がある。本章の問題意識に関連させて一言すると、斎藤氏は日独伊ソ構想があったという内容を繰り返し書き、一方大橋氏は一カ所ではっきりと述べているだけである。斎藤氏の『欺かれた歴史――松岡と三国同盟の裏面』はじめ回想記をよりどころに、四カ国構想の根拠とするのは、研究書としては、実証の不備である。周知のように、敗戦により、コペルニクス的な価値観の変化（価値観の座標軸の回転）があったからである。なお、斎藤氏には、敗戦後、外務省の資料を閲覧しながら書いた「日独伊同盟条約締結要録」[8]がある。そこで筆者は本章では資料の書かれた時期を念頭に置き、当時の記録である日記・書簡・外交資料の一次資料に準拠し、対ソ関係という視点を中心に据え、三国同盟締結時の対ソ認識をはっきりさせておきたい。この試みは冒頭で提起した疑問符を解明するために、避けられぬ作業である。外交史研究で著名な細谷千博氏は論文「三国同盟と日ソ中立条約（一九三九年〜一九四一）」の中で「松岡外相の大構想」というものの存在を強調しているが、結論を先に述べると、筆者は賛成できない。細谷氏の描いた松岡の「大構想」の要諦は次の一文に凝縮されている。この構想は、よく読めば、近衛手記の内容をほぼ踏襲している。以下細谷論文を批判しながら、争点を明確にしていく。

「松岡の胸奥に秘められていた『大構想』とはほぼ次のような輪郭のものであった。まず三国同盟の成立をはかる。次にこの同盟の威力をかりて日・独・伊・ソ四国協商の実現をはかる。その際、とくにドイツのもつ『対ソ影響力』を活用して、ドイツをして日ソ国交調整に斡旋の役割を担当させる。さらに『四国協商』が成立すれば、この提携の力の威圧を利用して対米交渉に乗出し、諸懸案の妥協をはかると同時にアメリカをしてアジアおよびヨーロッパでの干渉政策から手を引かせ、同時にこれらの地域での平和回復に共同努力することを約束させる。なお、この間三国同盟および四国協商の力で米英を牽制して、日本の南進政策を推進する。こうしてヨーロッパ・アジア・アフリカで四国間に生活圏を分割し、世界新秩序を樹立する」[9]。

論文全体の疑問点を掲げておこう。

第一に「国交調整」と「四国協商」を結びつけられるのかという点。

第二に、「国交調整」とは何であったのかという点。[10]
第三に、残された資料から松岡の対ソ認識（大構想）をどうみるのかという点。

細谷氏の大胆な仮説には敬意を表したいが、細谷解釈にこの疑問点が残り、私は従えない。上の三点を意識しながら、細谷氏の論文をぜひ読んでいただきたい。ほかにも、細谷氏の論理展開の問題点は一次資料と二次資料の区別が厳格に行なわれず、曖昧である点にも見出せる。単刀直入に言えば、重要な結論が回想で根拠づけられている。[11]筆者は、この点に研究者としての責務を果たしていないと感じた。一九五六年に上梓された青木得三氏の『太平洋戦争前史』[12]や一九五三年に刊行された服部卓四郎氏の『大東亜戦争全史』[13]には四カ国構想というような見方は示されていない。それゆえ、当時としては斬新であった細谷氏の着想の価値・学問的意義があるわけである。しかし細谷氏の研究を批判せずに、むしろ細谷説を強調することで新鮮さをアピールする方向の研究が相次いだ。三宅正樹氏は力作『日独伊三国同盟の研究』（特に第8章）の中で、四カ国構想を肯定的に評価した研究を世に問うている。たとえば、「ここに、三国同盟成立に際しての日本側の主観的意図としての『日独伊ソ四国協商の幻想』の存在は、ますます疑いをはさみ得ぬものになったといえよう」[14]という記述があるが、独ソ開戦のときなぜ松岡は対ソ一撃論を主張したのかを考えただけでも不自然なことは明らかである。なお、三宅氏や義井博氏が指摘している、[15]四国同盟はドイツ側でも検討していたという説は、本章では取り上げない。さて、外務次官を歴任した大橋忠一氏は清瀬一郎氏に宛てた「昭和二二年一〇月一二日」付書簡において次のように書いている。[16]

「それなら何の為の渡欧かと云うに夫れは近衛メモアールにあるように日独蘇の接近工作が実質的の目的であり訪独は刺身のツマであったのです。其の次には米国に飛んで行って彼が年来志していた米国有史以来のポリチシャン、ルーズベルトを向うに回して日米問題日支事件を一挙に解決する腹であったのです」（傍点引用者）。「近衛メモアール」に言及しているが、内容から近衛手記の影響を受けていることが読み取れる。この書状から、松岡洋右弁護の方向性を見出せる。つまり、㈠日独だけではない、㈡日米問題解決、この二点が言いたいことである。この書簡が示唆することは、日独伊ソ四カ国同盟説の発信源である近衛手記の資料批判することの大切さということである。なぜなら、情報量が限られている当時、直接間接に影響を受け、近衛手記に添った形をとりながら筆を進めているからである。加えて、研究論文にも多数引用されているからである。問題なのは、無批判に引用され論拠とされていることである。回想と一次資料は区別して明示するか、研究者が検証したうえで、使うべきである。「四カ国構想の有無」が本章の課題である以上、近衛手記[17]に対する資料的な検討は避けて通れない。後段の「2　近衛手記への疑問」の中で、資料批判に紙数を割きたい。

1　日独伊同盟締結への再始動

突如締結された独ソ不可侵条約によって、対ソ軍事同盟を主眼においたいわゆる第一次三国同盟をめぐる議論は終止符を打ち、一九三九年八月二二日の平沼内閣の総辞職という結末とともに、日独交渉は終焉した。駐独大島浩大使は引揚げを命じられ、日独関係は冷却期を迎える。ドイツの日本に対する背信行為は明らかで、リッベントロップ（Von Ribbentrop）外相の胸中は一体どうであったのであろうか[18]。

さて、日独伊三国同盟への再始動である端緒は、一九四〇（昭和一五）年七月一二日および七月一六日に開かれた陸軍省・海軍省・外務省の会議である。「日独伊提携強化ニ関スル陸海外協議議事録」および「日独伊提携強化ニ関スル陸海外三省係官会議議事録（その二）」の二つの記録により「日独伊提携強化案[19]」の作成経過・意図が明らかにできる。のちのちに作成される文書は、この「陸軍外三省係官会議議事録」の討議内容が盛り込まれながら進展していく。出席者は次の通り。

七月一二日
陸軍省　高山中佐
海軍省　柴中佐
軍令部　大野大佐
外務省　安東課長　石沢課長
　徳永事務官

七月一六日
陸軍省　高山中佐
海軍省　柴中佐
参謀本部　種村少佐
外務省　安東課長　石沢課長
（中座）　田尻課長　徳永事務官

安東義良欧亜局第一課長は「試案」を、「審議シテ皆様ノ御意見ヲ伺イタイ」と述べ、案の説明を簡潔明瞭に行った（全文引用）。

「本案ハ独逸カ何レニセヨ英国ヲ屈服セシメ欧州及亜弗利加ニ於ケル覇権ヲ掌握シ欧州亜弗利加ニ新秩序ヲ建設スルコトヲ前提トシテ日独提携ヲ強化センコトヲ目的トスルモノデアル　日本ニトリ重要問題タル対蘇問題ニ付テハ独逸ト結ンデ蘇ヲ牽制セントシ又最近米蘇ノ提携ノ傾向ナキニシモ非ザルコトガ伺ハレルガ日独提携ヲ以テ之ヲ牽制セントスルモノデアル。

日独提携ノ限界ニ付テハ案ノ中ニアル如ク現在ノ日本ノ国内情勢特ニ経済状態ニ鑑ミ又蘇及ヒ米トノ関係ヨリ見テモ参戦ヲ避ケルヲ賢明トスル（此ノ点ニツキ陸海軍トシテノ意見ヲ求メタル処陸海トモ全然同意ノ旨意志表示シタリ）而シテ参戦ニ至ラザル限度ニ於テ最大限ノ提携ヲ計ラントスルモノデアル」（傍点引用者）。

安東課長は「本件ハ急速ニ運ブ事ヲ最モ緊急トスルニヨリ三省ニ意見マトマラバ之ヲ上ニ提出シ直チニ国策トシテ之ヲ実行ニ移スコトトシタイ」と述べ、説明を締めくくった。

この討議記録から読み取れることは、新秩序における仏印・蘭印の位置づけや対ソ関係および対米関係に関心が払われていることである。本章の課題である「四カ国構想有無」との関連から、ソ連に対してどのような認識がなされているのか、みていこう。安東課長は以下のように説明した。本章の論旨に照らせば、大事な点はこの説明から日独伊ソ同盟（協商）を引き出せるかどうかという一点である。ノモンハンで日ソ両国の衝突が前年にあった影響も読み取れる。

「(二)ノ対蘇関係ニ付テデアルガ現在ノ所デハ日独双方トモ蘇連ト平和ヲ維持スルコトヲ有利トスルニ於テハ同ジデアルガ戦争終了後ニ於テ独逸ガ対蘇関係ヲ如何ナル方向ニ向ケルヤ今ノ所断定ハ出来ナイ併シ乍ラ日独双方共対蘇関係ニ於テハ同ジ立場ニ立ツカラ今カラ独逸トノ間ニ何等カノ取極ヲナスコトモ必要デアル併ン目下ノ

所独逸ニトリ対蘇関係ハ機微ナル点ガアリ日本ニ対シテ本当ノ腹ヲ割ラヌコトモアリ得ル依ツテ場合ニヨツテハ後段ヲ『ドロツプ』スルモ可デアル」（傍点引用者）。

「現在」は「平和ヲ維持」であるが、「戦争終了後」は「断定ハ出来ナイ」とあり、ドイツの意向を探り、「何等カノ取極」を結びたいということである。それゆえ、ここから「日独伊くわえましてソ連」を引き出すのは無理である。本協議をたたき台にして、外務省がすすめた、「日独伊提携強化案[20]」（七月一二日、七月一六日）では左記のような対ソ策が盛られた。なお、この部分については七月一二日案のままであり、修正や加筆はなかった。

「日独両国ハ『ソ』連トノ平和維持ニ協力スルコト万一其ノ一方カ『ソ』連ト戦争状態ニ入ル場合ニハ他方ハ『ソ』連ヲ援助セサルノミナラス右ノ場合及日独両国ノ一方カ『ソ』連ノ脅威ヲ受クル場合両国ハ執ルヘキ措置ニ関シ協議スルコトトス」。

「何等カノ取極」という表現は、ソ連が脅威の対象とみなされていることを示している。それゆえ「万一其ノ一方カ『ソ』連ト戦争状態ニ入ル場合」も想定されているのである。「日独伊提携強化案」に盛られた対ソ認識は、ほぼ原形をとどめながら踏襲されていく。確認しておこう。一九四〇年七月一九日の「荻窪会談覚書[21]」では「対蘇関係ハ之ト日満蒙間国境不可侵協定（有効期間五年乃至十年）ヲ締結シ且懸案ノ急速解決ヲ図ルト共ニ右不可侵協定有効期間内ニ対蘇不敗ノ軍備ヲ充実ス」とある。国境確定そして不可侵条約が話題に上り、対ソ不敗の軍備まで言及された。次に「日独伊枢軸強化に関する方針案[22]」（九月六日四相会議、九月六日連絡会議）を瞥見すると、先に述べた三省係官会議の成果が文書で結実してくる。軍事同盟交渉の方針は次の通りである。

「皇国ト独伊トハ世界新秩序建設ニ対シ共通的立場ニ在ルコトヲ確認シ各自ノ生存権ノ確立及経綸ニ対スル支持及対英対蘇対米政策ニ関スル協力ニ付キ相互ニ了解ヲ遂ク」(傍点引用者)。

また、「日独伊提携強化ノ基本トナルベキ政治的了解事項」の「三」には次のように書かれている。

「日本及独伊両国ハ『ソ』連トノ平和ヲ維持シ且『ソ』連ノ政策ヲ両者ノ立場ニ副ハシムル如ク利導スルコトニ協力ス(尚独伊ト交渉ノ際先方ニ希望アルコト判明シタルトキ、右ニ外更ニ日本又ハ独伊ノ一方ガ『ソ』連ト戦争状態ニ入ル危険アル場合ニハ執ルヘキ措置ニ関シ協議スルコトニ付テモ了解ヲ遂クルコトトス」(傍点引用者)。

以上の文章は、三国同盟締結前であるが、条約締結後の一九四一年二月三日の連絡会議決定「対独、伊、蘇交渉案要綱」[23]の「第六項」では左記のように記述されている。対ソ認識の継続性に刮目したい。なお、本章の注(36)に要綱の概略を記しておく。

「六、独、伊特ニ独ハ蘇聯ヲ牽制シ万一日満両国ヲ攻撃スルカ如キ場合ニハ独、伊直チニ蘇聯ヲ攻撃ス」(傍点引用者)。

このように日本側文書を瞥見するかぎり、松岡訪欧直前においてさえ、「対ソ戦」ということが考慮されていることがわかる。「第六項」については、これまでほとんど注目されてこなかった。その一方でこの連絡会議決定の第一項にある「蘇聯ヲシテ所謂『リッペ(ベ)ントロップ』腹案ヲ受諾セシメ右ニ依リ同国ヲシテ英国打倒ニツキ日、独、伊ノ政策ニ同調セシムルト共ニ日、蘇国交ノ調整ヲ期ス」という箇所は敬意を表され、引用される、ということである。当然問題となり浮き上がってくるのは、第六項を「リッベントロップ」腹案との関係でどう読むのか、どう解釈するべきなのか、という疑問である。いずれにしろ、「松岡の『大構想』」への反証であることは確かである。近衛手記でも「リッベントロップ腹案」(24)が出てくるので、ここでは問題の重要性を喚起し、第2節であらためて切り込むことにする。ところで、注(25)にヨーロッパの混乱を受けた、蘭印・仏印に関する議論も記した(25)。

2 近衛手記への疑問

この章では、近衛手記「三國同盟に就て」を検討したい。近衛手記の一部は朝日新聞に掲載され、その後の歴史像形成に影響を及ぼした。当時頼るべき資料が希少であったがゆえに、反響は大きかった。当時衆目の関心を集めていたことは、『平和への努力』(26)・『失はれし政治』というタイトルで出版されたことから窺える。また、この回想記は、要職にあった人が回想を書く際に参照されているために、情報の出所が近衛手記ということが頻繁に見られる(27)。それだからこそ、昭和史の研究において、近衛手記の資料批判が重要な意義を有してくる。本章に関していえば、前述した大橋忠一氏の書簡からもその影響の大きさの一端が窺える。初めに、近衛手記はいつ、誰が書いたのか押えよう。「極東国際軍事裁判速記録」の牛場友彦氏の証言(28)(一九四七年六月一三日)によれば、一九四五年五月六日に近衛が書き下し、伊藤述史・牛場友彦・他二〜三名に意見を求めて、修正し、タイプして、配布したとあり、「之を作られる動機は当時世間では日独伊三国同盟が米英との戦争原因である旨論ずる者もありましたので事の真相は必ずしもそうではない事を証明し反駁する為に書かれたものであります」と、公表の目的を「戦争原因」への反駁であるとしている。

公表された、近衛文麿「三國同盟に就て」は、近衛文書の墨筆原稿と照し合せると、実際には修正はわずかしか行われていないので、近衛が書いたとみなしてよい。では、内容を検討しよう。

「独逸崩壊といふ重大事実に直面し、一部には三国同盟締結に対する責任を云々するものあるやに聞く。仍ちこゝに余の所見を述べて置きたいと思ふ。

余は今以て三国同盟の締結は、当時の国際情勢の下に於ては止むを得ない妥当の政策であつたと考へて居る。即独逸と蘇聯とは親善関係にあり、欧州の殆ど全部は独逸の掌握に帰し、英国は窮境にあり、米国は未だ参戦せず、かゝる状勢の下に於て独逸と結び、更に独逸を介して蘇聯と結び、日独蘇の連携を実現して英米に対する我国の地歩を強固ならしむることは、支那事変処理に有効なるのみならず、これによりて対英米戦をも回避し、太平洋の平和に貢献し得るのである」。

「然しながら、昭和十五年秋に於て妥当なりし政策も、十六年夏には危険なる政策となつたのである。何となれば独蘇戦争の勃発によりて日独蘇連携の望は絶たれ、蘇聯は厭応なしに英米の陣営に追込まれてしまつたからである」。

「三国同盟の前提たる日独蘇の連携は最早絶望である。……蘇聯を対象とする三国同盟の議を進めながら、突如其相手蘇聯と不可侵条約を結びたることが、独逸の我国に対する第一回の裏切行為とすれば、蘇聯を味方にすべく約束し、此約束を前提として三国同盟を結んで置きながら、我国の勧告を無視して蘇聯と開戦せるは、第二回の裏切行為といふべきである」（傍点引用者）。

「即ち日独蘇の連携も最後の狙ひは対米国交調整であり、其調整の結果としての支那事変処理であつたのである」。

以上の回想(29)は、要するに、対米戦は避けようとしていたということ、そのために日独ソの連携という視点から対米戦を回避するために日独伊三国同盟を結んだということ、の二点を主張している。独ソ開戦によって、近衛の思いは無に帰したということが述べてある。他面、ドイツを批判することで、自己正当化を試みているとも読める。独ソ開戦は世界情勢を不安定にし、わが国もその渦中に放り込まれた。近衛手記の通り、独ソ開戦は日米関係悪化の素地を作ったことは事実であろう。一九四三年三月一八日に近衛は小林躋造海軍大将に次のように語る(30)。「独蘇戦が始まつた時、之を機会に三国仝盟からの離脱乃至修正と云つた話もあつたが、松岡の訪独直後の事でもあり遂に具現しなかつたが、今になつて考へると、ソレが出来とれば日米戦争は起らなかつたのだがナア」。また、深井英五『枢密院覚書』の「日米交渉に関する近衛文麿公の直話(31)」によれば、一九四四年六月八日、八日会の席で、次のように述べている。ここでも「リッベントロップ腹案」に言及している。

「日独伊同盟条約は日独ソを連結して英米に当るの趣旨を以て成立せるものなり。独逸は欧州に勢力を張り、ソ連は印度方面に進出し、日本は東亜に発展するを期すと独逸側は言へり。其の時独逸は独ソ関係の親善濃厚なることを切言せり。然るに其の数カ月にして独ソの関係悪化し、終に両国交戦状態に入れり。日独ソの固き連結を以てせば、米国の参戦を阻止し得たるならん。我方の狙ひは此にありしなり」（傍点引用者）。

以上の近衛の回想は日本の戦況が芳しくない時期になされたものであるから、一九四三～四四年頃の近衛の心象風景をあらわしていると言える。ところで、戦争や戦況を意識する必要のない時（一九四〇年末から一九四一年はじめ）に近衛が書いた推定できる『新秩序建設の歴史と現状』[32]では、日本の東亜新秩序、独伊の欧州新秩序とを結びつけるものが、三国条約であると位置づけられている。「新秩序により世界平和を確保せんとする点に於て完全に一致するのである」と書いている。しかしこの著作ではソ連の役割には一言も言及されていない。この近衛文書にある原稿『新秩序建設の歴史と現状』から理解できることは、一九四〇年末の時点では、日独伊ソという同盟構想は片鱗を見出せず、新秩序という点が力説されているということである。

参考までに近衛手記で書き消された箇所を記す[33]。

「独ソ不可侵条約成立後ニ於ケル独ソ親善関係ヲ更ニ日ソ関係ニ拡大シテ日ソノ国交調整ヲ図リ出来得レバ進ンデ日独伊ソの四国連携ニ迄持ツテ行キ之ニ依リテ英米ニ対スル日本ノ地歩ヲ強固ニシ以テ支那事変ノ処理ニ資スルコト是デアル」。

この書き消されたところから、ドイツが当時独ソ不可侵条約を結んでいたことも念頭にあった可能性がある。問題はなぜ書き消したのかということであるが、「独ソ不可侵条約」や「国交調整」という意味が強まれば、マイナスのイメージを与えると判断されたのであろう。当然、「国交調整」とは具体的に何であったのか、明確にしなくてはならない。とりわけ「国交調整」は「四国連携」に結びつけていいのかという点は、解明しなければならないが、この問題は後段の第3節で取り上げる。

近衛は「日独ソ連携の方向に向かって進んで居た」ことの証拠として「リッベントロップ腹案[34]」を揚げているが、日独双方の外交文書を見る限り、一九四〇年九月の時点でわが国に伝達されていたという痕跡を見出せない。管見の範囲では、外務省外交史料館では見つからなかった。防衛研究所戦史部図書館所蔵の参謀本部第二〇班第一五課の資料「対独、伊、蘇交渉案要綱[35]」によれば、この資料は「十六年一月六日」付となっている。『杉山メモ　上』では、一九四一年二月三日の連絡会議で決定された「対独、伊、蘇交渉要綱」の中で初めて「リッペ《ママ》ントロップ腹案」は登場する[36]。一九四〇年九月一九日の御前会議では「リッベントロップ腹案」という言葉は使用されていない。このように調べると、日独伊三国同盟締結時に「リッベントロップ腹案」なるものが日本政府に伝達されていた可能性は低いと考えるのが普通であろう。当然、第二に考えておくべきことは、「リッベントロップ腹案」は日独伊ソ連携という内容を本当に有していたのか、ということであり、他方日本もそのような認識で「リッベントロップ腹案」を捉えていたのだろうか、ということである。「リッベントロップ腹案」には勢力範囲の分割が書かれている。ソ連はイギリスの勢力範囲のイラン・印度方面が与えられているが、到底スターリンやモロトフが受け入れられるような内容ではない[37][38]。ここにある「平和ヲ維持」、「一方カ蘇聯ト戦争状態ニ入ル危険」という表記が示すように、対ソ政策というものが意識されていたことは明白である。ソ連から見れば、日独伊による勢力確定つまり「両者共通ノ立場ニ副ハシムル如ク利導スルコトニ協力ス」（日独伊提携強化ニ関スル件」七月三〇日案）という役割がソ連に与えられたということである。この枠組みの範囲なら「平和ヲ維持」ということである。後知恵を使えば、これは後日のベルリン会談（一九四〇年一一月）で独ソ関係が修復不可能に陥ったことからも窺えることであるが、ソ連には許容できないものであった。ソ連の立場に立って考えるなら容認できない日独の勝手なとりきめに思えたであろう。

「対独、伊、蘇交渉案要綱」を読めば、日ソ間には国境を接していることから生じる利害対立があったため、「日蘇国交調整」の課題として六事項が掲げられている。これは日独間には国境がないのに対して、日ソ間には国境が存するという非対称性に起因するものである。とりわけ北樺太の売却・漁業交渉は日ソ間の争点であったこともわかる。この要綱では、すでに引用した「六、独、伊、特ニ独ハ蘇聯ヲ牽制シ万一日満両国ヲ攻撃スルカ如キ場合ニハ独、伊、直チニ蘇聯ヲ攻撃ス」という文は目につくが、近衛は忘却していたのだろうか。この要綱は一九四一年二月三日に連絡会議で決定されているのであるから、近衛首相も列席していたはずである。近衛手記との整合性は認められず、近衛回想が正しければ、「英国攻撃にソ連を加える」とか「いざ有事の際には日独でソ連を攻撃する」というような趣旨の内容は盛られないはずである。矛盾といえよう。

3　スターマー来日と三国同盟締結

『木戸日記　下』より一九四〇年九月一二日に近衛首相の発言を記す[39]。

「最近独乙よりスターマー来朝、既に松岡外相と三回会見す。矢張、軍事同盟を含む提案なり。四相会議にて協議したるに、陸軍は直に同意したるも、海軍は研究したしとのことにて、数日中に連絡会議を開く筈なり。今度は数十回の会議を重ぬる訳には行かぬので、何とか決定しなくてはならぬと思ふ云々」（傍点引用者）。

近衛首相の見方「何とか決定しなくてはならぬと思ふ」が披瀝されていて、興味深い。近衛首相が賛成に傾いている様子が窺がえる。さて、スターマー（Heinrich Stahmer）の来日経緯について一瞥を加えよう。「日独伊三国条約締結ニ関スル外務大臣説明案」[40]（枢密院審議会、九月二六日）によれば、「本大臣ハ七月下旬、現内閣ガ成立致シマシテ以来、独伊トノ政治的提携ヲ強化シタイト思ヒマシタガ」とあり、「本大臣ハ八月一日オット大使ヲ御茶ニ招キテ、枢軸強化ガ我朝野ヲ通ジテノ傾向ナルハ貴大使モ御承知ノ通リデアルガ」と語ったうえ、「独モ亦日本トノ提携ノ可否ヲ決スベキデアルト結論シ」左の三点を質問し、さらに「大東亜圏」、「日ソ関係」、「日米関係」について、ドイツの意向を質した。松岡外相は「至急ヒトラー総統リッペンツロップ《リッベントロップ》外相ニ加電シテ、其返事ヲ得ラレタシ」と、オット（Euger Ott）大使に告げた。

一、大東亜圏ニ対スル前述ノ日本ノ理想実現ニ付独逸ハ如何ナル態度ヲ執ルカ、如何ナル事ヲ以テ日本ヲ助ケ得ルカ又助ケル考ナルカ、又コノ圏内ニ於テ独逸ハ何ヲ求ムルカ

二、日ソ関係ニ就キ独逸ハ如何ニ考フルカ、又何ヲナシ得ルカ

三、日米関係ニ付キ如何ニ考フルカ又何ヲナシ得ルカ

日本とドイツとの交渉において、ここで持ち出された日ソ関係・日米関係（本論では割愛する）はどのように展開したのであろうか。九月二六日に開かれる枢密院審議会ために外務省が作成した「日独伊三国条約締結ニ関スル外務省大臣説明案」（甲、経過、極秘）によれば、対米関係（第三条）・対ソ関係（第五条）について次のように記されている。

「第三条ノ中『現ニ欧州戦争又ハ日支戦争ニ参入シ居ラザル一国ニ依リ攻撃セラレタルトキハ云々』ノ一国ト申スノハ暗ニ米国ヲ主トシテ指シタノデアリマシテ、其ノ一国ニ依リ攻撃セラレタル場合ニハ自動的ニ参戦義務

ガ発スル次第デアリマシテ、則チ我国ハ独伊ト米国ヲ対照トスル軍事同盟ニ這入ルノデアリマス」。

「第五条ハ本条約ガ蘇連ニ向ケラレタルモノニ非ザルコトヲ規定シタノデアリマス、ガ、実ハ蘇連ハ独伊対英仏戦ニハ参加シテ居ナイ建前トナツテ居ルノデ、或ハ第三条ノ所謂『一国』ニ相当スルモノデハアルマイカトノ疑惑ヲ生ズル虞モアリマスシ、旁々日独伊ガ世界新秩序ヲ造ル上ニ於テ蘇連ヲ敵ニ回ス懸念ノナイコトヲ明カニシ、特ニ独逸ト蘇連トノ間ニポーランド始メ、欧州ニ於ケル現在ノ取極又ハ見解若クハ或種ノ事態ヲ存セル、ソノ事実ニ些カモ影響スル所ノナイコトヲ明ラカニシテ、蘇連ヲ安心サセ、之ニ依リ米蘇ノ接近ヲ防グノ目的ニ資シヤウトスル趣旨デアリマス」（傍点引用者）。

この外務大臣説明案はタイプ打ちされていることから、松岡に披瀝し了解のうえタイプに回した、と思われる。そうであれば、「第五条」は「蘇聯ニ向ケラレタルモノニ非ザルコトヲ規定シタ」とか「蘇連ヲ安心サセ、之ニ依リ米蘇ノ接近ヲ防グノ目的」とあるように、消極的な性格つまり「ソ連を刺激しないという配慮」が強かったと、読み取れる。「第五条」から日独伊ソ構想は読み取ることは、不可能である。加えて「第五条」は松岡外務大臣の発案ではなく、九月一四日にリッベントロップ外相の電報に基づきオットとスターマーから松岡外相に「第三条」、「第五条」を挿入した内容の対案が提示されたという経緯があった。[41] この事実は、松岡外相の意図の反映と「第五条」をみなす解釈が成り立たないということを示すものである。[42] なお、この挿入経緯に関してはすでに細谷氏の紹介がある。[43] 詳細には述べないが、「なぜ『第五条』を挿入したのか」を考えると、リッベントロップ外務大臣が独ソ交渉および独ソ不可侵条約の第四条を意識したことの反映であると思う。[44] わが国の外務省はこの点をすばやく見抜いていた。これによく似た配慮をドイツ側から日本に要望したものに、秘密議定書をめぐる取扱いがある。秘密事項を「交換公文」とする案に、ドイツ側は同意せず、「『オット』大使ノ書簡案ヲ『オット』自ラ松本局長ニ口授研究方依頼[41]」したのであった。ここで問題となることは、なぜドイツ側が「交換公文」（議定書）に同意しなかったのかということである。これも、「ソ連に秘密条文がないことを述べたい」という対ソ交渉を意識した、リッベントロップの意向の反映であると筆者はみなしている。[45] ドイツ外交文書には、秘密事項の存在を示すものは記録されていない。また ドイツ外交文書を見ると、独ソ間ではルーマニア派兵・フィンランドへの軍事顧問団派遣で両国関係は暗礁に乗り上げ、険悪化の様相を濃くしていた。それゆえリッベントロップ外相がソ連をもうこれ以上刺激したくなかったのはよく理解できる。[46]

さて、「日独伊枢軸強化問題に関する外務大臣説明案[47]」（御前会議）では「丙、結論」として以下のように記されている。

「更に本協定締結の結果と致しまして注意すへき点は対蘇関係及支那事変か如何なるかと云ふことであります、吾国か南方に延ひて大東亜建設の事業を邁進するためには如何にしても対蘇関係の調整を行はなくてはなりませぬか是か為めには吾国か西方に独伊と云ふ強力な邦盟か出来て吾国の立場か強くなることか必要でありまして、現にスターマーの如きは協定成立の上は日蘇間を斡旋して成功の見込かあると申して居ります。日蘇間の国交調整か出来蘇連か支那より手を引き日本の対米関係か強化して参いれは英国は一時ビルマ・ルート等を通して物資輸送に便宜を供与しても支那事変の解決は容易になるものと思はれます」（傍点引用者）。

この資料に関連して、一九四一年二月三日の第八回連絡懇談会「松岡提案ノ対独伊蘇交渉要綱ノ件」で松岡外相は、看過できない発言[48]を行なっている。引用する。

「独ノ『ソ』牽制ニ就テハ将来ノコトヲ考ヘ永久的ニ牽制ヲ実行スルコトニ就キ独ト話合スル必要アリ」。

「先般『スターマー』来朝ノ際『ソ』ヲ日本ト挾撃スルヤ同盟ニ引入ルルヤニ関シ『リッペン《リッペントロップ》』ニ研究ヲ要望シタトコロ『リッペン』『オットー』共ニ即座ニ同盟ハ不可挾撃ヲ要望スト答ヘタ次第ナリ付テハ本件ニ関シ独ト慎重ニ話合フ必要アリト思フ」（傍点引用者）。

この説明は、事実ならば、きわめて重要である。ドイツ側の対ソ認識が「挾撃ヲ要望ス」という志向のほうが強かったということである。松岡もここではっきり対ソ牽制を指摘している。「永久的ニ牽制ヲ実行」であれば、日独伊ソ四カ国構想など存在するはずがない。もう一点看過できない言動を拾うと、一九四〇年九月一五日の御前会議において、軍令部総長が「本同盟ノ成立ニヨリ日蘇国交調整ニ寄与スル程度如何[49]」と質したのに対して、松岡外相は次のように答えている。これは先に引用した「日独伊枢軸強化問題に関する外務大臣説明案[47]」と軌を一にするものである。

「日ソ国交ノ調整ニハ独逸ヲ仲介ト致シ度ク日ソ国交ノ調整ハ又独逸ノ利益トナルヲ以テ彼ハ此ノ仲介ヲナスヲ希望シテ居リマススターマー公使ハ本件ニ関シテハ未タ『ソ』側ト一切話シ合ヒヲシタ事ハナイト申シテ居リマス且昨年独『ソ』不可侵条約締結ノ際『リ』外相カ『スターリン』ニ対シ日『ソ』国交ヲ将来如何ニスヘキヤヲ尋ネマシタ時スターリンハ日本ニシテ和ヲ欲スレハ我モ和ヲ欲シ日本戦ヲ欲セハ我モ亦戦フヘシト答ヘタコトニヨリマシテモ『ソ』側ハ日『ソ』国交ノ調整ニ十分意志アリト判断セラレ独逸側ハ何等ノ障碍ナク極メテ手軽ニ此ノ調整カ出来ル様ニ考ヘテ居リマス又スターマー公使カソ連ヲ通過スルコトハ『ソ』側ニ秘スルコトハ不可能テアリ何等カモスコーニ於テ『ソ』側ト話シ合ヲ致シタノテハナイカト疑ツテ居リマス何レニシマシテモ日

『ソ』国交調整ニハ独逸ニ斡旋セシムルコトニ相当ノ希望ヲ繋キテ可ナリト考ヘマス」（傍点引用者）。

スターマーがソ連と話し合っていないと発言しているのにもかかわらず、松岡はドイツとソ連では「話シ合ヲ致シタノテハナイカト疑ツテ居リマス」と述べ、ドイツの斡旋に期待している。問題点は、「牽制」や「挟撃」という文脈と日独間の「斡旋」という文脈では、文脈のベクトルが正反対であるということである。「牽制」と「斡旋」の乖離はあまりにも大きすぎる。ところで、一体、ドイツの「仲介」、「斡旋」とは何なのか。また、日本とソ連の「国交調整」とは何を意味したのであろうか。本章を貫くテーマからいえば、「仲介」、「斡旋」、「国交調整」を昇華させ、「日独伊ソ構想が存在した」とみなせるのかというのがポイントである。ノモンハン事件後のソ満国境の確定、漁業交渉、北樺太の所有権問題、北樺太の石油採掘権等の未解決問題がソ連と日本との間に横たわっていた。それゆえドイツの仲介（圧力）に期待し、袋小路に陥っている日ソ関係を打開し、日本に有利な解決を図ろうとしたと私は考える。このことは松岡の枢密院における発言「日蘇国交調整ガ爾ク容易ナリトハ自分モ考ヘ居ラズ唯独逸ハ蘇連ニ対シテ相当ノ圧力ヲ加ハ得ルコトハ之ヲ認メザルベカラズ」とか「日蘇国交調整ニ独逸ヲ斡旋セシムルコトハ相当有効ナリト考ヘ居レリ」[50]から読み取れる。日本がドイツに働きかけた例をあげれば、一九四〇年七月一〇日に栗栖三郎駐独大使はワイツゼッカー（Ernst von Weizsacher）次官にソ連と日本の争点である㈠漁業問題、㈡領土問題、を持ち出している[51]。これらの問題を解決することが対ソ交渉の課題であったことは明白である。なお、ドイツ外交文書を見ると、日本がドイツに「ソ連（国交）や中国（和平）への仲介の有無および程度」を問い合わせたことがよくわかる。だがここで混同してはならないことは、四カ国構想を問い合わせたことはないという事実である。当時独ソ関係は悪化していたので、日ソ間の国交調整に関連する事項に対するドイツの回答は明瞭ではなく、具体性を欠いていた。ドイツ外交文書を見る限り、ドイツは日本に有利となるようなことには具体的に発言をせず、独ソ関係の悪化を防ぐために、日ソ関係に言及したにとどまる。ソ連には日本カードを披露し、日本にはソ連カードを弄んだ、とみなせる。

ところで、幸いにも陸軍省軍務課課員中村雅郎大尉の日誌にスターマー公使とオット大使、大島浩の三人の発言が記録されている。[52] 牧達夫中佐からのまた聞きである。細谷氏も引用しているが、改変され原文通りではない。ここでは要諦だけ引用する。

「大」　日独伊三国ハ如何
「ス」　伊ハ独ニマカセ
「大」　日独一本デイキタシ
「大」　日「ソ」国交調整ハ如何
「ス」　ヤリタシ
「オ」　日独伊「ソ」
「大」「ス」　「ソ」入ルハ弱クナル

この記録を見るかぎりでは、スターマーには「日独伊『ソ』」というような見方はなかったと言える。スターマーは派遣したリッベントロップ外務大臣の意向を代弁しているとみなせる。スターマーの来日時の資料が不足しているが、中村雅郎日誌のメモは日独伊ソ構想など当初からなかったことを示唆している。

最後に陸軍の立場を知るうえで貴重な資料「日独伊枢軸強化ニ伴フ軍ノ態度ニ関スル件」[53]を掲げ、三国同盟と日ソ関係に対する陸軍省の見方を示し、本章の締めくくりとする。作成日は「昭和十五年十月一日」であり、軍務課中村と捺印してある。

「一、日独伊三国協定成立ニ伴フ軍ノ態度ニ関シテハ既ニ二十八日陸軍大臣ヨリ訓示〔陸普ニヨリ送付済〕セラレタル処ナルモ特ニ左記諸件ニ関シ誤解ナキ様充分留意セラレ度

左記

一、条約ハ公表条文ノミニシテ秘密協定ナシ

二、日『ソ』国交ノ調整ハ今後ニ於ケル重要ナル我政策トシテ之カ促進ヲ期ス　然レトモ他面共産主義ノ排除ハ日満支三国ノ普遍的共通政策トシテ何等従来ノ方針ニ変化ナシ、〔以下略〕」（傍点引用者）。

「共産主義ノ排除」という考えのある陸軍には、ソ連との同盟関係を認めるという選択肢を取ることはきわめて少なかったであろう。

おわりに

松岡洋右外務大臣が渡米した際、日ソ中立条約が締結されたために、日独伊ソ四カ国構想が存在したかのようにみなす解釈が行なわれてきた。しかし、一次資料で四カ国構想を裏づける資料は見当らない。加えて本文で何度も言及した一九四一年二月八日の連絡会議における発言を考えると、「四カ国構想が存在した」とは言えないことは明白である。ところで、一九四一年六月二二日、ドイツ軍のバルバロッサ作戦（Barbarossa Operation）によって独ソ戦争が始まった。この直後の松岡の発言を確かめると、ドイツが早期に勝利するという見通しを持ち、対ソ一撃論を主

張した。『杉山メモ　上』を見ると、松岡の対ソ攻撃論に陸海軍首脳がマッタをかけている様子が伝わってくる。[54]六月二七日の連絡会議における松岡外務大臣の発言を引用しよう。[55]

「独『ソ』戦ガ短期ニ終ルモノト判断スルナラハ、日本ハ南北何レニモ出ナイト云フ事ハ出来ナイ。短期間ニ終ルト判断セハ北ヲ先ニヤルヘシ。……『ソ』ヲ迅速ニヤレバ米ハ参加セサルヘシ」。

「我輩ハ道義外交ヲ主張スル　三国同盟ハ止メラレヌ、中立条約ハ始メカラ止メテモ宜カツタ。三国同盟ヲ止メテ云々ナラ取ラヌ。利害打算ハイカン。独ノ戦況未ダ不明ノ時ヤラナケレバナラヌ」。

松岡が日独伊ソ四カ国構想を日独伊三国同盟締結時に持っていたなら、ここに引用したような意見を主張するのであろうか。「中立条約ハ始メカラ止メテモ宜カツタ。三国同盟ヲ止メテ云々ナラ取ラヌ」はどう読んでも、四カ国構想説には不都合である。何度も引用した二月三日の松岡発言の「挟撃」が現実の問題になり、松岡は日本の対ソ戦参加を強く主張した。

次に近衛文麿首相の独ソ戦に対する態度を見よう。「外相の意見補足し難き点ある等の問題につき内話あり」[56]（六月二〇日）と近衛は述べているが、松岡の対米、対ソ強硬論に閉口していることがわかる。『木戸日記　下』によれば、一九四一年六月二一日に近衛・平沼・木戸の三名が集り、相談した。この記録は近衛の立場を伝えている。

「内閣の責任について――首相は若し独ソ開戦ともなれば恰も平沼内閣の際の独の態度と同様、日独間の同盟には重大なる支障を来すを以て内閣は責任を執るの外なしとの見解を披瀝せらる。之に対し余は其の見解に反対し、左の通り述ぶ。平沼内閣の場合には未だ議の纏らざる間に我国の仮想敵国となしたるソ聯と独が結びたるものなれば、之れ迄屢々陛下に対し奉り其の国策としての必要性を力説し居りたる首相としては何としても責任を痛感するの外なく、謂はゞ此の不意の事件により反射的にも臣節を全ふする為め進退を決したるものなり。然るに今回の場合は成程日独の同盟はソ連との飛躍的の国交調整を重要なる要素となし居るも、右については独も異存なく、我国が日ソ中立条約を締結したる際にも反対はせざりき。又独ソの開戦についても、前回の場合の如く不意打を喰したるにあらず、度ゞ大島大使に内話せり。而して之に対し我国は同盟を掛けての抗議等を申出たることなし」（傍点引用者）。

近衛首相は松岡よりも独ソ開戦に衝撃を受けていたことがわかる。ところで、日独伊ソ構想があったなら、「度ゞ大島大使に内話せり」という段階でなぜ抗議しなかったのか。一九四一年四月にはじめて大島駐独大使から独ソ開戦を示唆する電報が舞い込んだ時点でドイツに正式に反対意見を伝達すべきだろう。日本の戦況が苦しくなった時に書いた近衛手記でドイツに責任を転嫁しても遅すぎる。

筆者の結論は松岡洋右外務大臣には日独伊ソ四カ国構想などなかったということである。四カ国協商を裏書きする公式な記録は何もない。

（1）細谷千博「三国同盟と日ソ中立条約（一九三九年～一九四一年）」（日本国際政治学会太平洋戦争原因研究部『太平洋戦争への道　5　三国同盟・日ソ中立条約』所収、朝日新聞社、一九六三年、一五九～三七〇頁）。三宅正樹『日独伊三国同盟の研究』（南窓社、一九七五年）。特に第八章、中でも三二六、三二九、三三二、三三五頁。三輪公忠『松岡洋右』（中央公論社、一九七〇年）一四八～一九二頁。ゲルハルト・クレープス「ドイツ側から見た日本の大東亜政策」（三輪公忠編『日本の一九三〇年代』彩光社、一九八〇年、一四三頁）。義井博「日独伊三国同盟問題と吉田善吾海相」（『名古屋市立大学教養部紀要　人文社会研究』三四巻、一九九〇年三月、一六八頁）。池井優『増補日本外交史概論』（慶応通信㈱、一九七三年、二〇〇〜二〇七頁）。三輪公忠氏は松岡を再評価せんと試みられているが、筆者は松岡だけは今後も評価されることはないと考えている。発言が一定せず無責任かつ自己中心的な外務大臣を評価することは筆者にはできない。及川古志郎海軍大臣が大本営―政府連絡会議の席で「頭が変ではないか」と発言しているが、不安定な精神状態を指したのであろう。野村吉三郎海軍大将も「日米交渉と松岡外相」（内外法政研究会、研究資料第一四四号、一八頁）の中で「松岡外相が自分の功名手柄許りを考へて真に国家国民の前途に深き思ひを致さずして、出来るべき交渉も遂に破局に導いたといふことは返すぐも残念に思ふ」と述べている。本来ならば、このような人物を外務大臣に任命したこと自体が問題であった。M・ウェーバーの概念を借りれば、「信条（心情）倫理家」といえる。

最近出た論文で、従来の「四カ国協商」説に修正を投げかけたものに左記のものがある。独ソ関係の悪化について松岡がどの程度認識していたかについても研究する価値はある。宮崎慶之「再考松岡外交――その国内政治的要因――」（軍事史学会編『第二次世界大戦㈠――真珠湾前後――』錦正社、一九九一年、三二一〜四六頁）。

田浦雅徳氏、義井博氏には、資料について教えていただいたほか、親切に教示いただいた。

（2）前掲『日独伊三国同盟の研究』二九二、三三三〜三三四頁参照。三宅氏は「実に興味深い表現である」と、書いているにとどまり、掘り下げていない。

（3）M・ウェーバー「社会科学および社会政策の認識の『客観性』」（出口勇蔵訳『世界教養全集　18　ウェーバーの思想』四七〜一二八頁）。

（4）檜山幸夫氏の言葉を参照。日清戦争研究における檜山氏の先行研究批判は参考になる。

（5）例えば、「極東国際軍事裁判速記録　第百六十二号」一九四七年一月二九日（『極東国際軍事裁判速記録　第四巻』雄松堂書店、一九六八年、三三六〜三三七頁）。

（6）大橋忠一『太平洋戦争由来記――松岡外交の真相』（要書房、一九五二年）七九頁。大橋次官、斎藤顧問については、石射猪太郎『外交官の一生』（読売新聞社、一九五〇年、三五三〜三五四頁）をみられたい。石射によれば、松岡外相に「この条約に伴う危険に言及」したところ、松岡は「今の日本としては米国との戦争を避け、中日事変を解決するためには、これより外に行く途がないのだ。途中そう説明してくれというのであった」との由である。おそらく松岡外相はこの種の発言をくり返したであろう。当時の外務省内の問題点をえぐった回想に次のものがある。寺崎太郎「思い出づるままに」(寺崎外事問題研究所『れいめい』一八巻一九八号、一九六七年、三〜三七頁)。

(7) 斎藤良衛『欺かれた歴史――松岡と三国同盟の裏面』(読売新聞社、一九五五年)一〇二、一〇八、二〇二頁。長谷川進一「松岡洋右と日ソ中立条約」(『中央公論』一九六五年五月号、三七七〜三八二頁、特に三七八〜三七九頁)。

(8) 斎藤良衛「日独伊同盟条約締結要録」(外交史料館所蔵)。なお、前掲『日独伊三国同盟の研究』(四四一〜六四三頁)にも収録され、丁寧に資料解題されている。

(9) 前掲「三国同盟と日ソ中立条約(一九三九年〜一九四一年)」二六一頁。

(10) 同前、二〇六、二二六頁、「瀬戸際政策」の論理など存在したのだろうか。はなはだ疑問である。細谷氏の「四国協商」への見方については、二六二〜二六五頁を読まれたい。

(11) 同前、例えば一八二、二二五〜二二七頁。三四三頁以降の「註」を見られたい。いまだに出所不明のものが散見できる。中村雅郎大尉の日記は原文通りではない(二〇一頁)。注(52)をみよ。

(12) 青木得三『太平洋戦争前史　第二巻』(学術文献普及会、一九五六年)三三七〜六四三頁。

(13) 服部卓四郎『大東亜戦争全史』(原書房、一九六五年)一三〜三二頁。資料に準拠して書かれているため、当事者とは思えないほどバランスがとれた著書である。戦争に関して読むに値する記述が多数ある。

(14) 前掲『日独伊三国同盟の研究』三二五〜三二六頁。

(15) 同前、三三〇〜三三五頁。前掲「日独伊三国同盟問題と吉田善吾海相」一六七頁。

(16) 大橋忠一発　清瀬一郎宛書簡、一九四六年一〇月一二日。タイプ打ちされている。防衛研究所戦史部図書館所蔵。

(17) 近衛文麿手記『平和への努力』(日本電報通信社、一九四六年)。近衛文麿公の手記『失われし政治』(朝日新聞社、一九四六年)。大橋忠一氏は『太平洋戦争由来記』の中で、近衛手記を意識し、異議を唱えているところが散見される。

(18) リッベントロップは後日再来日した大島浩駐独大使にかなりの情報を提供している。忸怩たる思いがあったのではなかろうか。『田中新一日誌』参照(防衛研究所戦史部図書館所蔵)。日本側に行なった日ソ仲介という類の発言もこの文脈でとらえることができよう。

(19)　陸軍省・海軍省・外務省「日独伊提携強化ニ関スル陸海外協議議事録」および「日独伊提携強化ニ関スル陸海外三省係官会議議事録（その二）」（『日独伊同盟条約関係一件』防衛研究所戦史部図書館〔中央‐戦争指導重要国策文書‐九〇四〕所蔵）。外交史料館には原文がある。

(20)　外交史料館所蔵、日独伊三国同盟条約関係一件（B一〇〇J／X三）。前掲『太平洋戦争への道　別巻資料編』（三一八頁、三二九〜三三二頁参照、注（1）をみよ）にも収録されている。微修正が加えられているので、一度は原文を参照するとよい。防衛研究所戦史部図書館にもある。原資料にも差異があるので、研究者は必ずあたられたい。

一九四〇年七月一二日案「陸海外参照事務当局協議会」に提出の『日独伊提携強化案』要領三「日独両国ハソ連トノ平和維持ニ協力スルコト、万一其ノ一方カ『ソ』連ト戦争状態ニ入ル場合ニハ他方ハ『ソ』連ヲ援助セサルノミナラス、右の場合及日独両国ノ一方ガソ連ノ脅威ヲ受クル場合両国ハ執ルヘキ措置ニ関シ協議スルコトトス」（外務省編纂『日本外交年表竝主要文書　下』原書房、四三四〜四三五頁）。ほかに「備考」として「本了解ハ秘密トス」とあり、「別紙第三　日独伊提携強化ニ対処スル基礎要件」の中で「四大分野」が明記された。ソ連は「日独伊三国ノ利害関係ニ直接影響少キ方面」（波斯湾・印度）に勢力圏を持つことが許容されている。

(21)　同前『太平洋戦争への道　別巻資料編』三一九〜三二〇頁。「親しく御説明可申上候」と松岡が墨書した文書（松岡から近衛）が近衛文書リール11にあるが、「荻窪会談覚書」とほぼ同じ内容である。筆者は書込みの筆跡から松岡と判断した。（筆跡を比較対比したのは、松岡発東条宛書簡、国会図書館憲政資料室所蔵）。出席者は近衛、松岡、吉田海相、東条陸相である。

他方、一九四〇年七月二七日の大本営‐政府連絡会議決定「世界情勢ノ推移ニ伴フ時局処理要綱」を一見すると、「支那事変ノ解決ヲ促進スルト共ニ好機ヲ補足シ対南方問題ヲ解決ス」とあり、対ソ関係については、「第二条の一」に「先ツ対独伊蘇施策ヲ重点トシ特ニ速ニ独伊トノ政治的結束ヲ強化シ対蘇国交ノ飛躍的調整ヲ図ル」という文面がある。これは日独伊は政治的結束を図るが、ソとは調整するということである。ノモンハンで戦闘したソ連との調整を志向しているが、日独伊ソ同盟という見方はない。

(22)　同前『太平洋戦争への道　別巻資料編』三二九〜三三二頁参照。本文中の引用は外交史料館の原文に従ったが、原文にも差異がある。参謀本部編『杉山メモ　上』（原書房、一九六七年、二七〜三三頁参照）。

(23) 同前『太平洋戦争への道　別館史料編』三六四～三六五頁。同前『杉山メモ　上』一七六～一七七頁。

(24) 米国務省編纂『大戦の秘録――独外務省の機密文書より』(読売新聞社、一九四八年、一九四頁参照)。注(37)をみよ。

(25) 「日独伊提携強化ニ関スル陸海外協議議事録」および「日独伊提携強化ニ関スル陸海外三省係官会議議事録(その二)」から蘭印・仏印がどのように論じられているのか、一瞥しよう。周知のように、一九四〇年六月二二日、パリ陥落後独仏休戦条約が締結された。この事態は、単に欧州だけの問題にとどまらず、欧州の植民地であったアジア・アフリカにも影響を及ぼし、事態を一変させうる可能性を秘めていた。私見では、当時日本が並々ならぬ関心を払ったのは当然のことであると、考える。日本が、仏印・蘭印の力の真空をどの大国が埋めるのか、という問題に無関心でいれるわけがない。安東課長の七月一六日の発言を引用する。

「本件強化問題ニ於ケル最モ困難ナル点ノ一ツハ茲ニアルト思フ。佐藤大使ヨリノ電報デモ薄々ウカガハレルノデアルガ独逸デハ蘭印仏印ニ付テハ独逸自身ガ政治的指導権ヲ握リ日本ニハ経済的ニ利益ヲ与ヘントスル意向ヲ有シテヰルノデハナイカ、即チ独逸ハ日本ニ政治的指導権ヲ認メマイトスルノデハナイカト言フコトガウカガワレル」。ドイツが仏印・蘭印に勢力を拡張するのではないかという不安を読み取ることができる。「政治的指導権」の確保が対独交渉の懸案事項と考えられている。もう一点、刮目して置かなければならないことは、田尻課長の「経済及技術ノ提携」という視点からの発言「日本ハ独逸ヨリ経済技術ヲ学ブ必要ガアリハシナイカト思フ」である。この見方も後日具体的な意味を持ってくる。

当時の雰囲気を知るうえで、海軍省軍務局第一課局員三和義勇の日誌には、「南進論日本を風靡す」(八月一四日)、「国策の基調を静止す。何人も独が勝と言ふ事に断言しあり茲に欠点はなきか」(七月三〇日)と書いているが、当時の雰囲気を窺知するのに参考になる(『三和義勇日誌』筆者コピー所蔵)。

日独経済交流に関しては、春木猛氏の研究がある「三国同盟を中心とする日独関係の実相」(『軍事史学』五巻三号、一九七一年、三五～七九頁)。

(26) 前掲『平和への努力』(日本電報通信社、一九四六年)。前掲『失はれし政治――近衛文麿公の手記』(朝日新聞社、一九四六年)。

(27) 例えば、前掲『太平洋戦争由来記』。近衛手記を意識している。ほかにも新名丈夫『海軍戦争検討会議記録』(毎日新聞社、一九七六年)にある井上成美中将の発言。一七七〜一八〇頁。
(28) 「極東国際軍事裁判速記録　第二百三十七号」一九四七年六月三〇日(『極東国際軍事裁判速記録　第五巻』雄松堂書店、一九六八年、七二九〜七三二頁)。
(29) 前掲『平和への努力』、それぞれ二七、二七〜二八、二五、二三頁。
(30) 小林躋造「耄録志の添ふ」(『海軍大将小林躋造覚書』所収、山川出版社、一九八一年、一七七頁)。
(31) 深井英五『枢密院重要議事覚書』(岩波書店、一九五三年、二〇三頁)。
(32) 近衛文麿『新秩序建設の歴史と現状』(近衛文書、国会図書館憲政資料室所蔵)。文体から考えて近衛だと思うが、決定的な裏づけは取れなかった。
(33) 近衛文書(国立国会図書館憲政資料室所蔵)。
(34) 前掲『平和への努力』二三頁。
(35) 参謀本部第二十班(第十五課)『日独伊三国条約関係綴』(中央-戦争指導-一一三九)。(中央-戦争指導-一一三八)にも一月六日付の要綱がある。ほかに『三国同盟関係文書』は(中央-戦争指導(重要)-八八六)であり、「日独伊提携強化ニ関スル件」(一九四一年七月二〇日、訂正案)が収められている。
(36) 前掲『杉山メモ　上』一七六〜一七七頁。
なお、「対独、伊、蘇交渉案要綱」の概略は次の通り。
一、蘇聯ヲシテ所謂「リッペントロップ」腹案ヲ受諾セシメ右ニ依リ同国ヲシテ英国打倒ニツキ日、独、伊ノ政策ニ同調セシムルト共ニ日、蘇国交ノ調整ヲ期ス
二、日、蘇国交調整条件ハ大体左記ニ拠ル
(一) 独逸ノ仲介ニ依リ北樺太ヲ売却セシム
(二) 北支蒙疆
(三) 援蔣行為ヲ放棄
(四) 国境劃定

(五) 漁業交渉
(六) 貨物輸送の割引
三、略
四、四大圏（大東亜圏、欧州圏、米州圏、ソ連圏）
五、日本ハ極力米国ノ参戦ヲ不可能ナラシムル趣旨ヲ以テスル行動施策ニ付独逸当局トノ了解ヲ遂ケ置クコトトス
六、独、伊特ニ独ハ蘇聯ヲ牽制シ万一日満両国ヲ攻撃スルカ如キ場合ニハ独、伊、直チニ蘇聯ヲ攻撃ス
七、八、九、略

(37) 前掲『大戦の秘録——独外務省の機密文書より』二八五～二九五頁。Documents on German Foreign Policy 1918-1945, Series D (1937-1945), Volume XI, pp. 533-41.（Department of State, Washington: 1957）『大戦の秘録——独外務省の機密文書より』はドイツ外交文書からのドイツとソ連に関する外交記録の摘録である。英語版は次の通り。NAZI-SOVIET RELATIONS 1939-1941 Documents from the Archives of German foreign Office, Edited by R. J. Sontag & J. S. Beddie, 1948, Deparment of State.

(38) Ibid., Documents on German Foreign Policy 1918-1945, Volume XI, pp. 291-97. 同前『大戦の秘録——独外務省の機密文書より』二七三～二八〇頁。

(39) 『木戸幸一日記　下』（東京大学出版会、一九六六年）八二一頁。

(40) 外務省「日独伊三国条約ニ関スル外務大臣説明案」（外交史料館所蔵、日独伊三国同盟条約関係一件（B一〇〇J／X3））。

(41) 外務省条約局第一課・第二課が一九四一年三月一一日に作成した「日独伊三国条約ノ解釈ニ関スル件」には、独ソ不可侵条約第四条と日独伊三国同盟の第三条の相関関係が考察されている。ほかにも米国国務省編纂『大戦の秘録——独外務省の機密文書より』（二五三頁）の中の「ソ連外務人民委員より在ソ連ドイツ大使館宛」では、独ソ不可侵条約第三条に言及されているが、ドイツがこの条約にいかに拘束されたかよくわかる。前掲『日独伊三国同盟の研究』五八六～五九二、五九二～五九七頁参照。

(42) 野村実氏は正反対の結論を出している。野村実『太平洋戦争と日本軍部』（山川出版社、一九八三年）四九頁。また、第

二部第二章「日独伊ソ連合思想——萌芽と崩壊」（二〇一～二一八頁）で、野村氏が松岡の作成したものとみなしている文章は筆跡からは「松岡ではない」と判断できる。

(43) 前掲細谷「三国同盟と日ソ中立条約（一九三九～一九四一）」二〇六～二〇九、二一四～二一六頁。

(44) 前掲『大戦の秘録——独外務省の機密文書より』三一二、三一七頁。フィンランドへのドイツ軍隊派遣問題でソ連政府への通告問題が暗礁にのりあげていた。このためドイツは日独伊同盟をソ連への疑いなど何もないものであると説明することで、誠意を示そうと試みた。Documents on German Foreign Policy 1918-1945, Volume XI, pp. 550-62.

(45) 同前『大戦の秘録——独外務省の機密文書より』二六一～二六三頁。モロトフの厳しい質問にリッベントロップ外相が手を焼いているさまがよくわかる。

(46) Documents on German Foreign Policy 1918-1945, Volume XI, pp. 280, 287. 同前『大戦の秘録——独外務省の機密文書より』二七二～二七三頁。ドイツのルーマニアへの派兵にモロトフが目を光らせていることがわかる。石油を産するルーマニア・ブルガリアは、イギリスに押さえられるまえにドイツとしては確保したかったであろうが、ソ連と対立する可能性は高くなった。

(47) 外務省「日独伊枢軸強化問題に関する外務大臣説明案」（御前会議）（外交史料館所蔵、日独伊三国同盟条約関係一件〔B一〇〇J／X3〕）。

(48) 前掲『杉山メモ　上』一七三～一七六頁、特に一七五頁。

(49) 同前、四五頁。

(50) 「日独伊三国同盟ニ関スル樞密院審査委員会議事概要」（松本条約局長手記）（外交史料館所蔵、日独伊三国同盟条約関係一件〔B一〇〇J／X3〕）。

(51) Documents on German Foreign Policy 1918-1945, Volume XI, p. 183.

(52) 『中村雅郎日誌』。中村裕亮氏の御好意・了解のうえ引用。前掲細谷「三国同盟と日ソ中立条約（一九三九～一九四一）」二〇一頁。細谷氏は出所を明示していない。鈴木健二『駐独大使大島浩』（芙蓉書房、一九六九年、二一二頁）にも誤ったまま引かれている。

東京裁判におけるスターマーの証言をみよう。それによれば、リッベントロップの指令で一九四〇年九月七日に来日し

（三回目）、松岡外相と会談したことが記されている。

「極めて慎重に行動した。就中、私が日本に来た使命に就いては松岡外務大臣以外の日本人に話すことを避けた。私は一九四〇年九月九日始めてオットと同伴して松岡氏に面会した。而して此上戦争の拡大するのを避け、アメリカ合衆国を戦争に引き入れぬやうにし、又出来るなら和平をつくる為の土台を造ると云ふ独逸の意図を彼に説明した。私は更に独逸が日本をヨーロッパ戦争に引き入れる意のない事又独逸は日本が要請するならば日ソ間の友好関係の増進、支那事変の解決に貢献する為め斡旋尽力する用意がある事を言明した」。

スターマーの証言からリッベントロップ外相からの指示内容を窺うことができよう。ドイツが対米戦争を避けたいという考え方であったことはドイツの外交文書で確認できる。対ソ関係・支那事変についても、発言しているが、具体的な内容には言及していない。本章の問題意識から言えば、「日独伊ソ」という構想は何も言及されていない、ということである。スターマーは松岡のパーソナリティにはきびしい評価を下している。例えば「自己中心的な言葉を連発」とか「彼をおいて他の適当な政治指導者はいないかの如く思い込んで居った」という発言が見られる。大島大使に好意的なのと対照的である。ほかに「法廷証二七四四-A」から読み取れることは左の二点である。（「極東国際軍事裁判速記録　第二百三十八号」、一九四七年六月一六日（前掲『極東国際軍事裁判速記録　第五巻』七四七～七六四頁、特に七五四～七五五頁）。

一、松岡が交渉にあたった。斎藤、松本はテクニカルな補助をしたにすぎない。

二、日本政府が同盟条約の準備をしていた。

(53)　「日独伊枢軸強化ニ件フ軍ノ態度ニ関スル件」、作成日は「昭和十五年十月一日」であり、陸軍省軍務課中村雅郎大尉によるものである（外交史料館所蔵、日独伊三国同盟条約関係一件（B一〇〇J／X3））。

(54)　前掲『杉山メモ　上』二二三～二二七、二四一～二四九頁。

(55)　同前、二四四～二四五頁。

(56)　前掲『木戸幸一日記　下』八八三頁。

(57)　同前、八八三頁。

終章　おわりに代えて

日本は米国の資産凍結・石油禁輸に対して、開戦という回答を出した。及川古志郎海軍大臣が石油禁輸に対して人造石油の増産で開戦を回避せんと尽力したが、石油をはじめとする軍需物資が日々枯渇していく中で「某時期ニ於テ国防上ノ重大欠陥ヲ来ス」という石油需給の観点から早期開戦を主張する「ジリ貧論」が説得力を持ち、対英米蘭開戦が決定された(1)。

米国は資産凍結当初には一九三七年当時の輸出量を許可する方針であったし、また対日強硬論者のS・ホーンベックですら全面禁輸は想定外であったことに鑑みれば、仮に一九三七年と同程度の石油貿易が行なわれていれば、「ジリ貧論」は論拠が弱まり、及川海相の「臥薪嘗胆論」が勝っていたのではなかろうか。否、「ジリ貧論」などそもそも登場しなかっただろう。周知のように、野村吉三郎駐米大使が日米関係に危機感を抱いたのは、南部仏印進駐直後の米国の対日経済制裁であった。石油を除けば全面的な貿易停止であり、唯一軍事的な観点から決定を先延ばしされた石油も結局は決済資金の認可が下らず、事実上の禁輸となってしまった。V（勝利）作戦の立案者であるスターク作戦部長はドイツに兵力を集中すべきであるという観点から対日刺激策を極力回避すべく奮闘したが、野村大使などの日本人との接触を通して、反米親独イデオロギーに染まっていない見解もあることを知っていた。

米外交文書を読み不思議に思うことは、野村大使や来栖大使が「自主的に判断する」と繰り返し述べているのに、ハル国務長官はドイツとの三国同盟に日本が拘泥され、米独戦争の場合、日本はアメリカに宣戦布告してくると考えていたことである。(2)『ハル回想録』でも来栖三郎は徹底的に悪玉になっているが、これはハルのこのときの精神状態を反映したものであると筆者は考える。一九四〇年に示した冷静なハル国務長官の姿はここにはない。第8章で出先の交渉機関を「対境担当者」としてとらえ、三井物産とソコニーの揮発油契約が無事成功した背景にサンフランシスコ出張所とソコニー本社との情報交換の意義を強調したが、外交においてこの「対境担当者」というものにあてはまるのが、各国の大使と公使であろう。暫定協定案とハル・ノートをめぐる、イギリス大使ハリファックスやオーストラリア公使ケーシーとハル国務長官の情報交換は、時間が逼迫する中、意思疎通を欠き、互いに意図を読み誤った。

近衛文麿総理大臣も近衛―ローズベルト会談に積極的なことが示すように、日米開戦を避けたかった。及川海相が開戦するのかどうかを首相に一任したのは、避戦という意思表示であったが、近衛は決断を躊躇した。及川は皇族の東久邇宮成彦《ひがしくにのみやなるひこ》陸軍大将が組閣するとの前提のもと、最後まで開戦を避けようと尽力した。非戦派内閣誕生に期待をかけたが、木戸幸一内大臣は東條英機陸軍大臣を後継首相に推薦した。(3)

日米暫定協定案が葬られたのは一一月二五日から一一月二六日にかけてであったが、日米関係がローズベルト大統領の親電やオーストラリア政府の仲介で開戦の危機一髪の状態を抜け出し小康状態を取り戻し、東部戦線でドイツの快進撃が止まっていたらどうなったのであろうか。

太平洋戦争は開戦しか選択余地はなかったのだろうか。E・H・カーの流儀で言うならば、「持てる国」と「持たざる国」の間の秩序形成はできなかったのだろうか。この点に関して、グルー駐日大使のもとで日本との交渉にあたったユージン・H・ドーマンは、ハーバート・ファイスに宛てた一九四九年七月八日付書簡の中で(4)「ハルの回想にしてもスティムソンの回想にしても、貴殿の本にしても、過去の経験をアメリカの国益を守るために戦争に訴えない方法で解決するという視点がみられない」と手厳しい批判を行なった。日本という軍事力が消滅した結果、中国の喪失(Loss of China：共産化)、蔣介石の台湾脱出、朝鮮戦争など冷戦が、アジアでは熱戦になり、太平洋戦争前と同様に極東情勢は厳しいものがあった。ここではドーマンの「戦争に訴えて問題を解決するなら、簡単な話である」との見解を重く受け止めておこう。イスラム原理主義のタリバンとのアフガニスタン戦争、サダム・フセインとのイラク戦争で、大量破壊兵器の保有が戦争正当化の論拠に使われたが、アメリカから見た場合、日本の中国侵略が正当化の論拠なのか、それともシンガポール、蘭領印度など英蘭植民地への軍事的な脅威の排除だったのだろうか。日独伊枢軸国家による世界制覇の野望の粉砕だったのだろうか。太平洋戦争で敗北した日本は満州・朝鮮の植民地を失い、イギリス、オランダ、フランスも植民地の独立に直面した。およそ三〇〇万人の日本人の生命が戦争の犠牲になった。ヒットラーの秩序破壊の結果、アジア・アフリカでは欧米の植民地から多くの国が独立国家になった。

D・リースマンは日本で行なった講演「アメリカ外交政策と国内の諸圧力」(5)の中で、アメリカの宣教師および募金活動がアメリカの中国への責任感や愛情の念につながったことを指摘しているが、これが対日強硬論に結びついていった。しかし、「中国の喪失」以降アメリカ社会の右傾化に直面したオーウェン・ラティモアは「中国人たちが外国の宣教団を、ありがたい事業と見なしている、という誤った認識を広めたのは宣教師たちであった。大多数のアメリカ人は、いかに中国人たちが宣教を帝国主義と結び付けているか、少しもわかっていない」と回想(6)している。入江昭は「日本対アメリカと中国という抗争の形が、十年と続かなかったことは、いまから思うときわめて興味ある現象である」(7)と指摘しているが、日本もアメリカも中国をどのように位置づけ、どのように付き合っていくのかが、あいまいなまま時流に任せてしまったと言えるだろう。

核抑止理論の大家であるスコット・D・サガンは学位論文(8)で、日米開戦の原因となった対日石油禁輸政策に対する考察の中で、三点の問題点を指摘する。

一、自信過剰

二、一貫性を欠く戦略の危険性

三、何も決定しない誘惑

この三点の指摘は、米国の問題点を鋭く突いている。本書での筆者の言葉に置き換えれば、第一に、日本に対して強硬策をとれば引き下がるとみなしたこと（イッキーズやホーンベック）、第二にローズベルト大統領・ハル国務長官・スターク作戦部長とスティムソン陸軍長官・ノックス海軍長官・イッキーズ内務長官・モーゲンソー財務長官・アチソン国務次官補との違いおよびヨーロッパ第一主義でいく戦略との整合性はあるのか、第三に石油代金支払問題で決定をなさずに、保留保留を繰り返し、政策の意図を示さず、対日石油禁輸を行ない、継続したことである。

第三点にだけ一言述べると、米国から見れば留保であったが、結果として、時間が経てば不利と判断するジリ貧論に論拠を与えただけではなかったのか。

本書でジリ貧論が開戦をリードした経緯を書いたが、敗戦という状況を踏まえれば、次の陸軍少将石井正美の回想のような反省の弁は陸海軍の軍人から出てくるのは当然であろう。

「戦ふか否かに関する研究の首題《ママ》は、主として物資需給の問題に注がれて、国際情勢の見透しに就ては深刻な考慮がなされなかったのである[9]」。

しかしスターク作戦部長が対日石油禁輸に反対したのは、禁輸すれば日本は蘭印を攻撃すると読んだ点を考えるなら、当然の対抗策ととらえるのが常識だろう。いまは敗戦を知っているので、開戦の決定は考慮不足と表現するしかない。当時の日本のおかれた状況、国際情勢、一等国という意識を考えれば、敗戦という後知恵で「深刻な考慮」が足らなかったというよりも、「窮鼠猫をかむ」というほうが実情に近いのではないだろうか。歴史家は、いや戦後生まれの私は、今日どのように評価すればいいのだろうか。太平洋戦争は、日本に責任があるのだろうか、それとも米国にあるのか。あるとするならどの程度なのか。一体答はあるのだろうか。学術書にふさわしくない言葉だが「答はないが、両国ともに反省材料は山とある」と書いておこう。複雑なまま、多様な価値観のまま、いろいろな見方のままに開戦に到る過程を振り返り、日本人の思考の一形態を「知恵袋」に入れておこう。また、敗戦後に日米が戦った太平洋戦争がいかに論じられたのか、軍事がどのように論じられたのか、この点も含めて「知恵袋」に収めておきたい。ローズベルト大統領やハル国務長官と、モーゲンソー財務長官に代表される対日強硬論者には、質の違いがある。この違いに気づかず、ローズベルト陰謀説や、ハル・ノート最後通牒論を展開するのは、あまりにも貧弱である。

開戦時、海軍省軍務一課長の要職に合った高田利種少将は、一九六二年六月の講演に準備したメモで「戦はずに屈するか、日米交渉はこの段階に追い詰められた。日本外交の失敗。政治家が軍人に抑えられたと云うよりも、軍人が絶対絶命の場に追い込まれる前に政治家が打開の途を開くべきであったと思う」と記し、「米国の外交も下手で天下一の思いあがり」と書いている(10)。

ところで松岡洋右外務大臣を評価する見解があるが、資料を読む限り、筆者にはどうしても評価することはできない。野村駐米大使は『日米交渉と松岡外相(11)』の中で、威嚇外交で押し切れると考えた米国観や巧妙手柄ばかり考えたことが、日米交渉を破局に導いた、と指摘している。先ほど学術書なのに答はないと書いたが、あるとするならば、松岡のような人物に言論の場、外務大臣という要職を与えたことである。

戦時中に話を飛ばそう。この中で筆者が注意を促したいのは、兵站補給の崩壊は重要だが、眞田穣一郎少将の防衛ラインの問題である。船舶が撃沈され、総トン数が減少の一途の中で、戦局の建て直しをいかにしようと模索したのであろうか。サガンの指摘ではないが、「何も決定しない誘惑」、「一貫性の欠如」という影が見えてくる。悲惨な状況は第5章で述べた通りであるが、開戦時の見通しとは違い、潜水艦に痛めつけられ、船舶を消耗していった。マリアナ沖海戦で優秀なパイロットがほぼ全滅し空母機動部隊は機能しなくなった。その結果サイパンが陥落し、本土が空襲圏内に入った。その後南方と遮断された段階で、動力源である石油の補給の道は絶たれた。これが事実上の敗戦であった。

レイモン・アロンの言葉[12]で結びとしたい。

「自己の過去を明確化する必要、あるいは少なくともそうすることの有益さが問題になっているのだ。それは郷愁も、罪悪感コンプレックスも抜きにして、過去を直視することができる、ということである。われわれが過去をどう生き、いまどう生きているか、ということにほかならない。私には、きわめて当然の現象に思えるのだ。有能な史学や社会学の専門家を数多く持つ日本国民が、三〇年前に起こったことによって戦争にかかわる一切の事柄を自分たちの関心対象から除外してしまうほど、自分を押し殺さねばならぬ理由はない」。

私はこのアロンの言葉に勇気づけられ、戦争に向かい合おうと決意を新たにした。その成果が本書である。

(1) 参謀本部編『杉山メモ上』(原書房、一九六七年)三一四~三一六、四二四~四二五頁。
(2) *FRUS*: *Japan*, II, pp. 732, 747, 756.
(3) 木戸幸一『木戸日記　下巻』(東京大学出版会、一九六六年)一〇月一五日、一〇月一六日、一〇月一七日、九一五~九一八頁。
(4) Eugene H. Dooman 文書(スタンフォード大学フーバー研究所)file: Feis,Herbert 1949, box 1.
(5) ディヴィッド・リースマン『現代文明論』(松本重治編、みすず書房、一九六九年)九〇頁。
(6) オーエン・ラティモア『中国と私』(磯野富士子編訳、みすず書房、一九九二年)二六四頁。

（7）入江昭『日本の外交』（中央公論社、一九六六年）二二一頁。入江昭『日米戦争』（中央公論社、一九七八年）六〇頁。

（8）Scott D. Sagan, "Deterrence and Decision : An Historical Critique of Modern Deterrence Theory", 1983, PHD, Harvard University.

（9）石井正美「大東亜戦争の決意と陸軍情報機関の責任」（防衛研究所戦史部図書館　中央-戦争指導重要回想-九四〇、三頁）。

（10）海上自衛隊幹部学校での「戦争指導」と題する講演メモ、一九六二年六月二六日（筆者写し所蔵）

（11）野村吉三郎談『日米交渉と松岡外相』（内外法政研究会研修資料第一四四号、防衛研究所戦史部図書館所蔵　中央-戦争指導その他-二二三、一八頁）。

（12）レイモン・アロン『戦争を考える——クラウゼヴィッツと現代戦略』の「日本語版によせて」（佐藤・中村訳、政治広報センター、一九七八年、vi頁）。

あとがき

どの章から読んでいただいても結構であるが、「戦争とは何か」という問題意識を抱きながら、第1章から第10章まで全力を投入したつもりである。最初に投稿したのが第1章で最後に脱稿したのが第4章である。

日米開戦経過は第1章から第4章まで、戦時中の石油補給問題は第5章、占領期は第6章と第7章である。三井物産とソコニーとの石油取引拡大を扱ったのが第8章であり、第9章ではE・H・カーの国際政治観の問題点を抉った。第10章では定説化している四カ国協商説に異を唱えた。今回書き下した、第3章と第4章は海外の研究者も使っていない資料を駆使し、石油が禁輸にいたる経緯とハル・ノートを巡る英米の意思疎通を明らかにした。

永井陽之助先生、香西泰先生、中村隆英先生の三人の恩師から多くのものを教わった。永井先生からは、ディヴッド・リースマン、マックス・ウェーバー、レイモン・アロン、マイケル・オークショット、リチャード・ホーフスタッターを読むように薦められ、片っ端から読破していった。香西先生からは常識的な学問スタイルと人間味、その背後にある論理的な思考力と勉強量のすごさを学んだ。博学な中村先生からは資料をすなおに読み、固定観念に拘泥されないという点を自然に身につけさせていただいた。本郷で行なわれていた大学院の中村ゼミに参加させていただき、レベルの高い報告や、中村先生のコメントも勉強になった。中村先生は今も囲碁の指南役でもあり、今回の出版に際して相談させていただいた。

故・江頭淳夫教授には文章の書き方と英語を鍛えられた。夏目漱石の評論を読むように薦められたが、漱石とウェーバーは嫌悪した思想がおなじで、発想がよく似ていた。志賀浩二教授の「線形代数」の講義は本当にすばらしかった。講義だけはまじめに聴講したため合格点を下さった東京工業大学工学部高分子工学科の先生方は、大学三年の学期末に「三輪は人生の誤った選択をした」と言いながら、永井先生・香西先生の下で卒業研究に取り組むことを許容してくださった。『太平洋戦争と石油』というタイトルが示すように、高分子化学を学んだことを無にすることなく生かせたと思う。大学院では東京工業大学理工学研究科社会工学専攻に進み、「人造石油と開戦経過」をテーマに取り組み、インタビューに資料発掘に全国を駆け回った。

研究を通して知り合った田中直樹先生は、非常勤を世話いただき、九州大学石炭研究資料センターにも紹介してくださったりして、「誤った選択」から蘇らせてくださった。田中先生は、個性の全く異なる、東定宣昌、荻野喜弘、和田一夫の三人の先生を紹介してくださったが、各先生には公私ともどもお世話になった。

人造石油や石油の研究を通し、故・脇村義太郎、故・武谷愿、故・宗像英二、故・村田富次郎、故・内田星美、森川英正、山崎廣明、工藤章、秦郁彦の諸先生にも多々ご教示いただいた。

インタビューで多くの方にお世話になった。すでに故人になられたが、何度もお伺いした森田貫一中将、榎本隆一郎中将、高田利種少将、渡辺伊三郎少将、栗原悦蔵少将、杉田一次陸軍大佐、市村忠逸郎大佐、西村國五郎調査官にはお礼の言葉もない。ご健在の日本燃料㈱の木山正義中佐にもお世話になった。貴重な回想をしてくださった高田少将は眞田穣一郎陸軍少将を高く評価されていた。ここには書ききれないので、お名前は割愛させていただくが、インタビューさせていただいた海軍軍人、人造石油関係者、お伺いしたご遺族の方々に厚く御礼申し上げたい。

資料に関して言えば、外交史料館、特に白石仁章、防衛研究所戦史部図書館の波多野澄雄（当時）、庄司潤一郎、黒野耐、荒川憲一（当時）、海軍文庫の戸高一成（当時）の諸氏に便宜を図っていただいた。白石氏を通して、臼井勝美筑波大学名誉教授には英国外交文書を借用させていただいた。ノリタケカンパニー社史編纂室・鈴木啓志氏にも森村組の資料を閲覧させていただいた。徳山大学図書館・則松悦子氏、三井文庫の二人の司書の方にも助けていただいた。

米国のアーキュビストでお世話になったのは、次の方々である。米国国立公文書館の接収文書RG 131のFred Romanski氏、財務省関係文書のWayne T. DeCesar氏、海軍関係資料のBarry Zerby氏、海軍歴史センターNHCのKen Johnson氏とM. Walker氏。

スタンフォード大学フーバー研究所のMark Peattie氏、ミッドウェー海戦の共同研究者のD. W. Isom氏、ワシントン在住の軍事研究家Thomas B. Allen氏、英文の『野村吉三郎日記』をワープロ入力してくださったFukiko Hayamizu Saalさんご家族、に感謝申し上げる。ロシア外交史専攻のB・N・スラヴィンスキー氏とは、日独伊ソ協商の有無や雪作戦について意見を交えることができた。

若い樋口秀美、大島久幸、中川洋、新鞍拓生の諸氏には無理なお願いを快く引き受けていただいた。高校の同級生の中山秀夫氏にはイッキーズの日記を購入してきてもらった。オーストラリアに滞在している川崎恵さんにも調べていただいた。感謝の意を表したい。

九州に赴任後、社会経済史学会九州部会や経営史学会西日本部会で、秀村選三、森本芳樹および門下生、岡村幸雄、原田三喜雄、木元富夫、田中俊宏、永江眞夫、迎由理男、坂本悠一、高田実、幸田亮一、野田富男、原康記、山本長次、東條正、吉次啓二、合力理可夫、畠中茂朗、稲葉和也の諸先生、諸氏には学問に対する情熱と知的刺激を受けさせていただいた。今回の刊行に関して、原田先生にはハル・ノートに関する新聞記事を見せていただいたほか、アドバイスも頂戴した。迎先生には金融関係の先行論文をご教示いただき、高田先生には英国国立公文書館PROについて教えていただいた。

研究仲間の藤井信幸、大森一宏、富永憲生、マティアス・コッホ、加藤隆幹、平井岳哉、長井純市の諸氏、小学校の同級生で日本銀行・瀬口清之氏には、上京時ご同行いただいた。また北九州市に財政局長で赴任してきた丹下甲一氏とは、久闊を叙し、小倉や黒崎で美味しいお酒を飲んだ。

同僚岡田有功氏には校正でお世話になった。九州共立大学図書館には相互貸与や複写の申込みで無理を通させていただいた。人名の表記では、ダニエル・ドローキスとウィリアム・デアーの両氏にチェックを受けた。九州共立大学から特別研究費支給を受け、資料収集が捗った。

本書の刊行に際して、日本経済評論社の谷口京延氏には出版のプランから校正に至るまでお世話になった。

私事ではあるが、妻桂子には感謝したい。原稿と校正に追われる中、一人娘の知世の育児を任せきった。義父母の桑原三郎・千恵にもなにかと助けられた。父の家業を継ぐべく、工学部に進学しておきながら、社会工学経由で経営史・軍事史に専攻を変えていった不肖の息子に学費を払ってくれた父泰と母つぎ子に本書を奉げたい。

初出一覧

序　論　書き下ろし。

第一部

第1章　「対英米蘭開戦と人造石油製造計画の挫折――「臥薪嘗胆」論の背景――」（『日本歴史』一九八七年、四六五号）にわずかな加筆修正を行なった。

第2章　「F・D・ローズベルト大統領とH・L・イッキーズ内務省長官の書簡交換を読む――南部仏印進駐以前の対日石油政策をめぐる見解の対峙」（『海軍史研究』一九九〇年一〇月、創刊号）に加筆修正を行なった。
「日米戦争と対米強硬論――石油禁輸後の海軍の『ジリ貧論』」（『九州共立大学経済学部紀要』一九九七年三月、七二号）に加筆修正を行なった。

第3章　書き下ろし。

第4章　書き下ろし。

第二部

第5章　「戦時中海軍の石油補給政策と実情（上）――石油政策の破綻――」（『九州共立大学経済学部紀要』一九九八年六月、七三号）に加筆修正を行なった。
「戦時中海軍の石油補給政策と実情（中）――石油政策の破綻――」（『九州共立大学経済学部紀要』一九九八年九月、七四号）に加筆修正を行なった。
「戦時中海軍の石油補給政策と実情（下）――石油政策の破綻――」（『九州共立大学経済学部紀要』一九九八年一二月、七五号）に加筆修正を行なった。

第6章　「軍需から民需への転換――旧第二海軍燃料廠から硫安肥料工場へ――」（『経営史学』一九九九年一〇月、二四巻三号）に若干の加筆修正を行なった。

第7章　「米国の初期対日占領政策――海軍燃料廠をどうするか――」（『海軍史研究』一九九二年三月、二号）に加筆修正を行なった。

第三部

第8章　「三井物産とソコニーの揮発油販売契約の交渉過程――海外支店の情報と提携の模索――」（松本貴典編『戦間期日本の貿易と組織間関係』新評論、一九九六年四月、第4章）に若干の加筆修正を行なった

第9章　「E・H・カーの国際政治観の再検討――その『リアリズム』と『ユートピア』について――」（『軍事史学』一九八八年六月、二四巻一号、九三号）に加筆修正を行なった。

第10章　「日独伊三国同盟締結時における、日独伊ソ構想への疑問――松岡構想説への疑問――」（『日本大学生産工学部研究報告B』一九九二年六月、二五巻一号、同論文は学術文献刊行会『日本史学年次別論文集　近現代二　一九九二年』に掲載された）に加筆修正を行なった。

終　章　書き下ろし。

【ラ行】

【ワ行】

【タ行】

【ナ行】

【ハ行】

【マ行】

【ヤ行】

人名索引

【ア行】

【カ行】

【サ行】

【ヤ行】

【ラ行】

【マ行】

【ナ行】

【ハ行】

【タ行】

【サ行】

索　　引

事項索引

【ア行】

【カ行】

【著者略歴】

三輪宗弘（みわ・むねひろ）

1959年　三重県に生まれる
1983年3月　東京工業大学工学部高分子工学科卒業
1990年3月　東京工業大学理工学研究科社会工学専攻博士課程単位取得退学
　九州共立大学経済学部講師・助教授を経て
2004年12月　九州大学石炭研究資料センター教授
2005年4月　九州大学記録資料館産業経済資料部門教授

太平洋戦争と石油——戦略物資の軍事と経済——

2004年1月31日　第1刷発行

著者　三輪宗弘
発行者　栗原哲也

発行所　株式会社　日本経済評論社

〒101-0051　東京都千代田区神田神保町3-2
電話 03-3230-1661　FAX 03-3265-2993
E-mail : nikkeihy@js 7.so-net.ne.jp
URL : http://www/nikkeihyo.co.jp/
中央印刷・山本製本所
装幀＊渡辺美知子

落丁乱丁はお取替えいたします。　Printed in Japan

太平洋戦争と石油─戦略物資の軍事と経済
(オンデマンド版)

Digital Publishing

2006年8月29日　発行

著　者　三輪　宗弘
発行者　栗原　哲也
発行所　株式会社 日本経済評論社
〒101-0051　東京都千代田区神田神保町3-2
電話 03-3230-1661　FAX 03-3265-2993
E-mail: nikkeihy@js7.so-net.ne.jp
URL: http://www.nikkeihyo.co.jp/

印刷・製本　株式会社　デジタルパブリッシングサービス
URL: http://www.d-pub.co.jp/

AD460

乱丁落丁はお取替えいたします。

Printed in Japan
ISBN4-8188-1648-5